U0032671

東京本屋紀事

吉井忍
YOSHII Shinobu

TOKYO'S
CONSTANT BOOKSELLERS

書店職人推薦

臺北　永楽座書店／石芳瑜

看到書中「小書店是創造人與書的相遇」、「一直在路上」這些我也寫過的句子，不免想像吉井忍也許來過我書店吧？至少我們在文字上心靈相通。因為吉井忍待過臺灣，加上對小書店的喜愛，使她寫出這樣一本既有溫度又實用深入的書店採訪書。不只外行人可以看那些美美的照片和書店介紹作為旅行指南，內行人更可汲取每家書店經營者的心得而有所獲益。近年來寫書店的書很多，很多只專注一家書店，或是走馬看花隨意閒逛，但這本書卻深入十家不同類型的書店，一家出版社、一家選書公司，是了解書店這一行不容錯過的好書。

臺北　飛頁書餐廳圖書部／陳學祈

當作家使用文字構築世界時，獨立書店也運用一本本書籍打造理想的閱讀空間。跟著吉井忍的腳步，您將能聞到書的氣味，感受理念的震顫，以及書店經營者燃燒理想所散發的熱度，在出版市場的寒流中，這一切的一切是如此的可貴。

臺北　舊香居／吳卡密

翻開《東京本屋紀事》，看一下目錄，就親切起來了！走過大部分吉井忍女士所撰寫的書店，有兩三間書店也是每次去東京一定會拜訪的。其中印象最深刻，是位於住宅區的POPOTAME書店，低調隱密，記得也花了一些時間才找到，店內處處可見的河馬擺設和展覽空間都令我難忘。輕鬆自在逛書店已是我出門旅行的必然行程，對我而言，書店一直是匯集最大能量和熱情的場所，不論質與量，東京各類型的書店，絕對是愛書人的天堂！

桃園　南崁1567小書店／夏琳

我喜歡在日本的街尾巷道裡和小書店們不期而遇，它們通常沒有大名氣也不起眼，但卻擔負著街町的文化風景，默默守護的身影最令人感動。本書作者在序文中表示，小書店存在的意義並非「最美」或「獨立」的標籤，而是「創造人與書的相遇、人與人的相遇」，真是再認同不過，我期許自己也是這樣的一家小書店，也會繼續努力創造微小而美好的相遇。

桃園　荒野夢二／銀色快手

懷抱著對紙本書的舊情懷，《東京本屋紀事》帶領我們走向時代潮流尖端，跟隨書店職人，探索知識的荒漠與未知。書店是文化情報的發信站，也是人與書的社交網絡，想像力與冒險者的殘酷舞台，容許一切未完成的夢想在此實踐。它無私地敞開一扇面向新世界的視窗，給孤獨者、失意者一處暫歇的角落，那些一直走在路上的前行者，正是迷茫人生最好的城市嚮導。

桃園　讀字書店／郭正偉

臺灣所有小型／地方書店（包括讀字）彷彿總帶著要倒要倒的危機，還好讀到了《東京本屋紀事》，書裡的採訪對話簡直是衝組熱血咒語，「原來這樣搞也可以!?」反覆多讀兩次，人生好像就可以繼續拚搏。

臺中　新手書店／創辦人

我一直認為小型書店應當從裡而外認識，吉井忍的書寫方式讓我閱讀時非常投入，透過採訪與記錄每間書店被人們珍惜與存在的原因，這不是一本常見的書店攻略指南，《東京本屋紀事》搭起了讀者與書店之間的橋樑，更深入理解如何認識書店，以及那些為書店努力的人們身影。

埔里　籃城書房主人

每間獨立書店裡都藏著個怪咖，逛特立獨行的書店，有可能身歷險境。讀此書的好處在於可以肆無忌憚地窺探，並且盡管放膽與內心對談。

雲林　麥仔簝獨立書店／吳明宜

《東京本屋紀事》讓人十分驚訝，除了我們這些願意在這不友善的環境中，於偏鄉角落用小小的書店去訴説屬於自己這塊土地的故事，堅持我們每一家書店主人的堅持外，還有人堅持為書店鉅細靡遺地留下紀錄，令我自己也十分想去拜訪書中提及的書店並體驗作者的感受，也希望更多的讀者有機會去造訪每一家書店，體會老闆的用心與努力。

高雄　三餘書店／瀅羽

作者吉井忍不單只是從外觀、硬體來透視一間間書店（本屋桑），而是細心的走進它的靈魂，觸碰到屬於這十間書店的溫度，進而完整拼出屬於這個世代的東京樣貌。將本書當作領路石吧！前方總有一盞溫暖的黃光，永遠在某間書店裡亮著。

臺灣版序

在日本的網路搜尋引擎裡輸入關鍵字「臺北」和「書店」，會跳出來一些著名的連鎖書店的名字。遺憾的是，我記憶裡的那些書店，都沒有出現在檢索結果裡。

第一次從東京來臺灣是一九九九年，那段日子我在臺北車站附近的重慶南路上漢語補習班。在此之前我在四川成都學習過漢語，記得剛到臺北的時候，這裡的朋友們都說我有「大陸口音」。過了一段時間，自己慢慢學會了「注音符號」和「臺灣國語」，說話帶上「臺灣腔」後，就開始走訪補習班附近的書店。

當時自己的中文閱讀能力還很有限，但整條書店街的氛圍還是溫暖了我這個異鄉客。除了三民書局、商務印書館這樣的大字號外，還有不少中小出版社直接開的書店，我都很好奇地探訪多次。而離開臺灣後沒幾年，朋友告訴我說，書店街變得益發蕭條，但又聽說有不少獨立書店堅持下來，頗有種逆水行舟的勇氣。

本書的緣起，就是想為小書店打氣，呼籲大家不要忘記小書店存在的意義。不管是大陸還是臺灣，市面關於日本或東京小書店的指南並不鮮見，但個人感覺大家的眼光有時容易被「最美」、「獨立」或「概念」等標籤左右，反而忘記小書店之於城市的真正意義：創造人與書的相遇、人與人的相遇。

在實體書店發展式微的今天，對其產生最大衝擊的並非僅僅是電子商務巨大的成本優勢，更重要的是人們日漸稀薄的閱讀習慣。書店文化，不僅是一個小小的行業風向，同時也能反映出社會百態。如何將「選書」磨練成自己的專業，如何與客人溝通並建立信賴關係，如何面對生存環境的變化以及各種壓力……這些細節和思考方式，可做為他山之石，應用到各自的行業和人生規劃中。

就像本書中的一位店主所說的，開書店並不是能夠賺大錢的行業。但也正因如此，店主追求的並不完全是經濟上的成功，而首先是默默地回應周邊家庭、孩子的需求。當今社會，出現在媒體上的商鋪、人物幾乎都是「勝者」，但我們都知道，人生並不會總是順風順水，失落感傷的時刻也是難免的。個人感覺，春風得意的時候並不太適合去小書店。反倒是在有些悲傷和不安的人生階段，踏進一家小書店，它往往會給你一個方向、一種慰藉。這，當然也是我希望小書店能夠生存下來的一個原因。

若本書能讓您憶起某家不起眼的書店的樣貌，本人將深感榮幸。最後，祝大家閱讀愉快，並請多多指教。

二〇一六年十二月於北京

目次

目次

目次

前言

櫻花國度，尋書房

去歲，櫻花由盛轉衰的時節，東京街道被落英染成淡粉色。我辦完事，趕去淺草換乘電車回家，心想著要不要買盒點心帶給父母。從地鐵站走出來時，卻發現天色已晚，街頭颳起了冷風，我在氤氳著花香的濕潤空氣中疾步踏上一條「捷徑」，結果很快就迷路了。小路兩邊的店鋪大多早早關了門，只有遠處一家小書店亮著「七福」的店招。

店面不大，書架滿滿當當，收銀台邊沒有人，但隨著我腳步聲的臨近，從書牆後慢慢走出一位老爺爺，一邊低聲招呼道「嗨嗨」，一邊坐下來。店裡沒有其他客人，我在文庫本的書架邊轉了一圈，挑了一本隨筆集，便去結帳。老爺爺接過我遞去的文庫本，一言不發地掃了條碼，正當我打開手提包準備付款，低頭包著書皮的老爺爺突然蹦出一句：「花冷[1]呀。」

一時間我沒反應過來，因很久不用「花冷」這個詞了，「哦，外面開始颳風，今晚櫻花就得謝了。」

「櫻花開了又謝，真是一轉眼的工夫。」

「說得是啊。」

1 花冷（花冷え），春天回暖時短暫轉寒的現象，因常恰逢櫻花花期，故得名。

回家等車的時候覺得有點冷，可心中想起老爺爺的聲音、看著書，身體的疲勞感也消去了少許。再在自家的書架上看到那冊文庫本時，雖然內容和櫻花無關，但心中總會浮現出「花冷」和遠處「七福」的微光淡影。

話說回來，東京是世界上實體書店與人口數比例最高的城市之一，書店數量在日本國內也是絕對的第一名。據統計，二〇一四年東京的實體書店數量為一四九六家，遠超第二位的大阪。[2]與之相對，東京實體書店的消亡速度也是全日本第一：二〇〇九—二〇一四年間減少了一七九家。其實，這不僅是東京一地的現象，整個日本的實體書店也在這五年中少了一成多。[3]但從書店平均面積來看，每家書店的面積卻處在增加的趨勢中。[4]

這意味著，消亡中的書店大多是「七福」那樣由個人經營的小型書店。

大型書店的勢力擴大，生活品牌跨界至圖書業，小書店的聲音越發微弱。它們的生存狀態如何？靠書的銷量而維生，默默培養了萬千讀書人的小書店「本屋桑」真的要被時代所淘汰？若要繼續堅持下去，這背後需要怎樣的思考和努力？這是本書的重要主題之一。

---

2 第二至第七位的地區和書店數量依次為：大阪（八四五）、愛知（七一四）、神奈川（七〇四）、北海道（六三三）、埼玉（六一九）、千葉（五八三）。

3 據日本最大的書刊發行商「日販」統計，二〇〇九年東京實體書店數量為一六七五家，二〇一四年為一四九六家；二〇〇九年日本全國實體書店數量為一四四〇七家，二〇一四年為一二七九三家。

4 二〇〇九年日本全國書店數量為一四四〇七家，總面積九七一八五二坪，店均六七點四五六九坪；二〇一四年日本全國書店數量為一二七九三家，總面積九三六六六三坪，店均七三點二一六八坪。（一坪相當於三點三平方公尺。）

筆者挑選了不同風格的東京書店，進行了六年的實地觀察和追蹤採訪；選取的對象有些難以概括，也不能用「東京十大書店」之類的標籤來簡單做總結：有著名人士開辦、關注度極高的，有堅持「昭和」小書店的人情和親切感的，有追求自己認定的社會正義反被邊緣化的人和店，還有店主一人支撐的行動書店，甚至有些嚴格來說並不算是書店，而是新型業態下的職業選書師和一人出版社。六年中，店主本身和書店都有了不少變化，有些書店在這段時間裡誕生又消失，筆者不得不從書稿中刪去。可以說，本書中大部分書店都經歷了時間的篩選。

書中還有一兩家書店風格很普通，拍照也不一定能獲得點讚，可能從外觀上並不特別吸引人，但我希望透過它們的「普通」，為大家傳達日本人平時接觸的書店的模樣。「名人推薦」、「獨立出版」、「只賣一本」等標籤容易提高關注度，但人們並不是天天都會那麼文藝的，東京人逛書店也不一定每次到神保町、六本木（著名的「蔦屋」所在地）等聖地。就如選書師幅允孝先生小時候泡書店那樣，不少日本人平時下班後，是在車站前一家熟悉的小書店站著翻一會兒雜誌，然後買一本書回家。和學術一樣，我們接觸「特殊」案例之前，需要體會最基礎的狀態和它的極限，方可深度瞭解案例特殊之處和真正價值。那麼，關注特別的書店的同時，我們也是否要瞭解日本人心中的普通書店呢？

從書店具體經營操作來看，日本還是有著和其他國家不同之處。本書收錄了日本書業者的思考和店主們的經驗之談，希盼讀者從這些訪談紀錄中讀出去掉表面差異之後的思考根柢，我認為這對華語世界的愛書人都是可以參考的。

如今「東京值得一逛的書店」、「東京文藝之地」等攻略資訊多見於社交網路，類似主題的書也多有出版，有興趣者可按圖索驥、簽到打卡。拙著所涉書店在數量上可能顯得不夠達人，但日語有個說法叫「足を使う（用腳）」，意思是積極主動地四處奔走、花了一番工夫，與中文裡的「腳踏實地」頗有些相通：同受訪者當面溝通，可獲得一手材料（粗糲、直接，但也不免帶有受訪者觀點的印記）；重返現場則是為了更獨立、冷靜地看待受訪書店的真實境遇，獲得更有深度的、超越表象和國界的書店經營之道和思考方式。

希望我「用腳」寫成的這本小書、書店主們的這番苦心孤詣，能夠在華文讀者的心中留下一點如花香中的弱光。

二〇一六年四月

1

cow books

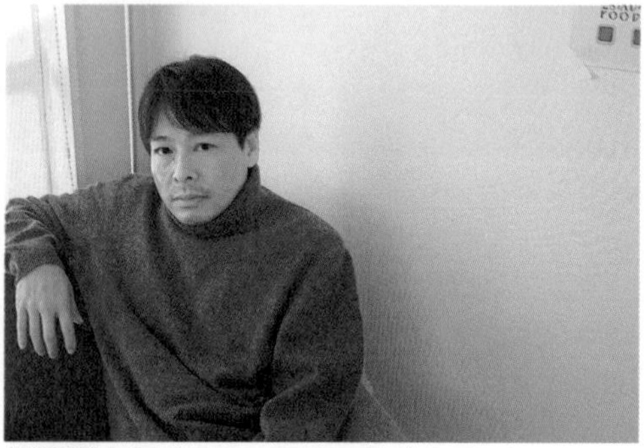

松浦彌太郎（Matsuura Yatarō）

著名編輯、文化人、COW BOOKS書店店主。1965年生於東京都中野區。曾任《生活手帖》（暮しの手帖）總編輯九年，現主持日本食譜網站Cookpad旗下頁面「生活的基本」（kurashi-no-kihon.com）。著有《最糟也最棒的書店》（2009年，集英社）、《自在的旅行》（2011年，筑摩書房）、《100個基本》（2012年，Magazine House）、《不能不去愛的兩件事》（2014年，PHP研究所）等。

COW BOOKS中目黑
東京都目黑區青葉台1-14-11
週二—週日12:00-20:00，週一休息（逢節日營業）
03-5459-1747
www.cowbooks.jp

乳牛是COW BOOKS店裡吉祥物一般的存在。

冬天的目黑川。櫻花時節一定很美。

COW BOOKS的營業時間還沒到，捲簾門拉下著。

COW BOOKS
一直在路上

書店創辦者的氣場太強，我們繞開店，先從人聊起。

松浦彌太郎，獨立書店COW BOOKS創辦者，一九六五年東京生，中學念到高二，突然覺得上好大學、進大公司的「日本夢」虛幻無聊，於是休學回家。因為不想成為吃閒飯的啃老族，一無技術、二無學歷的少年松浦外出打工，四處碰壁後跑到高田馬場鐵道旁的公園——在那個年頭，你只要大清早往那裡一站，做成人肉「立坊」（站在街邊等待被雇主挑選的臨時日薪勞工），總會有工頭帶你去建築工地。松浦的第一份工作便是掄大鐵錘砸牆，他是工地上最年輕的拆屋工人。

土木小工的辛苦不難想像：危險、骯髒、錢少、路人都會繞著你走（一股汗臭，而且工作服實在太髒了）。松浦的原話是：「感覺就像是舔著地面，從底下往上看的心情。」做苦力的好處則比較抽象：放工後把錘子一扔的舒暢，學會和窮歐吉桑、黑戶移民打諢，理解社會底層的喜怒哀樂……報酬雖少，但苦工靠自家力氣吃飯，松浦也從此抗拒「必須服從你所隸屬的組織」、「人要屈服於權力」之類的做人常識。

日本的護照比較好用，攢了點小錢後，松浦突然一人跑去美國。英語？不會！做什麼？不知道！反正去了再說，好歹《在路上》已經看了幾遍。限於當時的破爛英文，松浦只能看懂書店裡的攝影集和畫冊，專注之下，卻也看出門道。有時候逮到兩家二手書店之間的差價，他直接買來便宜的那本跑去貴的店，坐在門口的馬路路肩上就地搶生意……就這樣，靠著掄大鐵錘時學到手的street wise（街頭智慧），松浦在紐約、三藩市跟不少人（含數量不明的女性朋友）混熟了，對餘波未盡的嬉皮文化也有了自己的心得；不過，人生的目標依然模糊。帶著一種空虛感，松浦開始了日本打工、美國流浪的生活。偶然間，他自己從美國帶回的畫冊很受歡迎，還有人開始託他買二手書、二手服裝、老唱片。

沒過多久，東京原宿街頭鋪出一張舊帆布，上面攤滿美國的影集畫冊，更好玩的是從五、六〇年代的《Life》、《Vogue》上裁下來的插圖和廣告，裝裱之後，引來潮流男女大掏腰包。一週七天裡，松浦一半時間擺攤，一半時間回工地掄大鐵錘，零碎的時間用於點對點的圖書推銷。「我每天拿著《分類廣告電話簿》展開電話攻勢。打給各個設計師、美術指導、攝影師等，直接跟他們正面接觸。在書信作戰中，收件人名字還特地都用毛筆寫，我想如果用圓珠筆寫，大概到助理那裡就被擋住了。」因為確定自己能和別人一較長短的只有書，松浦變得格外拚命，除了套上新買的西服面見顧客外，還隔三差五跑去圖書館研究流行雜誌，分析出「這個品牌大概會想要五〇年代的設計」，就直接打電話給設計師。對方答應看樣書後，松浦乾脆一氣寄去十箱，為的就是「雷擊」對方。這兩種土土的銷售方式迎來了越來越多的回頭客，松浦第一次發現自己對別人是有用的。

在書友的支持下，他在赤坂Huckleberry一角開出首家門店m&co.，專營進口二手書和專業雜誌，由此結交更多同好。「那時候每天都像是嘉年華，之前覺得自己在日本沒有容身之

松浦先生最中意的售書形式：小貨車行動書店。圖為m&co. 的第一代行動書店。（松浦彌太郎提供）

處，卻因書店認識了很多人，也找到了自己應該走的路。這些人雖然都是我的客戶，但我不太把他們當作是做生意的對象。在店裡，比起他們買書，我覺得跟他們聊天更開心。」此後，松浦又嘗試過在中目黑的自家公寓裡開設預約制的書店。二〇〇〇年他對一輛兩噸卡車進行改裝，m&co.traveling booksellers——小貨車行動書店於焉誕生。

東京、大阪、名古屋、京都，公園前、超市邊、市民會館外……松浦的書店開遍全國，不用付房租，沒有打廣告，做到完完全全的「獨立」。每天看到完全陌生的客人、站在卡車上招呼路人、網路預告下一站的開業地點，這些都讓松浦興奮不已。在日本，連年的不景氣讓年輕人多少有點灰頭土臉，松浦靠自己的實踐給大家帶來啟發。他想給年輕世代一點新的選擇，讓他們知道「獨立」其實沒那麼難。

二〇〇二年松浦彌太郎與小林節正[1]共同開設「COW BOOKS」書店，次年在南青山[2]Dragonfly CAFE開出二號店（現已關閉）。兩店主攻方向一致，都是六、七〇年代那段無比折騰而繽紛的歲月。Underground Press、Campus-Protest、Black Power、William S. Burroughs是書店打出的關鍵字，不鏽鋼外立面上鐫刻著「everything for the freedom」，COW BOOKS小卡車則繼續在路上飛馳……

這聽起來像一個青蔥幻夢，但它多年來未曾破滅。多謝沒完沒了的發夢者——松浦彌太郎，那個掄著大鐵錘的和式老嬉皮。

1 小林節正（Kobayashi Setsumasa），日本設計師。一九六一年生，一九九三年開設時裝品牌「General Research」，現為RESEARCH系列品牌主理人，提供自然風格的設計。

2 青山（Aoyama），位於東京都港區，時尚商業雲集，也是高級住宅區。

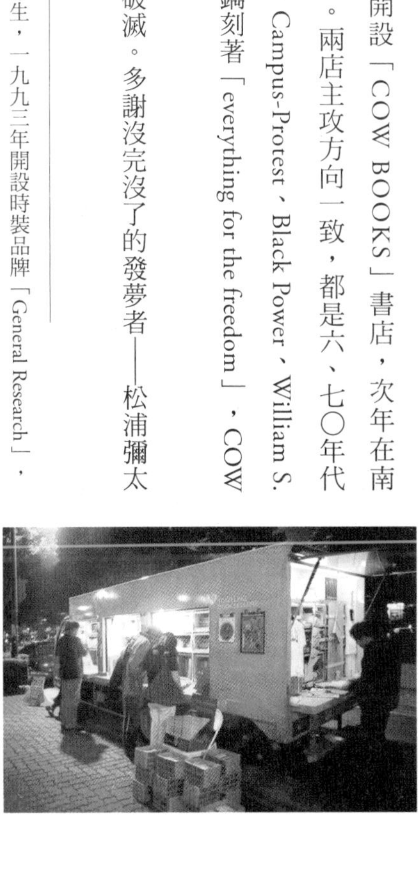

行動書店夜間亦不打烊。（松浦彌太郎提供）

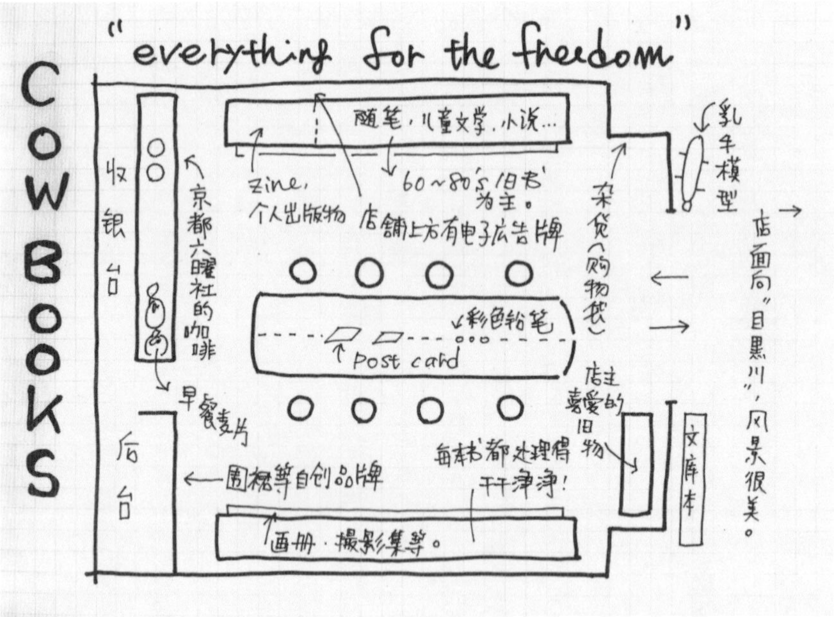

書店平面圖。（吉井忍製作）

陽光下的COW BOOKS中目黑店。（松浦彌太郎提供）

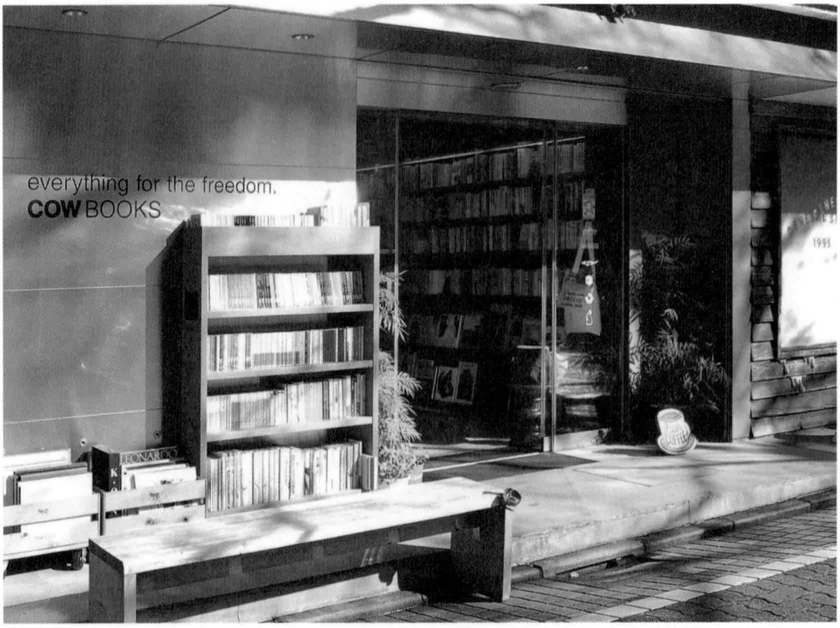

COW BOOKS店內，地毯和原木桌椅讓人感覺親切，松浦先生就坐在這裡接受了採訪。（松浦彌太郎提供）

COW靠墊、COW麥片，連展櫃上都有COW的符號。

店外還有一尊巨大的COW模型。

每個書架都被擦得很乾淨，「呈現出二手書的美麗」。

COW BOOKS所售二手書經過處理，品相都很好。從照明、標幟等細節也可看出店主所花的心思。

COW BOOK推薦書「All-Time Favorites」，均一價1200日圓。

店裡的LED跑馬燈不停滾動著語句。

坐下來提筆寫一張COW明信片寄出吧。

印有COW BOOKS宣傳語的手提袋。

這裡也有一頭小小的COW。

COW BOOKS的推薦書標籤很醒目。

店內銷售美國80年代的明信片。

彩虹鉛筆和乳牛明信片，彩虹色的
「Everything for the freedom」。

專訪COW BOOKS創辦人
松浦彌太郎

採訪時間：二〇〇九年十二月

我選的路，
或者是留給書店的最後一條路，
是尋找讓別人高興的方法。

雖說是最高溫度11℃的暖冬，但一早就下起了雨，到了日比谷線中目黑站時也沒轉晴的跡象。除了東京大學、東京工業大學，中目黑還是白領住宅、藝人事務所、飲食店、小店散落其間的文化區。COW BOOKS離車站步行約七分鐘路程，沿著目黑川前行，小路旁種著櫻花樹，春天肯定是個賞花的好地方，可抬眼灰色天空下只有留著幾片橘紅色葉子的櫻花樹，徒增冬天的冷寒。倏忽之間，我看到遠方河邊COW BOOKS的玻璃窗，雖然還沒開門，但裡面亮著燈，心裡便止不住地溫暖起來。

「剛開了暖氣，請坐，請坐。」適才和店員一道升起捲簾門的松浦先生招呼道。店面並不大，腳下的地毯很乾淨，感覺像在人家的書房裡，四壁的書架上，舊書脊的色澤和字體給

松浦彌太郎的第一家書店m&co.開幕時的店面布置。（松浦彌太郎提供）

人以溫馨懷舊之感。松浦先生將我引到中間的一張長桌邊，落座後隔著一張椅子的距離，採訪開始了。

有認可，才會放在書架上

吉井忍（以下簡稱吉井）：首先想瞭解一下COW BOOKS本身。顧客的年齡階層大概從幾歲到幾歲？

松浦彌太郎（以下簡稱松浦）：跨度挺大的。從二十多歲到八十多歲，男女都有，一半是外國人。

吉井：那COW BOOKS販售的外文書多嗎？

松浦：不，大部分是日文書。外國顧客主要是來買這些日文書，不過也有一些是出於對COW BOOKS的好奇而來的。這挺難得的，大老遠來看這麼小地方。

如果只是想買書，在網路上買就好。所以來店的顧客不只是為了買書，COW BOOKS也不僅僅是一個賣書的地方。有人可能想看看這裡的店員是怎麼樣工作服務的，或者說想知道COW BOOKS想向顧客傳達什麼，這樣人們才會過來。

媒體介紹COW BOOKS時，常說是一家「二手書店（古本屋）」，這個理解沒有錯，但我個人的感覺是COW BOOKS就是一家普通的書店，更進一步地說，像魚店、肉鋪、花店一樣的「個人商店」。這種店是老闆在凌晨時刻到市場，用自己的眼睛選擇東西並進貨，回到自己的店，經自己的手賣給客人。因為老闆自己選料，所以客人問他這個蔬菜是哪裡生產的、這條魚應該怎麼處理，他都能輕鬆回答。COW BOOKS也一樣，我們自己看過，而且對內容有相當的認可，才會放在書架上。書的種類也沒有特別固定，若要說的話……就是「松浦彌太郎」類。

吉井：這樣的話，經濟壓力會不會很大？在中國，小書店的經營狀態不是特別輕鬆，因為讀者更多在折扣低且便利的網路書店買書。當然，您說的理想是很好的，但這樣能賺錢嗎？店面、租金、成本等等，書店的經營環境不管在日本還是中國，都不是很好。

松浦：當然，書店若只是賣書，那就不能持續經營。主要的不是物，而是看不見的一種價值。其實，這些都在中國的古籍，像《菜根譚》裡都有寫啊。商業不只是東西的交易。把快樂傳達給對方是很重要的。若只以書的買賣為目的，那不可避免的就是價格競爭。但是，如果大家喜歡我們店的氛圍和服務，受不了別家冷冰冰的服務，那別家賣一千日圓的書我們賣兩千日圓，還是會有客人的。

當然，這些都是考慮好書店要怎麼樣經營之後才能說的。店鋪開在哪裡，租金、成本和員工工資等如何籌劃，這些店鋪的基本部分不是你想怎樣就能怎樣的。把這些基本的部分弄好，才能說店鋪的理想、目的什麼的。首先要清楚自己能做什麼、不能做什麼，在自我瞭解的基礎上，才能開始。我們也有局限，就像我們店小，沒法做很大的事，所以COW BOOKS不會辦活動或座談會。

吉井：平時您也會在店嗎？

松浦：嗯，樓上就有我的工作室，所以常會來看看。不過整個操作都全託付給這邊的員工了。

吉井：為了讓顧客感覺舒適並喜歡這裡，您最關心和注意的是什麼呢？

松浦：只有一個，乾淨。我們賣的是二手書和古董書，二手書店最要緊的是乾淨。

我們賣的主要是隨筆集。小說和時代的關係特別密切，小說最好是在作家寫出來的那個時代裡看，這是我的想法。隨筆就不一樣，隨筆的內容是我親自體驗的事情，真正發生的事實。任何時代的讀者都會有新鮮感，也可以說在哪個時代看都有用。

另外還有行動書店，書裝在卡車上全國各地跑。書店嗎，只能等著客人上門。有了行動書店，我可以自己跑到客人那邊。這個很好玩，很有新鮮感。放在卡車上的書也會根據目的地客人的不同而改變，可以說是特選的，每次都不一樣。行動書店比COW BOOKS早兩年開始，差不多每個月出去一次，不過冬天除外。客人還好，但我得整天待在外面，冷死了。（笑）每年固定訪問的地

COW BOOKS的包裝紙上是詩人谷川俊太郎專門創作的詩。

方，許多客人來我們的卡車周邊看書、拿書、買書。我很喜歡這樣的經營方式。

書店存在的意義不只是賣書

吉井：您在《最糟也最棒的書店》裡寫道：「COW BOOKS想成為從小孩到成人都能自在享用的『安心書店』。」您能解釋一下這句話的意思嗎？

松浦：書店是人人都可以隨意進入的。不一定要買書，我們也不想選客人，「這樣的人很歡迎，那樣的人最好別來，小孩禁入……」不會這樣想的。我們很希望大家有了問題就進來問問我們，不一定和書有關。換句話說，我很希望COW BOOKS能成為社區的key station或集會所。這裡一帶晚上人少，所以我們打烊後也會留著燈。這樣，這條路上就有了安全感。現在在東京，說到key station，大家只能想到便利店，那就太沒意思了。

剛才我說過的，書店存在的意義不只是賣書。最重要的是跟周圍產生關聯，努力成為社區所需要的一分子，讓自身具有社會性。書店占著這塊場地，我們希望對大家有用。具體來講，可能是店員的微笑、打掃、給別人的幫助等等的hospitality。

我們偶爾也會幫助咖啡店、醫院等場所選配圖書，幫他們布置自己的書架。但只是幫幫忙而已，不太會宣傳是我們做的。

吉井：您很早就深入接觸了出版和書店業，到今天，環境的變化如何？您對未來會不會有不安？

松浦：講變化嗎，首先是新媒體的影響很大。大家不太會從書裡吸收知識了。想知道什麼，上網更方便。出版社也受影響，變得只願意出「能賣出去的書」。以前不一樣，人家想到出書，首先是因為自己確實有某種東西想傳達給別人，這種衝動是做書的源頭，這樣的書是真的有意思。二十年前這樣的書是很多的，也可以說那是更自由的出版時代。現在的書，內容很大眾化，誰都容易看完。我想，這樣的傾向以後會更明顯。以後消息和知識的來源將以網路為主，這是必然的。

讓人遺憾的是，以前到處都有的小型獨立書店快速消失。書店原來和賣魚、賣蔬菜的八百屋一樣，是很有個性的。店主對自家的每樣東西都很瞭解，哪裡來的、怎麼吃的，同時也很重視和顧客以及社區的關係。但現在的書店就不一樣，書店和出版社之間發行商影響力越來越大。書店只是照單接受發行商搬過來的書，往那裡一擺，這樣書店的個性越來越不明顯。相對地，書店的地域特色、包括和附近居民的溝通也越來越少。

說這些也沒用。我想越來越多的小書店會被淘汰，書店會是一個越來越小的行業吧。我想今後書店需要為爭取顧客進店而更加努力。書店裡擺著的書，做為商品只是個契機而已，背後更重要的是店和人的關係。如果太看重商品性，那麼留下的只有和別家店的競爭，不是規模，就是價格，我不會選擇這條路。我選的路，或說是留給書店的最

寄自COW BOOKS的乳牛明信片。

後一條路，是尋找讓別人高興的方法，尋找讓人想去我們店的某個東西。人和店之間的關係，簡單來說是個分享的過程。我說的這些，若你仔細看中國古籍，就能找到的，真的。

吉井：確實，做為社會的基礎，買賣和人際交往都是自古就有的。我想古代的店主們也會認真摸索生存之道。雖然時代會變，但基礎的方法是可以借鑑的。

松浦：這樣想的話，我們還可以想出很多方式，能挑戰的事情是滿多的。當然，我們的書店很小，所以能做成的事情也不多，做不到的事情不會勉強去做。

總而言之，這個行業未來會越來越縮小，書店也當然會被淘汰吧。經營狀況以後會更困難。所以，顧客來店才有的感覺是很重要的。心情沮喪的時候，推開COW BOOKS的店門就有了點精神，或來了COW BOOKS，你就會遇到好玩的人，等等。

我希望把COW BOOKS做成顧客初次光顧就一見如故的地方。為了實現這個目標，需要的是溫馨和自由的感覺，需要我們去挑戰和夢想。

離開中目黑，坐電車、再換乘，走出車站的時候，天就開始黑了。雨下得愈來愈大，風則比上午的更冷。從車站到家的二十分鐘步行路程，周圍都是門窗緊閉的現代住宅，真希望路上有哪家店開門，暖暖的燈光湮進濕冷的空氣，讓人可以進去歇歇腳。我也是很需要COW BOOKS的人哪。

番外
COW BOOKS的奧秘

雖然松浦彌太郎已卸任《生活手帖》主編，但他依然在編輯和生活類行業中保有相當的影響力。在我的觀察中，他這幾年很少掛著書店店主的招牌出面，書店的具體操作也依然全交給了員工。不過在大部分顧客和媒體眼裡，COW BOOKS和松浦先生的名字不可分開，那麼COW BOOKS是如何保持松浦先生所說的「松浦彌太郎類」氣氛的呢？

COW BOOKS的店長吉田茂先生是一位愛書人。去年我在這裡選購時遇到一位家住附近的老爺爺，家裡藏書太多想處理掉一些，衝進店裡就問收銀員：「吉田先生在不在？」得知他不當班，老爺爺又在店裡逛了一會兒，離店時嘟囔了一句，「我看吉田先生的口味不錯，希望他會喜歡我家裡的書。」

光是在店裡和吉田先生聊天，就能學習到不少經營的奧秘。

賣什麼，誰來買

據吉田先生介紹，COW BOOKS隨時收購二手書，收購二手書的價格也很明確的，是銷售價的25%，若是售價超過一萬日圓的貴重書籍，收購價則為35%。從這個

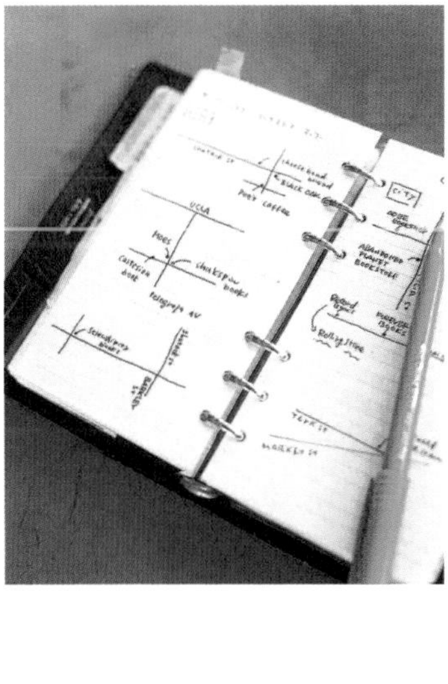

松浦先生的筆記本，標明了各家特色書店的位置。（松浦彌太郎提供）

數字看來，COW BOOKS的毛利是每一本就有70%左右，比新刊[1]書店22%的毛利水準高很多。

COW BOOKS收購二手書時的條件如下：

出版時間：二十世紀六〇年代到八〇年代初（不限書刊形狀，文庫本、雜誌或畫冊，都可以）

圖書種類：不接受「暢銷書」、文學全集、美術全集、百科詞典以及八〇年代以後發行的雜誌

書刊品相：不能接受品相不佳、有閱讀筆記的書

為什麼只收這一段時期的二手書？松浦先生也曾經說明過，當時的社會氛圍比較自由，出現了不同想法的書，這風格剛好適合松浦先生想要的書店氛圍。

目前在**COW BOOKS**的書架上，有以下門類的圖書：

文藝類：隨筆、兒童文學、翻譯小說（尤其是女性作家）

料理類：食譜、隨筆、美食攝影集、雜誌

時裝類：作品集、攝影集、目錄、雜誌

美術類：藝術書（日、外文）、畫冊、作品集

攝影類：攝影集（日、外文）、攝影評論、雜誌

1 本書中的「新刊」指的是「二手書」的反義詞，而非中文語境下「新出版的書刊」。因日文中「新書」也指一種在日本最早由岩波書店所創、比文庫本（A6，105mm×148mm）稍大的圖書形式（各家尺寸略有差異，大致為105mm×173mm），下文有出現。為消歧義，本書基本以「新刊」來指代非二手書；使用「二手書」的說法，而非可能理解為「不那麼新的新刊」的「舊書（既刊）」。

設計類：作品集、設計年鑑、繪本、雜誌
工藝類：陶藝、民藝、作品集、評論、隨筆
其他：版畫、海報、攝影原作（**original print**）等

去過COW BOOKS的人會發現，店裡並沒有二手書店獨特的那種味道。吉田先生介紹，購入的二手書，首先要仔細確認有沒有瑕疵、筆跡，並進行清潔處理。若封面有損壞，會用透明塑膠膜來進行保護，「雖然是二手書，但我們花點時間照顧，也能呈現出二手書的美麗」。除了書之外，書架也經常擦淨——徹底地擦淨，先把所有的書都拿出來，用乾淨的布塊把每個角落用心擦。這個過程耗時耗體力，不能一天做好，所以他們今天擦這個書架，明天弄那邊的書架，輪著來。

松浦先生曾介紹過，店裡的客人「從二十多歲到八十多歲，男女都有」，而「一半是外國人」。吉田先生說，這些比例基本沒變，只是近來外國客人比例略增。他還悄悄透露，幾個月前小野洋子（Ono Yōko）為展覽到東京時，也來了COW BOOKS。「是不是尋找她創作的靈感？」我表示猜測。「好像不是，店裡的圖書，年代上剛好符合她的口味，也有不少她朋友寫的書。」

COW BOOKS店裡的圖書數量大約兩千冊，做為一家書店並不多，但因為只有一兩個員工看店，我在店裡的時候很少看到店員坐下發呆。幾乎每次客人動了一本書，店員在不影響客人視線和走動的情況下會馬上把書的位置調好，恢復原狀。COW BOOKS的特點之一是逛的人多，買書的人也多（很多精品店，看的人多，但買的人並不多），若是週末，沒過幾分

COW BOOKS裡的圖書淘自世界各地。圖為松浦先生出外採購時的「三大神器」——地圖、交通路線圖、電話黃頁。（松浦彌太郎提供）

鐘就有客人到櫃檯付款、點咖啡或將買好的書寄回自己家（收費五百日圓起）。還有的時候，客人會問店員附近有什麼好吃的餐廳，店員會依據客人的喜好，很有禮貌地詳細介紹店名和路線。

視覺效果，符號天下

COW BOOKS這個店名很好記，去過COW BOOKS的人更難忘記。店面處處能看到一頭乳牛的logo，門外還放了一頭乳牛的模型。不少人在此自拍發到社交網路上，只要看到這頭牛和後面的書架背景，親友們很快就知道你去了COW BOOKS。那為什麼是COW（乳牛）？還有，店裡的ＬＥＤ跑馬燈很醒目，它為何不停地播放「everything for the freedom」等語句？二手書店為什麼會有這樣的東西？

COW BOOKS的中心人物無疑是松浦彌太郎，但還有一位小林節正不容忽視。

一九九九年，他在中目黑，也就是現在的COW BOOKS位置開了一家時裝精品店「WIN A COW FREE」。據說，「WIN A COW FREE（贏了就能獲得一頭乳牛）」這個店名來自小林先生在美國拉斯維加斯偶然看到的招牌。小林先生喜歡這個語感，就直接當作店名了。

現在的COW BOOKS店裡用ＬＥＤ跑馬燈以英、日文播放語句，便是從這家店繼承來的。也就是說，COW BOOKS店址以前是賣「message（訊息）」的。

精品店WIN A COW FREE的主旨是：賣的是message，而商品（主要是服裝、T恤衫、帽子等）只是戴上message的仲介物或媒介而已。客人購買的商品以牛奶盒形狀的包裝提供，而售賣的message則不定期更換。有一次我看到的message是：「我們對政治或社會應有自己的意見。無知的投票，比棄權還恐怖。」

現在的COW BOOKS，除了店內的ＬＥＤ跑馬燈和門外的乳牛模型外，到處能看到COW BOOKS商品和乳牛這個符號：特製T恤衫（四八六〇日圓）、帆布手提袋（一五一二〇日圓）、靠墊（四一〇四日圓）、書架（一二九六〇日圓）、格蘭諾拉麥片（三百克，一二六〇日圓）……店裡中間的大木桌很舒服，坐下眼前就有「Hot Coffee：京都六曜社提供，三二四日圓」的小卡片，木桌上還準備了「rainbow pencil（彩虹鉛筆）」和乳牛形狀的明信片，附有說明——松浦彌太郎為別人簽名就用這種彩色鉛筆。就這樣，你忽然發現自己左手拿起香濃的一杯咖啡，一邊用彩虹鉛筆寫卡片給朋友：「你好，我今天來了COW BOOKS，下次我們一起來吧。」

只要來過COW BOOKS，你肯定會記住「everything for the freedom」這個message和這頭可愛的乳牛。但是，當你發現自己喜歡上這家書店的時候，已經被困在「松浦世界」和消費誘導中身不由己了。

2

今野書店

今野英治（Konno Eiji）

1961年生於東京都台東區。大學畢業後就職於紀伊國屋書店兩年，隨後在須原屋書店（埼玉縣的書店老鋪，共有八家分店）實習一年半，便入職今野書店。1990年接任今野書店社長。喜歡高爾夫球及與同行們聊天喝酒。

今野書店
東京都杉並區西荻北3-1-8
週一—週六10:00- 24:00，週日10:00-22:00
03-3395-4191
www.konnoshoten.com

今野書店的燈光有一種溫暖，引人駐足。

西荻窪街景，頗有些昭和時代的懷舊氣息。

今野書店

書店的「原生風景」

附設咖啡館，擺設可愛雜貨或很有質感的文具，辦各種活動或作者簽售會，邀請著名選書師陳列圖書……如今在媒體上被介紹的幾乎都是這樣的特色書店，看多了，常常有一種幻覺，現在的小書店有特色才行。

現在走在東京街道的那些人，平時都去那些特色獨立書店買書嗎？也許現在不少人是在網路書店買書，那麼過去、網路書店出現之前，他們又在哪裡買書？這一點，很多人的回答應該是相同的，就是「我家附近的那個小本屋」。就像我記憶中東京郊區的小書店「Akasatana文庫」[1]，只是一家專賣新刊和雜誌的普通本屋。

這家小本屋離我家不遠，小孩子走路也頂多只需五分鐘，店主就是鄰居中年歐巴桑。暑假裡，我家附近的自治會舉辦一年一次的盂蘭盆舞盛會，她也會來幫忙擺攤子，賣些孩子們喜歡的日式炒麵、棉花糖……店面不大，但圖書品種很全，為少年按時提供週刊漫畫雜誌（記得小時候男同學到週二都心不在焉，迫不及待要下課）[2]，為患有中二病的少女提供大

1 以日語五十音圖的前五行行首的假名（あ、か、さ、た、な）組成的略稱，類似中文拼音的ㄚㄛㄜㄧㄨㄩ，在日本屬於孩童都能感到親切的店名。

2 日本著名少年漫畫雜誌《週刊少年JUMP》自一九六九年十月轉為週刊，同時改為今名，逢週二發售，由此開始了其輝煌期，二十世紀八〇年代中期發行量已突破四百萬；自二〇〇三年五月起改為逢週一發售。

量的少女小說（我每月所有的零用錢都花在這些小說上了），新學期開始時還會擺出幾種筆記本、鉛筆和帶有水果香味的橡皮；貼緊牆壁的高大書架上，擺滿話題性強的暢銷書、被主婦們當作聖經的育兒書和保健書，以及中年男性喜愛的歷史小說。我在小學六年級愛上了向田邦子，她的隨筆和小說作品幾乎都是從這家小本屋買來的，至今還在我的書架上。

這家小本屋從不辦活動，也不銷售飲品。但它是我小時候去商店街去得最多的店。不管是八百屋（蔬果店）、藥店、魚店或花店，都不是小孩隨便能進出的地方。只有本屋的門，向所有人——包括小孩——開放。這樣的本屋過去在日本到處可見，成為社區裡的文化傳播中心。相信在很多日本人的心中，書店的「原生風景」就是這些沒有特色的普通小書店。

而這樣的普通小書店，在日本正快速消失。據日販統計，二〇〇五年的日本全國書店的總數為一七一五三家，而到了二〇一四年變成一二七九三家，十年減少了四分之一。不少人指出這都是外因導致的結果，比如便利店銷售雜誌。它剝奪了書店利潤率最高的蛋糕。還有被當作眾矢之的的網路書店，雖然日本的圖書不能打折，但和中國一樣，日本的網路書店以其便利性和龐大的庫存吸引了不少人群。

其實，「小本屋正在消失」不算是新聞，類似的信息在過去二十年間幾乎每年都會出現。每次回國，我總是盡量選擇在小書店購買雜誌和圖書，即使明知這只是杯水車薪。隨後我在進行這次系列採訪時忽然發現，自己採訪到的都是所謂特色書店，還沒有採訪到自己去過最多的類型：普通的小書店。它們也是獨立書店，為什麼不採訪一家看看呢。於是，我選中了今野書店（Konno Shoten）。

今野書店位於東京ＪＲ中央線[3]西荻窪[4]站附近。日本有個說法叫「站前書店」，就是電車站附近的小書店，人們到車站來會習慣性地在店裡站著翻翻雜誌，買暢銷書或參考書；今野書店就是很典型的「站前書店」。西荻窪雖然離年輕人所喜愛的吉祥寺[5]只有一站距離（中央線快速節假日不在此停站），氛圍卻不一樣，房租也比吉祥寺便宜幾百元人民幣。車站的北與南都有商店街，讓人感受到活躍而親切的市民生活氣息。到了傍晚，居酒屋會在狹窄的路邊掛起紅燈籠招徠客人，也為這一帶增添了獨特的氣氛。大學期間，因好友住在這附近，我和她經常約在今野書店會合。當時沒有手機，若一方發生狀況無法按時到達，也沒法和另一方及時取得聯繫，所以我最喜歡和人約在書店，這樣即使對方遲到半小時也能看書打發時間。

這回在網上搜索今野書店的資訊，發現這家書店還在繼續營業，我非常高興，趕緊打電話去聯繫。店主今野先生得知我採訪意願後的第一反應是：「為什麼採訪我們？」他強調，他的店是「很普通的」。我說，這正是我想來採訪的原因。

3 中央線（Chūō Sen），日本鐵道線，由東京至名古屋，正式名稱為中央本線。本書所指的是東京都內的一段即通勤鐵道線「中央・總武緩行線」的一部分。下文中的中央線快速是該線上的一班快車。

4 西荻窪（Nishi-ogikubo），位於東京都杉並區，西鄰三鷹市、武藏野市，屬於近郊住宅區，附近有東京女子大學，二手書店也較為密集。

5 吉祥寺（Kichijōji），位於東京都武藏野市，以吉祥寺車站為中心的區域為著名商業街，是很受年輕人歡迎的地區，附近有井之頭恩賜公園、三鷹之森吉卜力美術館等景點。

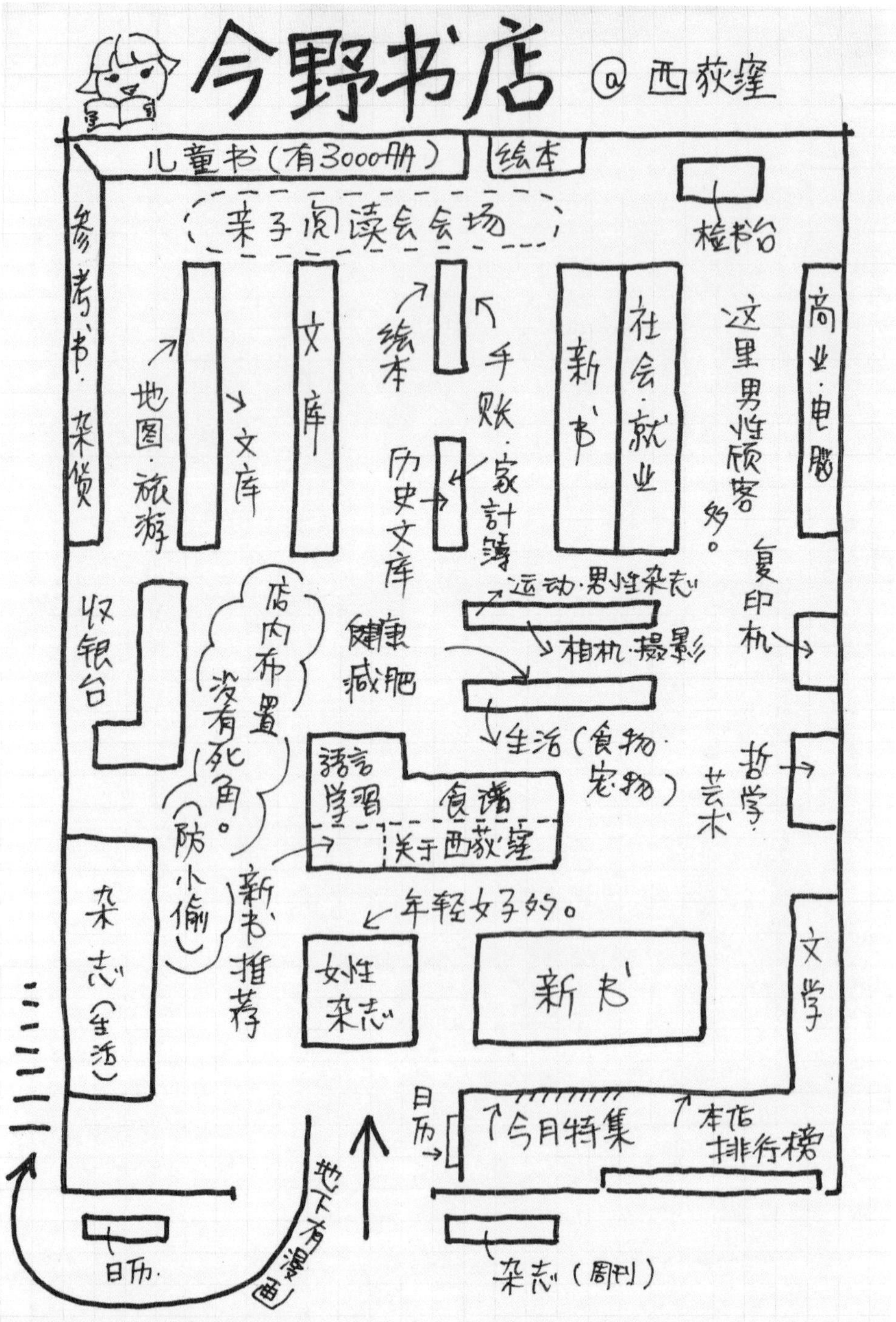
今野书店 @西荻窪
儿童书（有3000册）
绘本
亲子阅读会会场
检书台
参考书·杂货
地图·旅游
文库
文库
绘本
手账·家計簿
历史文库
新书
社会·就业
这里男性顾客多。
商业·电脑
运动·男性杂志
相机·摄影
健康减肥
复印机
收银台
店内布置没有死角。
（防小偷）
语言学习
食谱
关于西荻窪
生活（食物·宠物）
哲学
艺术
新书推荐
年轻女子多。
女性杂志
新书
文学
杂志（生活）
日历
今月特集
本店排行榜
地下有漫画
日历
杂志（周刊）

書店平面圖。（吉井忍製作）

附近的兩家書店陸續消失，「身體不好、沒有繼承人，各自有各自的理由……」希望今野書店能堅持下去。

今野書店店內。刻意避開人潮拍攝，其實店內客人是挺多的。

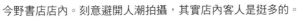

旅遊指南附近擺著「絕景本」，美好的風景更能讓人踏上旅途。

地下一樓是漫畫世界，入口處《銀之匙》中的校長「身上」掛著格局圖。

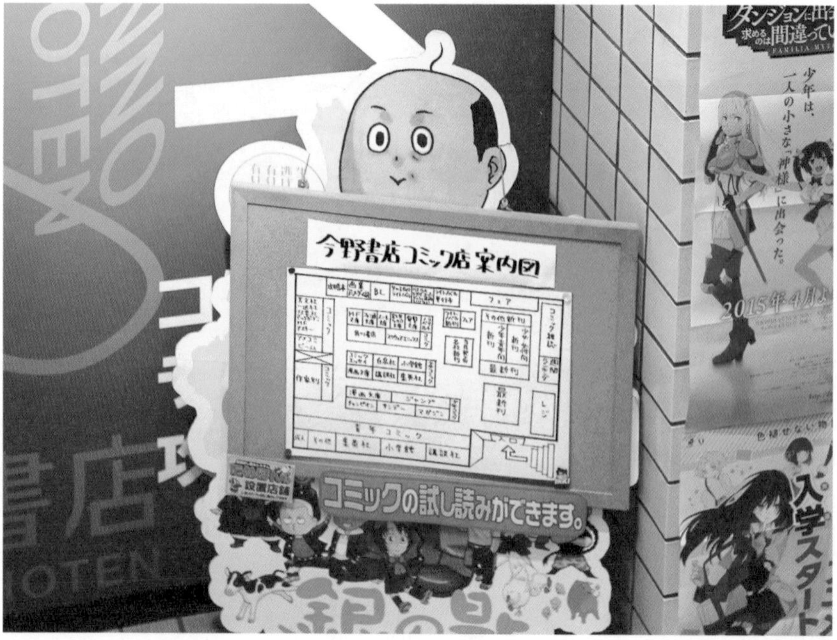

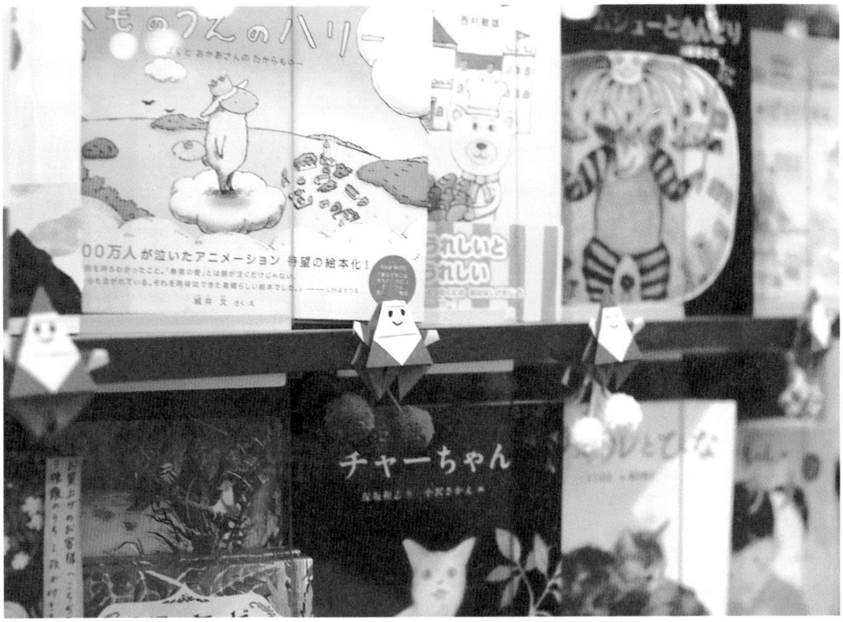

繪本角的書架上裝飾有折紙人偶。

店員手寫的「繪本推薦」，依年齡大小推薦不同的繪本。

站在店外，透過玻璃可以看見最新暢銷書的專櫃。

「還是拿這本吧。這期賣得不錯。」今野先生主動要求手捧雜誌《COYOTE》入鏡。這期的主題是「讀書」與「西荻窪」，由居住在西荻窪的料理研究家（兼隨筆家）平松洋子撰文、東海林禎雄繪圖。Papercut簡直是圖書業職業傷害，OK繃是入行必備，今野先生也不例外。

店內的特輯角落之一，這個月的主題是「HIP」。

地下的空間相當寬敞，有不少漫畫家的簽名板。正在展示的特輯是「讓人嚮往的同居生活」。據店員介紹，這是今野先生的點子。

專訪今野書店社長
今野英治

採訪時間：二〇一五年四月、十二月

不管是書店還是別的商店，
沒有比銷售額更好的「強心劑」。

吉井忍（以下簡稱吉井）：您是這家書店的創辦人嗎？

今野英治（以下簡稱今野）：我是第二代。剛開始的時候，我們店在上野[1]那邊，店面很小，只有七坪大小。開店地點也有點奇怪，周圍的商店不多，也沒有很多住宅，完全不是能開書店的地方。都是因為我父親年輕的時候在八重洲[2]附近的一家書店做學徒，後來那家書店要關了，他們的顧客就由我父親接手。所謂的顧客指的是「外商」，這一塊的收入比較可靠。

1 上野（Ueno），位於東京都台東區，以JR上野站為中心的區域，東京著名的賞櫻地點上野恩賜公園所在地，距西荻窪大約四十分鐘電車車程。

2 八重洲（Yaesu），位於東京都中央區，得名自十七世紀初僑居日本、和名「耶楊子（Yayousu）」的荷蘭人Jan Joosten。德川家康賜其宅邸於江戶城護城河內側，演變出八重洲這一地名。後世地名概念有所變遷，如今的八重洲指東京站東側一帶（西側為丸之內，乃是Jan Joosten宅邸之所在），距西荻窪大約半小時電車車程。

吉井：「外商」是指？

今野：你到客戶那裡，一般是附近的大公司，問問他們需要什麼書。你幫他們進這些書，再送去客戶那裡；還有一些公司會訂購不同類別的雜誌，你把這些雜誌送到他們的辦公室。這就叫「外商」，外商是過去的書店收入中比較重要的一部分。記得當時我父親每天在外面奔波，配送顧客訂的雜誌，也順便推銷各出版社的百科、文學大全等套書。店鋪由我的爺爺奶奶看管，我小時候也幫過他們的忙。但是，當時做外商也不容易，大書店給的折扣多，是我們小店都無法承受的力度，就這樣流失了不少客戶。上野的店鋪是昭和四十二年（一九六七年）開的，差不多昭和四十七、四十八年，我們搬到了西荻窪。

出店戰爭——防禦性的進攻

吉井：當時的西荻窪和現在相比，是否有很大的變化？

今野：其實變化並不大。商店街和整個地區的感覺，現在還保留著當時的氛圍。西荻窪這地區比較有意思，雖然是在東京，這幾十年的變化卻不是很大，書店倒是減少了一些。我們這條街上，過去共有三家書店，現在只剩我們這家了。

吉井：我在大學的時候，也就是將近二十年前，經常來這裡，記得當時的貴店位置和現在好像有點不一樣了。

今野：當時我們的店是在這條街的更後面，就是說，從JR西荻窪站北口出來左轉，走路大概五、六分鐘的距離。我們二〇一一年搬到現在的地方，還是在同一條街上，但離車站更近了，大概走路一分鐘就能到。

你可能會想，離車站五分鐘的距離也不錯，沒有太大差別。但當時主要考慮了兩個比較大的因素，一個是競爭對手的出現。我們店所在的這條街，車站附近店鋪較多，但沒走幾步就變成住宅區，所以走進這條街的人潮本來就有限。站前還有比較醒目的一條街，是車站正對面的商店街，要熱鬧得多。我們的競爭對手幾年前就出現在這條商店街裡面，客流大。

吉井：其實貴店和那家店還是有一點距離的。對手的出現，對你們店來說影響那麼大嗎？

今野：挺大的。客人漸漸少了，有一年幾乎無法給員工們發薪水，我也認真考慮過關閉這家店。恰好這個時候，我聽到一個消息，就是現在的這塊地方要出租了。不過這事也不能輕易決定，租金和流動資金都得解決，所以沒有馬上出手。但如果被別的書店租去，那我們店不就要完蛋了嗎？所以就跟仲介說我在考慮租這個地方，若有別的書店要租這塊地方，務必先跟我知會一聲。

後來同行的前輩告誡我說，別人也是做生意的，如果要開張都會悄悄地準備起來，也不會讓仲介告訴你，等到別人開店那天你才會知道。我覺得這位前輩說得沒錯，還是採取防禦性的進攻為好。出於這種危機感，我決定把店鋪挪到現在的地方，讓自己離車站更近些。

吉井：搬到現在的地方是二〇一一年六月分，那麼結果如何？

今野：我相信當時的決定是對的。首先，過去離開的客人們都回來了。對一家店鋪來說，人潮和位置相當重要。另外，現在的店鋪規模比過去大很多。過去的店鋪，一樓和二樓加起來的面積大概四十五坪，而現在的店鋪比原來的大一倍。一樓大概有六十坪，地下一樓大概有三十坪。我們目前銷售的圖書包括漫畫共有六萬冊。這對九十坪的書店來說，是密度較高的水準。

吉井：書店面積和您說的「密度」我不太明白，能讓我有個概念嗎？

今野：可能這麼說比較容易理解吧，以經營方面的專用詞「坪單價」來說，我們店的坪單價大概是七、八十萬日圓。就是說，我們店的一坪上，擺著值七、八十萬日圓的書。當然，這個要看你的書架上擺的是什麼書，有些書店專賣攝影集等單價高的品種，那麼坪單價也自然會提高。現在，尤其是在郊區新開的大型書店，他們的坪單價很低，大概三、四十萬日圓。他們的店面大，店鋪給人的感覺有點像倉庫，書架比較矮，很有開放性的風格。

店裡的書架是今野先生苦心之作：控制書架高度的同時，採用了透明塑膠材質，有助於減少書架本身帶來的壓抑感。

吉井：我父母家附近確實有那樣的書店，有一兩家。店面和停車場的面積都很大，屬於「郊外型」的那種店。但我發現他們擺設的圖書比較整齊劃一，暢銷書能容易買到，若我想找一本稍微特別點的書，他們就沒有。我覺得郊外型的弱點應該就在這裡，書的品種不多。貴店搬遷後，店裡的圖書種類比原來多，客人也多起來了。那麼銷售額也提高了不少吧？

今野：是的，雖然並不是非常寬鬆的狀態，但搬遷後的銷售額翻了快一倍。我們的店沒有您剛才說的郊外型的書店那麼大，但對我來說，目前的店鋪面積剛剛好。怎麼說呢，圖書種類不會比他們少，而且我們這樣的店有小而美的特點。你站在書店門口，店裡的情況一目了然，能知道你要的書會大概在什麼位置。大的書店，為了找出一本書你要在店裡走來走去，有時候還要跑到樓上或樓下；在我們店就不用那麼辛苦。

另外，自從搬到這裡，我們的圖書種類增加了一倍，就能應付大部分客人的需求了，也就是說，他們提及的大部分圖書，我們店裡都會有庫存。以前，經常客人要的書我們沒有，只能向「取次（toritsugi）」[3]訂貨，這樣要讓客人等幾天甚至幾個星期的時間。現在這種情況少了很多，甚至能夠給客人驚喜，他們本來抱著碰碰運氣的心態來店裡，結果真的找到了想要的書。

3 日本的圖書流通一般按照「委託販賣」的原則進行，出版社出版的圖書首先由發行公司「取次」來購買（「取次」付款給出版社），隨後由「取次」來分配到全國各地的書店。若這些書沒賣出去，書店可以退給「取次」。被退回的圖書，由「取次」來要求出版社退款。對於廣大書店業者來說，只要跟有限的幾家「取次」打交道即可，無需一一接洽所有的出版社。

春天是日本的開學、開工季，今野書店為社會新鮮人準備了「加油新生活」專櫃，推薦家務類生活書（整理、縫紉、烹飪等）。

因為我們店裡的書多了，銷售情況也有所改善，每個月的退貨率隨之降低了不少，比原來降低了十個百分點。這點挺讓我們高興的：退貨率低了，「取次」對我們的印象也有所改變。「取次」會比較重視每家書店的退貨率，現在他們給我們配書比過去細心多了，會關心我們的需求。不用說「取次」，退貨這事本身給店員的壓力很大的，為了趕上月末的退貨時間，每個月中旬開始就忙於退貨作業，看著沒賣出去的圖書，心裡還是很難過的。[4] 現在我們店裡的書多了，每個月的退貨量也許看起來多了，但把數據統計起來就會發現，其實我們的退貨率降低了不少，這點大大減輕了我們的負擔和壓力。不管是書店還是別的商店，沒有比銷售額更好的強心劑，什麼開支縮減都是小事，只要書賣得好，就能解決很多問題。

吉井：書賣得好，貴店的庫存也少了很多，這樣資金周轉也比較順暢。

今野：嗯。今天是……十四日。大概這個時候開始，我們的店員就要開始忙於退貨。結算金額中可以扣掉退貨部分，但「取次」要求我們好好控制退貨率，所以並不是可以隨便進貨、隨便退貨。我們的地方也有限，庫存自然也不能太多。如何把庫存控制在適當的數量上，是一個店長要動腦筋的部分。有些郊區的大型書店乾脆要求店員絕不能留有庫存，他們的宗旨是當庫存不如退貨，將書架下面的抽屜都釘上釘子，不許店員放書。

4 日本的「委託販賣制度」規定，在一定時間內圖書可以按進貨價退貨。日本的出版社把圖書發給「取次」或固定合作書店委託販賣。書店將被委託的圖書在一段時間內進行銷售。該制度之下，新刊的委託販賣期間為大約三個月，長期委託則為四至六個月，常備委託是一年。過了這期限的圖書不能退貨。

吉祥寺一帶的相關圖書和旅遊指南頗受歡迎。

吉井：說到庫存，我想問一下如何管理後台的庫存呢？是不是用每本書中的slip[5]？

今野：確實，那個紙條對我這年紀的人來說挺習慣的，過去就靠它來管理店裡的書。但現在我們有POS（Point of Sale）系統，掃描條碼即可。系統可以一併處理銷售和庫存紀錄、進行檢索或訂貨業務，還可以指定某一天的某一個領域的銷售紀錄，以便分析客流，以免丟失日後的商機。我之前通過系統發現一本料理月刊的銷量一開始就特別好，是十一月分的熱湯特輯，於是我趕緊補貨，多補了一點。這個特輯後來我放在好一點的位置，結果到了第二年春天還能賣出去。

當然，我並不是認為POS系統是萬能的，書店店員要用自己的眼睛和耳朵來獲取客人想要的出版訊息，這才會給書店帶來溫度，如果同時間能夠利用可靠的數據，效果會更好。

另外，我們的店加入了一個中小規模書店的組織NET21[6]，若我們的客人想要的書在店裡沒有，可以跟其他會員書店通融。這個機構的好處還有，可以查看機構所有會員的平均銷售情況，以便做為自家經營情況的參考。比如今年我們店的歷史類圖書賣得不好，這到底是我這一家的問題還是大家都一樣，看看NET21提供的歷史類圖書平均銷售數據就知道了。

5 Slip，即「売上スリップ」，出版社出貨時夾在每一本書中的紙條。上面印有書名、作者、出版社、圖書分類、價格和稅率、ISBN號碼、日本圖書分類號以及書店方填寫添貨數量的空格等。過去書店銷售每本書時抽出並留底，以便統計銷售數量及添貨。

6 有限會社NET21，由中小書店為主的會員共同出資成立的合作機構，本部位於東京神保町。

位於吉祥寺的「一人出版社」——夏葉社的書。今野書店是夏葉社在東京的主要合作書店之一。

吉井：書店經營方面，我想問一下關於「萬引」[7]問題。聽說書店這方面的問題很大，甚至會導致一家書店開不下去那種嚴重的結果。

今野：小偷問題確實比較嚴重，尤其是漫畫，很多書店為此傷腦筋。漫畫在Book Off [8]等二手書店可以賣得比較好的價錢，小偷從我們書店「進貨」，賣給那些二手書店或在網上脫手。我們為什麼把漫畫分開放在地下一樓銷售，防小偷也是原因之一。我們在地下一樓的漫畫區裝了很多攝影機，門口還設了電磁感應門。每一本漫畫我們都用塑膠膜包起來並附上電磁感應條。但是，最近我們發現還有一兩個膽子大的小偷，在店裡把塑膠膜都撕開，拿走許多漫畫。我們在店裡角落發現一堆塑膠膜。不過攝影機拍到了他們的臉和樣子，我們店員都比較興奮，下次一定要抓起來。（笑）另外，POS系統的資訊管理也能起作用。我們店員每天都會查看自己負責的書架數據動態，若沒有銷售紀錄，庫存卻少了，這個數據變化很快就會被我們店員發現。

知道有人來偷了書，我們都會特別警惕，後來成功抓到兩個慣犯。所以不能把所有的數據管理都交給機器，自己得把握好數據的細節，每天關心自己負責的書架，是非常重要的。

7 萬引（Manbiki），指打扮成客人，在商店盜竊商品的行為或人。

8 日本規模最大的連鎖二手書店。

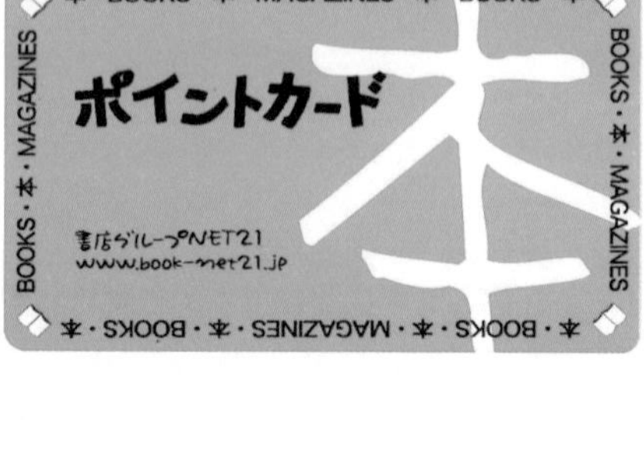

NET21會員積分卡（正面），可在共享資訊、進貨來源的NET21成員書店使用。

實體書店才會有的交流和溫暖

吉井：我在東京看到不少書店為客人提供咖啡，採用「Book & Café」的經營模式。貴店是否考慮過這種經營模式？

今野：我們店還沒認真想過這麼做，但我覺得為客人提供享用咖啡的空間，這個想法是挺好的。這種模式，一是能夠讓客人放鬆，二是附設咖啡館會有雙重效果，書店和咖啡館的利潤率都會提高。唯一的問題是，若闢出一個咖啡區，放書的空間就少了一點，書的數量會減少。另外，附設咖啡館後，飲料的味道會飄到書架那邊，有些客人會在意這個的吧。但我想有機會還是值得一試。

吉井：其實西荻窪已經有了不少年輕人開的「Book & Café」，這些店和貴店會不會形成競爭關係？

今野：這倒不會，可以說完全沒有。他們的經營模式一般來說是二手書加咖啡，經營的種類和我們新刊又不一樣。我覺得他們和我們的店是可以共存共榮的，一批年輕人去那些「Book & Café」，翻閱一些書，把看書這事養成習慣後，就有望成為一批讀書人。那麼，那些人還是會到我們店買些書呀，我覺得這是有可能的。西荻窪是很有意思的地方，離吉祥寺只有一站距離，但這裡的生活成本沒有吉祥寺高。來往JR中央線沿線、去東京繁華區或神保町等地方也都很方便，所以不少作者和出版界人士住在西荻窪。也許是因為這個原因，我們店的人文、文藝類的圖書賣得相當不錯，而且大家偏愛購買單行本[9]，這點和其他書店情況不太一樣。若是一般小書店，文庫本的銷量應該是單行本的兩倍，畢竟文庫本比較便宜嘛。而在我們店，單行本跟文庫本的銷量幾乎持平，這意味著，我們的客人喜歡購買新鮮的、當紅的作品，為自己喜歡或感興趣的書，很願意掏腰包。所以對我們店來說，新刊是生命線，新刊出來就一定要進貨。這點我是很在意的。

說到競爭，對我來說，最大的威脅是來自亞馬遜等網路書店和圖書館。日本的圖書價格是由「再販制度」[10]來保持「定價銷售」的狀態，書是不能打折的。但亞馬遜提供了免費送貨以及積分等服務，這些等於變相打折。我個人認為，這樣的競爭對一個小書店來說，還是帶來了一定的影響。

面對亞馬遜等網路書店的衝擊，我們實體書店的長處何在？我認為，首先是實體書拿在手裡的感覺。大家購買之前，在書店裡能看到實體書，並翻閱瀏覽。你來的時候也許沒買到

9 在日本，一部圖書首先會以單行本形式出版（往往是精裝，價格也較高），之後視銷售情況推出相對廉價的文庫本。不過，現在也會有直接以文庫本形式發行的書籍。

10 「再販制度」的全稱是再販賣價格維持制度，對某些商品零售商銷售時的售價進行約束不得漲削價，在日本於一九五三年起執行至今，該制度的對象還包括雜誌、報紙以及音像製品。出版社通過發行商將圖書批發給書店，是「第一次銷售」。書店把圖書賣給讀者，是「第二次銷售」。「再」是基於出版社、發行商、零售商而論，並非指消費者轉賣二手商品。

本來要買的，但實體書店還能提供機會讓大家遇到之前並不知道的作者和書。第二個好處在於交流——和店員的交流，聽聽他們的推薦，這些實體書店才會有的交流和這種溫暖。我們店也確實有一批常客，他們說「買書還是得在今野桑那裡買」，我也會好好珍惜同這些客人的交流。

另外，還是得說一下圖書館，我個人很反對他們的「複本」[11]。現在的圖書館過於重視利用人數和借閱量，為了吸引更多的周邊居民而購買不少所謂的暢銷書，像暢銷書《火花》（二〇一五年，文藝春秋）[12]，有的公立圖書館甚至有九十冊複本。我反對的原因有兩個：第一，這對作者沒有任何好處；第二，圖書館的存在意義不是給大家看暢銷書。一般讀者在普通書店買不到的專業書或資料，才是圖書館值得備藏的。

小書店的無奈——進貨和「取次」

吉井：您剛提及的退貨問題很有趣，那麼，貴店的訂貨和進貨情況如何？

今野：我們店裡的大部分圖書是通過「取次」而進貨，不用說我們，日本大部分的書店都是

11 複本（fukuhon），指圖書館購買、入藏兩冊以上同樣的書籍。

12 諧星又吉直樹撰寫的純文學小說，獲第一五三屆芥川獎，日本銷量超過兩百四十萬冊。

這樣。「取次」在日本有兩大公司：「日販」和「東販」[13]，另外還有一些規模比較小的。若在東京，中小規模的「取次」集中在東京神田[14]，我們業內把那邊叫做「神田村」。今野書店主要合作的對象是神田村的「栗田」[15]，和兩大「取次」比起來，這家感覺比較會關照小書店。除了栗田外，也會從教育和旅遊、地圖類的書商那裡進貨。另外，我每週一次，會親自到神田那邊，拜訪其他中小「取次」，直接向他們進一些專業書。

吉井：會關照小書店的「取次」，指的是什麼呢？

今野：一家書店能否獲得充分的進貨量，這和該店的銷售能力及「取次」有關。一家書店的銷售能力高，能拿到的新刊和暢銷書就多。依照每家書店的規模、特色、銷售額、退貨率等因素，「取次」將自己合作的書店分為幾個等級：比如，某家出版社印一萬冊的書，若給A書店，有望賣掉一百冊，那麼A書店的等級算是頂級的SS；同樣的書，B書店大概只能賣兩本，那麼B書店的等級就比較靠後面，大概第七級。我們店大概就在後者的水準。「取

13「日販」全稱為「日本出版販売株式會社」，乃日本最大的書刊發行商。「東販」則指「株式會社TOHAN」，前身為「東京出版販売株式會社」，現已發展為涉及書刊及相關產品出版、發行、版權代理的大型集團。據調查，這兩大「取次」的市場占有率大約為七成。

14 神田（Kanda），位於東京都千代田區。神田的神保町是東京乃至世界著名的書店街，另有不少出版社和「取次」公司集中在這一帶。

15「栗田」全稱為「栗田出版販売株式會社」，為日本規模排名第四的「取次」，二〇一五年六月向東京地方法院申請破產保護，目前已與規模第三位的「大阪屋」合併為「株式會社大阪屋栗田」。

次」會考慮這些等級，對於等級高的書店，他們提供的新刊和暢銷書比較多。其實我們店的情況也還算不錯，至少有等級，很多小書店連等級都沒有，那樣新刊和暢銷書得等很久才能進到貨。而我們合作的「取次」，給我們這些小店也會安排各種圖書，替我們考慮得很多。

「取次」還是挺看重書店的銷售能力的。比如我們店計畫做一個「特輯角落」，按照特輯內容向「取次」進相關圖書。我們店就這麼個規模，進貨一百冊，也許只能賣出四十冊，那麼剩餘六成不就是要退給「取次」了嗎？大的「取次」肯定無法接受這樣的結果，下次你還想申請這樣的專題進貨，不可能；而我們的「取次」可以接受。

神田村那邊，我是每週去一次而已，但我見到過一些店長，他們的店有的在小田原[16]，有的在栃木縣[17]，都離東京好遠。但他們每天都會去神田村找書！

吉井：想想交通和時間成本，這絕對不划算。

今野：這已到了愛好的地步，而不是做買賣的心態了。他們就是喜歡書。（笑）一般書店絕不會這麼做，要效率嗎，很多書店都採用「自動訂貨」方式來進貨。

一般書店的訂貨方式有兩種，一是自動訂貨，另一種方式是書店店員確認銷售情況一本

16 小田原（Odawara），位於神奈川縣西部，東京西南方向，距離東京大約八十公里，是東海道交通要衝，鄰近著名觀光地箱根。

17 栃木（Tochigi）縣，位於關東地區最北部的內陸縣，北接福島縣，距離東京大約一百公里，縣內有日光東照宮等景點。

一本地選擇並訂貨。每一個店員都有自己負責的書架，每天確認自己書架上的銷售情況，若有缺貨或想進貨的新刊，就把這些列出來進行添貨。

吉井：書多的話，要確認一個書架也挺麻煩呢。

今野：沒錯，不過也可以這麼說，這才是做書店店員的樂趣所在。你絞盡腦汁選出幾種圖書，看看客人是否購買，這對鍛鍊自己挑書的眼光很有幫助。自動訂貨當然省事兒，合理而有效率，但同時很容易剝奪一個書店的特點。自動訂貨來的書，一般按照「取次」銷售排行榜名列前茅的暢銷書、每家店的業績以及退貨率而定，這樣的訂貨方式也許有助於減少書店的退貨率，對店員來說，也很方便。但同時呢，自動訂貨這個方式難免忽略少數有趣的書，也會剝奪一家書店嘗試一些不同領域的書的機會。

每家書店的生存環境和客戶階層不一樣，有的書店年輕客人多，也有書店開在老人家多的地方，那麼這兩家書店的客人想看的書當然會不一樣。剛才我也說過，我們店的客人中出版界相關的文化人士很多，他們對暢銷書會感興趣，但同時他們的興趣層次會很深、很廣；那麼我們也要有所準備，這就是店員發揮自己能力的地方。我們通過跟客人的聊天——每次和他們短暫地對話，從中獲得信息，尋找會讓他們滿足、高興的圖書。

臨近新年，手帳銷量見漲。今野先生邊整理手帳邊苦笑著說：「種類越來越多，尤其是女性用的手帳，在我看來都差不多，好容易搞混。」

吉井：貴店裡有一些「特輯角落」。這是貴店店員規劃的嗎？

今野：對。我們首先大概規劃好一年中的「特輯」安排，比如四月分是新學期開始，我們會在一個角落集中陳列剛入學的孩子和他們的家長會用到的書。四月也是新春新氣象，普通上班族也多多少少會受影響，很多人到了這個季節就想嘗試某種新鮮事，比如學習語言、減肥、帶便當、週末健身等等，這些特輯安排是我們每週員工開會時會仔細商量的。

吉井：還有手帳、日曆等季節性的商品。手帳這個東西最近在中國開始流行起來，但使用者和使用方式和日本不太一樣。在中國，還是年輕人比較喜歡用手帳。

今野：我們每年十月開始銷售手帳，不管是白領、老人家、學生或年輕媽媽，都會來選購。十月已經很晚啦，別的書店從九月就開始做「手帳角落」。不過賣得最好，還是過年前後。[18]一月也有相當的銷售量，大概是年前忘記買的人。（笑）

除了手帳，我們還會準備各種家計簿，跟手帳差不多的時間開始銷售。年輕女性也會買，尤其是有小孩的。現在的「家計簿」設計得很好用，可以讓你輕鬆愉快地實現節約或存款目標。我也知道現在很多手機APP可以代替「家計簿」，但看銷售情況，不少人還是喜歡用本子和筆。

18 日本自明治維新起使用西曆，故新年是元旦（一月一日）。

「赤本」的紅海，學海無涯苦作舟。

還有季節性的商品，就是俗稱的「赤本」[19]。過去到了冬天，很多高中生一買好幾本呢，但現在的銷量遠不如過去。現在很多高中的「進路指導相談室」[20]或補習班會購買整套的赤本，學生若需要哪一所學校的考題，就複印去用。赤本一本要兩千日圓左右，不便宜。所以這幾年我們店裡準備的赤本越來越少，「取次」也按去年的銷量來決定今年給我們多少學校的赤本，也只能這樣。

吉井：您的書店還有一小部分銷售雜貨。現在很多書店為了提升收益率，開始賣雜貨。貴店也是為了收益，還是有別的什麼原因？因為一般書店店員，對書刊的理解很深，但對雜貨方面，不管是進貨選擇還是陳列方面，都不是最擅長。

今野：我們賣雜貨，也不能說為了提升收益。其實我沒有特別指望能賣出很多雜貨。我們營業時間比較長，附近的文具店都關門的時候還有人跑到我們這裡買筆或其他文具，所以我只是想最基本的文具還是得備一些，為方便顧客。不過，我們這條商店街上也是有文具店的，我們都要互相幫忙嘛，我自然也不能影響他的生意，我們這裡擺的雜貨單價比較高，也注意不與文具店的商品序列重疊。

19 日本各大學分學科歷年入學測試考題及解答。一九五四年起創設，由世界思想社教學社發行。一九八五年起封面統一為朱紅色，故而俗稱「赤本」。

20 學校為協調學生下一步人生規劃而設置的部門，由專屬老師與學生及家長進行面談，按學生的成績、意願和家庭情況給予學生報考、就業等方面的建議。

種類繁多的家計簿。

光一個品牌就有這麼多款。

畢竟是服務業

吉井：常常聽說，經營書店是體力活，工作時間又長。能否說說您平常一天的安排？

今野：從早上開始嗎？哦……吃早餐是大概七點半吧，我是米飯派，一定要吃白米飯，配味噌湯。八點一刻來上班，各種報紙雜誌是每天都會有的，先把這些分類、歸納好；接下來是圖書的分類，大家是大概九點鐘來上班，跟大家分擔著做這些，很快就到了十點開店的時間。開店之後其實我在店裡的時間不多，基本負責外商，到醫院或美容院配送他們訂購的雜誌，剩下的時間在辦公室處理事情。

　中午嘛，還是吃麵比較多，吃得快嘛。下午也差不多，晚上十點開始在店裡和其他當班店員一起看店，深夜二十四時關門。晚餐基本在外面吃，在這裡經營一家店，還是需要一些當地的關係，尤其是商店街店鋪之間的交流會等等，這些交流一般在附近的居酒屋邊喝邊談。你也知道，西荻窪這個地方有幾個商店街。今天和這裡的商店街的人喝酒，下週就和車站南邊的商店街交流，事情挺多的。

吉井：工作時間還是挺長的。那麼整個店面工作的店員共有多少呢？

今野：共有十九個，都是來打工，按不同的時段和節奏來上班，有的每週五天，有的三天。他們來工作的時間都比較長，我們也希望如此。比如，一個新人來上班，把他培養成一個合

文具和小雜貨也是收入的重要一環。

新年賀卡DIY指南在此，快來買吧。

格的書店店員，需要相當多的時間。一個年輕人勉強能在店裡一個人做事，一般就得花一年的時間，從圖書的整理、擺放和庫存的管理開始，面對客人如何回答問題，這些都得學習。在日本，每天都有兩三百新刊出來，一年就數十萬種，而且每天都有報紙雜誌進來，要從圖書的洪流中將客人想要的那本書找出來，光學會這就不容易。書店的工作挺瑣碎的，也沒有所謂的手冊或指南，只能通過每天的工作來學習。也許外面的人覺得書店的工作不怎麼複雜，就是賣書，但每天的工作內容還是不一樣，要做好挺不容易的。

吉井：過去在貴店工作的那些打工族，後來是否都有繼續從事這行呢？

今野：不一定哦。有一個員工在我們店裡工作幾年後，在這附近開了二手書店，非常能幹也很熱情的女孩子。但後來這個二手書店經營情況不佳，她現在又回來在我們店裡上班，有點可惜。還有一些後來去出版社上班的，但也不多，一兩個吧。

吉井：我上大學的時候有點想在書店裡打工，但因為覺得自己對圖書的瞭解不夠，所以沒有去嘗試。貴店現在擁有將近二十位員工，估計都是由您進行面試篩選的。能說說書店店員所需要的素質嗎？

今野：其實我覺得重點在於個性，對圖書和出版業的瞭解多不多，我反而不是特別在意。書店畢竟是屬於服務業，把書賣給客人才算事，所以做為一個書店店員要開朗、積極而溫柔。

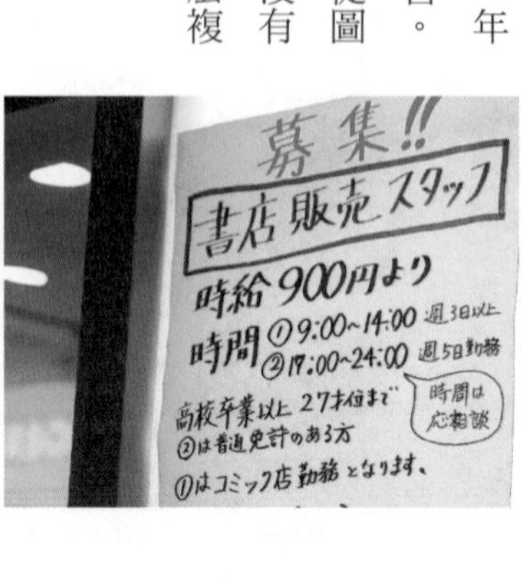

今野書店的招聘信息，時薪900日圓起。其實不管書店的大小，東京書店店員的時薪都差不多。

我發現，有這些特徵的年輕人，他們的工作能力也挺高的。你想想，一個員工沒能和客人好好溝通，不願意聆聽客人說話，怎麼知道客人想要什麼書、怎麼知道自己要添哪些書？

另外，書店不是只有一個店員，和其他店員的溝通也重要，和自己的同事也得相處融洽、互通有無。跟同事分享知識，願意吸收對方的做事方式，這點很重要。從我個人角度來看，在面試的時候能和我聊得來的年輕人，這些溝通都沒問題，也能很快地融入我們店的氛圍。

新刊書店的苦與樂

吉井：貴店的員工當中，有沒有後來自己開了新刊書店的呢？

今野：沒有。我跟你說，這太難了。光看我們這樣的小規模書店的庫存，加起來就有一億日圓。我是從父親那一代繼承下來的，所以還行。除了進貨，還得租場地、採買各種設備……若從零開始，普通上班族哪怕把所有的退休金都搭進去，也遠遠不夠開一家新刊書店的資金。書店所需的資金並不少，很小的書店至少也得幾千萬日圓。

所以有些連鎖書店，一旦經營狀況不佳，就把業績不好的幾家關掉，那是理所當然的。關掉一家分店並把它的庫存統統退回去，就能拿回資金兩三千萬日圓。比如，你有兩家書店，其中業績不好的一家關掉，退回來的幾千萬日圓用於另一家店的各項開支，這樣剩下的這一家書店經營狀況會好很多。

吉井：聽您這麼說，開書店的資金壓力可真不小。

今野：那是，我也整天腦子裡想的都是這個。（笑）所以現在個人新開一家書店，一般都是二手書店，成本沒有新刊書店那麼高。

吉井：有些年輕人嫌棄上班的日子，開一家附設咖啡館的書店的例子也不少，而他們通常採用二手書店的形式，原來資金也是原因之一。

今野：新刊書店庫存、資金的壓力大，帶來的樂趣也相對來說多一些。雖然我們的庫存可以退貨，但並不是零風險的，我們每一本的圖書進貨，都有一種期待、緊張和新鮮感，挺有意思的。

現在不少人選擇購買文庫本，但我認為書的主角還是單行本。日本的單行本內容改制、出版成文庫本，一般需要三年左右。這段時間裡，書本身的存在感會變得有些模糊。剛出版的單行本帶有一種亮度和光輝，而這些經過一段時間會漸漸消失，這是理所當然的，因為書是一種社會和時代的鏡子。我想把一本書誕生的亮度直接傳達給讀者。我還是覺得開家新刊書店是一項挺有趣的事業。

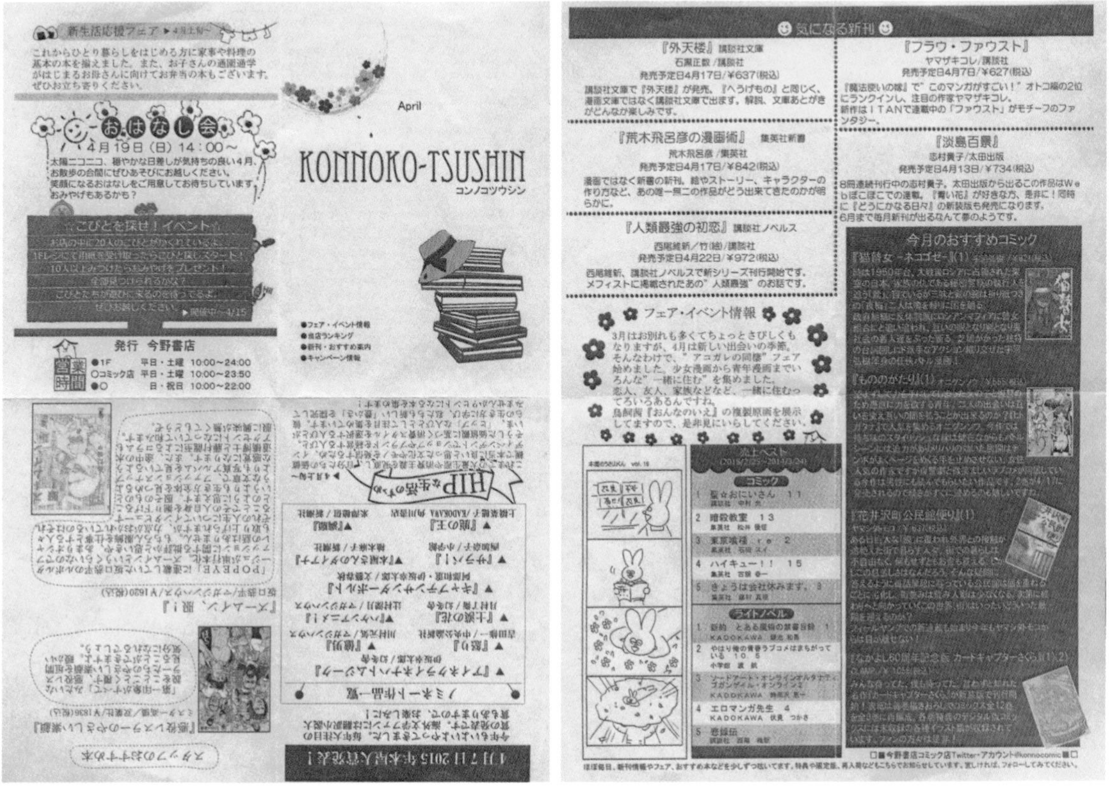
新生活応援フェア ▶4月上旬〜
これからひとり暮らしをはじめる方に家事や料理の基本の本を揃えました。また、お子さんの通園通学がはじまるお母さんに向けてお弁当の本もございます。ぜひお立ち寄りください。

おはなし会
4月19日（日）14：00〜
太陽ニコニコ、穏やかな日差しが気持ちの良い4月、お散歩の合間にぜひあそびにお越しください。
笑顔になるおはなしをご用意してお待ちしています。
おみやげもあるかも？

こびとを探せ！イベント
▶開催中〜4/15

発行　今野書店
営業時間
●1F　平日・土曜　10:00〜24:00
○コミック店　平日・土曜　10:00〜23:50
●○　日・祝日　10:00〜22:00

April
KONNOKO-TSUSHIN
コンノコツウシン
●フェア・イベント情報
●当店ランキング
●新刊・おすすめ案内
●キャンペーン情報

気になる新刊

『外天楼』講談社文庫
石黒正数／講談社
発売予定日4月17日／¥637(税込)
講談社文庫で『外天楼』が発売。『へうげもの』と同じく、漫画文庫ではなく講談社文庫で出ます。解説、文庫あとがきがどんなか楽しみです。

『荒木飛呂彦の漫画術』集英社新書
荒木飛呂彦／集英社
発売予定日4月17日／¥842(税込)
漫画ではなく新書の新刊。絵やストーリー、キャラクターの作り方など、あの唯一無二の作品がどう出来てきたのかが明らかに。

『人類最強の初恋』講談社ノベルス
西尾維新／竹(絵)／講談社
発売予定日4月22日／¥972(税込)
西尾維新、講談社ノベルスで新シリーズ刊行開始です。メフィストに掲載されたあの"人類最強"のお話です。

『フラウ・ファウスト』
ヤマザキコレ／講談社
発売予定日4月7日／¥627(税込)
『魔法使いの嫁』で"このマンガがすごい！"オトコ編の2位にランクインし、注目の作家ヤマザキコレ。
新作はITANで連載中の「ファウスト」がモチーフのファンタジー。

『淡島百景』
志村貴子／太田出版
発売予定日4月13日／¥734(税込)
8冊連続刊行中の志村貴子。太田出版から出るこの作品はWebぽこぽこでの連載。『青い花』が好きな方、是非に！同時に『どうにかなる日々』の新装版も発売になります。
6月まで毎月新刊が出るなんて夢のようです。

今月のおすすめコミック

フェア・イベント情報
3月はお別れも多くてちょっとさびしくもなりますが、4月は新しい出会いの季節。
そんなわけで、"アコガレの同棲"フェア始めました。少女漫画から青年漫画までいろんな"一緒に住む"を集めました。
恋人、友人、家族などなど、一緒に住むってろいろあるんですね。
鳥飼茜『おんなのいえ』の複製原画を展示してますので、是非見にいらしてください。

売上ベスト
コミック
1 聖☆おにいさん 11 講談社 中村光
2 暗殺教室 13 集英社 松井優征
3 東京喰種 re 2 集英社 石田スイ
4 ハイキュー!! 15 集英社 古舘春一
ライトノベル
2 やはり俺の青春ラブコメはまちがっている 10.5 小学館 渡航
4 エロマンガ先生 4 KADOKAWA 伏見つかさ

収銀台旁邊可以免費取閱的《今野通信》，是店員們自製的書店資訊月報，提供新刊資訊、親子閱讀會的預告、每個月店內「特輯角落」介紹等。

繪本角。店員手寫了圖書介紹幫助年輕媽媽選書，也拉近了書店與讀者的距離。

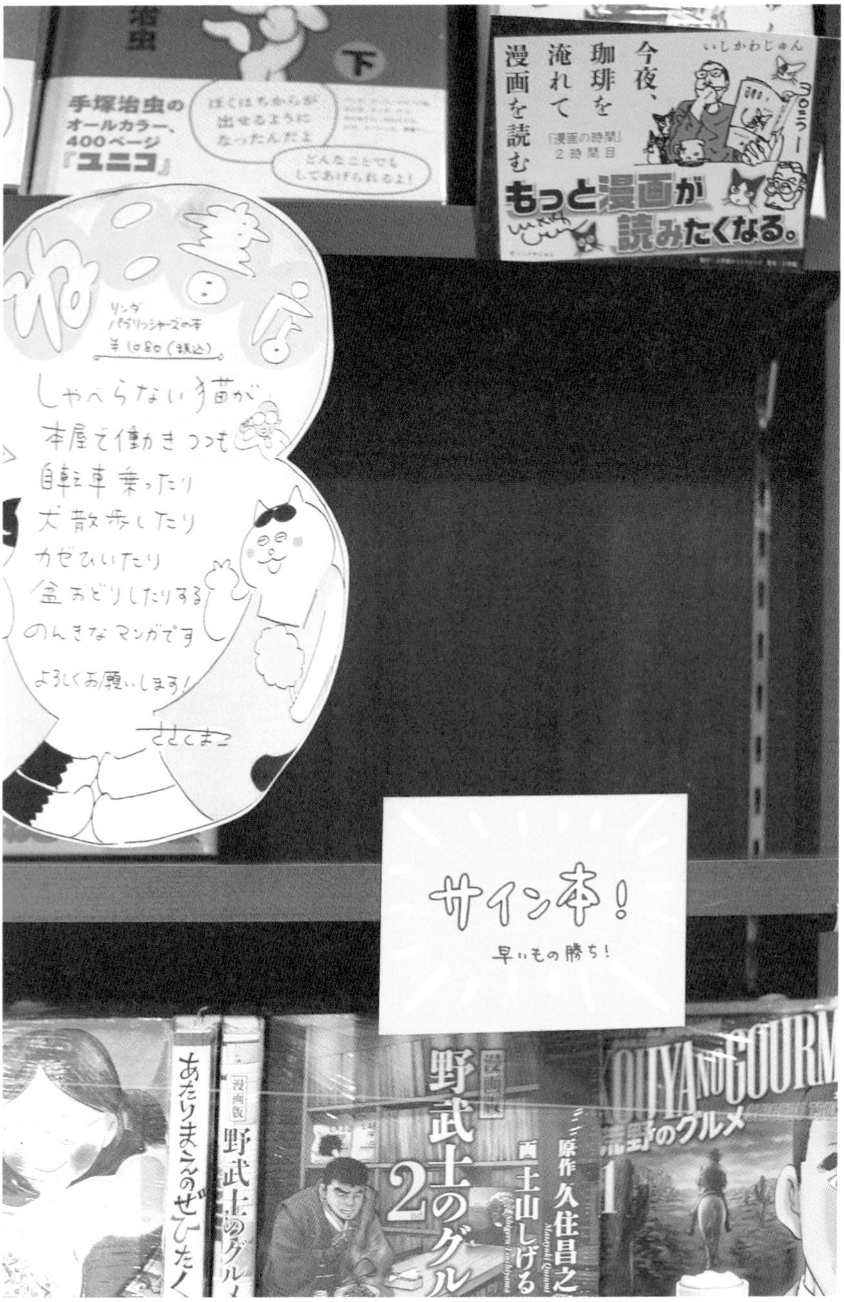

住在東京的書店店員兼漫畫家佐久間，第一部出版的作品《貓書店》，講述了書店的兩隻貓聽到店鋪要關門，便開始幫忙的故事；在作者手繪的POP（point of purchase）廣告加持下，簽名本早已售罄。

番外

今野書店的親子閱讀會

採訪時間：二〇一五年十二月六日

我回國時經過西荻窪，從今野書店門口的告示上得知十二月的第一個週日要舉辦親子閱讀會。經今野先生的許可，我參加了這次的親子閱讀會，做了些觀察。

天氣不錯的週日下午，今野書店門口有人不斷地進出，店內的氛圍也相當輕鬆自在：有一位女士在讀會計方面的專業書，還有一家三口在對話。

男士：「媽媽[1]，阿醬想要《怪俠佐羅力》呢。」

女士：「阿醬……你會好好看這一本嗎？」

五、六歲的女孩點點頭：「嗯，會的。」

不久，今野先生的太太今野聖奈子女士自店鋪最後面的角落輕輕招呼了一聲：「那麼，我們的故事會（Ohanashi-kai）就要開始囉！」

其實，沒等她提醒，七、八個小朋友早已集合在那個區域了，有的看看旁邊書架上的繪

1 在日本有子女的家庭中，丈夫會隨孩子一同稱妻子為「媽媽」。

本，有的跪坐在地上迫不及待。他們年紀都差不多，大概五、六歲，他們的父母也在後面陪著。

今野女士先為大家介紹了今天新來的閱讀負責人——小學三年級的歌醬。她是今野書店的常客，一年四次的閱讀會是她最喜歡的活動之一。上次九月分的閱讀會結束後，被母親帶著來參加活動的歌醬悄悄叫住「聖奈子桑」（小朋友都這麼稱呼今野女士）：我也想給小朋友們朗讀繪本。

今野書店的閱讀會，本來由三、四位女性店員朗讀繪本，後來加入了一個小朋友玲醬，同齡人念給同齡人聽。歌醬一直很憧憬比自己大兩歲的玲姐姐能給大家念書，於是那天鼓起勇氣跟聖奈子桑說出了自己的夢想。今野女士爽快地答應了，等這一回的閱讀會的日期和主題一定下來，她馬上通知歌醬，並幫她選了一本《和香蕉老師畫畫》（二〇一五年，童心社）[2]來朗讀。今天她父母和外婆都來看她朗讀，歌醬顯得有些興奮，通紅的臉頰，明亮的眼睛，特別可愛。

閱讀會的布置很簡單，繪本專用書架前鋪了棉墊，小朋友脫鞋、跪坐在上面聽故事。閱讀會開始之前，今野女士笑咪咪地提醒小朋友們：「大家要記住哦，聽故事的時候大家的嘴巴要拉好拉鍊，兩隻手放在膝蓋上，好嗎？」小朋友安靜下來，閱讀會便開始了。

頭兩位的閱讀者是店員，她們和小朋友溝通得不錯，閱讀的節奏也好，翻頁的時候會看著小朋友們的反應，適當地插入幾句引起小朋友們的注意。講故事的時候，有些好奇的小朋

2 日文原名《ばななせんせいとおえかき》，得田之久著、山下浩平繪。「香蕉老師」系列至今已出版四種。

玲醬和歌醬。

友提問：「剛才的松鼠為什麼不見了呢？」店員指著插圖一角說：「喲，好像在這裡呢，可能它待會兒又出現哦。」每次故事講完，小朋友們都笑著拍手鼓掌，感謝朗讀者和精彩的故事。

第三位上場的是歌醬，她面朝觀眾，第一次試著用手舉著繪本給其他小朋友看書頁，自己則歪著頭念起故事。她聲音很清晰，節奏控制得也很好，小朋友們和前面一樣認真地聽著。歌醬母親拿起手機錄下女兒閱讀的樣子；確實，對一個小朋友來說，這是一份很好的成長紀錄。歌醬念完故事，小朋友和周圍的大人們都鼓起掌，她很開心也很害羞，一溜煙跑回母親的身旁。

接下來是另外一位店員的朗讀，這時我看到歌醬的前輩玲醬在店裡翻書。「你待會兒是要給大家念故事嗎？」

玲醬的回答很明確，說話方式和態度有禮貌也有風格，感覺比一些高中生還成熟，「是的，其實我每次都來這裡念故事呢。您看一下店裡的相冊紀錄就知道了，我每次都有出現。我母親曾經在這裡當店員，所以我大概三年前開始參加這裡的閱讀會。今天我要讀的是《麗莎和卡斯柏：耶誕禮物》，是聖奈子桑和我按照今天的主題耶誕節選的這一本。練習？幾乎沒有。每次我來這裡念故事，都不怎麼練習的，也不覺得有困難。今天的閱讀會，我們學校老師也來參加，她是學校圖書室的司書[3]。」這時，今野女士來找玲醬，就快輪到她朗讀了。

3 從事圖書館專門業務（資料的採購、分類、排架、保存等）的工作人員。

歌醬正為大家朗讀繪本，今野女士在旁傾聽。

不愧是閱讀會的常客，玲醬顯得很專業，開頭還和小朋友們聊了幾句：「大家好！耶誕節快到了。大家已經想好要什麼樣的禮物嗎？今天的故事，就是關於耶誕節的禮物。那我就開始囉。」

按故事的內容和節奏，她用幾種聲調抑揚頓挫地扮演角色，順利念完了故事，引起的掌聲中，還有不少大人的感歎和誇讚。這麼喜歡故事的孩子，而且母親在書店裡工作過，玲醬肯定想要當書店店員吧？玲醬輕鬆否定我的預想：「不，其實，我想當一個Patissier（西點師）。」多才多藝的孩子。玲醬還告訴我從去年開始參加課外俱樂部[4]，她選擇了「手工」，今年已經當上了部長。今天玲醬帶了自己用毛氈做的雪人，一個在自己的圍裙上戴著（書店給小朋友們特意準備了圍裙，和店員一模一樣的，只是小一些），一個送給歌醬。

繪本都念完、大家合影後，閱讀會便告結束。兩位女性店員將地上的墊子收起，又挪了一下聖誕樹的位置，繪本角很快恢復了原狀。

今野女士告訴我：「親子閱讀會是我們店員自發的一個活動。一次閱讀會的籌備流程大概是這樣：確定日期、選主題，比如這次十二月六日的活動我們理所當然地選了『耶誕節』。接下來是選繪本，並通過我們書店的官網、店面的海報和店員做的『今野通信』通知客人。若小朋友要為大家朗讀，我們就一起商量選書。其實只要適合主題，小朋友願意閱

4 日本小學生一般到了四年級參加課外俱樂部，每週一次，一般安排在下午。內容包括足球、籃球、料理、編織、刺繡、寫作、繪畫、漫畫等，每一個俱樂部由學校的老師帶領。

等待閱讀會開始的小朋友們，脖子上掛著的是店員送的手作首飾。

讀，我覺得都挺好的。活動前，我們會準備一些小小的禮物，比如今天的小首飾等等，都是用卡紙等材料做的簡單的東西，但小朋友們還是很喜歡。有時候繪本相關的出版社發貨的時候會順便送些小禮物，若有剩下的，我們會在閱讀會上發給大家。活動當天需要三、四個店員，我也要出來照顧客人。就這樣，看起來很簡單的活動，但還是需要一個固定的流程，所以目前的活動週期大約兩三個月，選一些工作不太忙的時候舉辦。今天的小朋友來得不算多，多的話大概會來二十多個小朋友呢。不過今天你來得正是時候，因為今天加入了新的小朋友為大家朗讀。我們認為閱讀會最理想的狀態就是孩子自己念給其他孩子聽，這樣才算是培養了真正喜歡閱讀的小朋友。歌醬受了玲醬的影響，主動給其他小朋友念故事，我希望以後有更多的小朋友和她倆一樣參與我們的閱讀會。對閱讀感興趣的小朋友在學校也會有變化，學校的語文課裡，老師不是常給學生朗讀課文嗎？有的小朋友因為參與閱讀會而喜歡上語文課，有的則因為語文課的朗讀，對這裡的閱讀會產生興趣。我們的書店和西荻窪這一帶的關係，也就是這樣慢慢培養形成的。」

今野女士的介紹，讓我想起自己小學時代的情景。語文課上的朗讀，老師一般都交給學生，讓一個學生念幾行，再讓其他同學念幾行。一般來說，課文念得好，語文成績不會太糟糕。記得同學中有一個女孩子叫萌醬，喜歡新美南吉[5]的兒童文學和怪盜羅賓系列的她，在

5 新美南吉（Niimi Nankichi），日本著名兒童文學作家，一九一三年生於愛知縣，三十歲便英年早逝，代表作有《小狐狸買手套》、《去年的樹》等。

今野書店定期舉辦的親子閱讀會的廣告。

小學的朗讀比賽中得了第一名，後來上了初中還在市級作文比賽得了首獎，再後來考上了東京大學。

今野女士身旁，歌醬的母親正幫女兒鬆開圍裙。「今天妳讀得很好哦。」今野女士又鼓勵了這位小朋友，歌醬抬頭看今野女士問道：「如果我好好加油，我也許可以在這裡打工吧？」看來歌醬是個認真的小女孩。她母親笑著替今野女士回答「可以呀」，一邊將圍裙還給今野女士。

「等下次的閱讀會定下來，我就通知妳喲。」歌醬笑著點點頭。

看起來很溫馨的親子閱讀會，但實際上這樣的活動能夠給書店帶來的實際收入很微薄，甚至是零。活動結束後，父母或祖輩拉著孩子的手，跟店員們打完招呼，便離開了。我向今野先生打聽親子閱讀會能否帶動繪本銷量的增加，今野先生搖搖頭。看來親子閱讀會對於今野書店，純屬愛心服務，一絲絲希望在培養讀者，就像在河川放流鮭魚苗，等待魚兒從大海洄游並溯河而上，這樣漫長的過程。

小朋友們自己畫的親子閱讀會宣傳單頁，也可當作填色畫紙，店員複印後放在店內免費取閱或送給帶小孩的顧客。

3

Books & Gallery POPOTAME

大林えり子（Ōbayashi Eriko）

生於四國地區香川縣，育有一子一女。曾為OL，離職後擔任自由撰稿人，除了介紹繪本外，在兒童教育相關雜誌上發表文章，用細膩而尖銳的語言表達一個母親對教育的困惑和疑問。2002年在東京郊區創辦交流空間「Harappa House」，該空間關閉後，2005年於池袋創辦Books & Gallery POPOTAME。

Books & Gallery POPOTAME
東京都豐島區西池袋2-15-17
平常日13:00-20:00，週三、週四休息，週六、週日及國定假日13:00-19:00（或有變動，請在官網確認）
03-5952-0114
popotame.net

只看這一側，POPOTAME並不顯出書店的本色來。

POPOTAME附近有兩個車站，JR池袋站（走路約十分鐘路程）和西武池袋線的目白站（走路約八分鐘路程）。

POPOTAME周圍是一片很有生活氣息的住宅區，電線桿左邊是自由學園明日館，那是建築大師賴特的作品。

Books & Gallery POPOTAME
地下音樂系母親的書店

Books & Gallery POPOTAME地處東京著名繁華街區池袋和高級住宅區目白之間。池袋是我高中三年經常出沒的地方，尤其是期末考試結束的當晚，我和六、七個閨蜜換兩趟線來池袋，吃麥當勞K歌，登上摩天樓「陽光60」看看風景，再到東急Hands裡買點小東西，這足夠讓青春期的女孩子發洩前幾週憋在房間裡溫習的憂悶。不過當時我們都是在池袋東邊繁華區活動，很少到西邊去。這回我從池袋站西口出來，站前的風景跟東邊還是有明顯的不同。池袋西邊是文化區，從車站沒走幾步就是地上十層結構的東京藝術劇場，附近還有百年歷史的「立教大學」，離POPOTAME走路五分鐘路程的重要文化財「自由學園明日館」[1]，曾經設有藝術家小野洋子上過的幼稚園；這一帶散發著成熟的都市文化氣息。

經過石田衣良的「I. W. G. P.」（池袋西口公園），走上差不多十分鐘，我在小公園前遇到兩個小朋友。這對兄妹都穿著幼稚園的校服，深藍的衣服配上明黃的帽子，陽光之下顯得份外可愛。哥哥把玩具小熊塞給妹妹後轉身就跑，結果差點撞上我。一旁年輕的媽媽面帶苦笑，微微鞠躬表示歉意。我想他們一定是POPOTAME的常客，因為書店就在眼前了。

1　自由學園明日館，羽仁吉一、羽仁もと子夫婦於一九二一年（大正十年）所創自由學園之校舍，由美國設計大師弗蘭克・勞埃德・賴特與弟子遠藤新共同設計。一九三四年自由學園遷移到東京都東久留米市後，明日館主要被用於畢業生的事業活動，戰後則為生活校舍，於一九九七年被指定為國家重要文化財。

從外觀上看，POPOTAME不太容易看出是個書店，但若仔細觀察，小窗戶裡嵌入的彩窗玻璃會偷偷洩露訊息：這裡藏著「有意思」的東西。店名POPOTAME本是法國畫家利奧波德・肖沃（Léopold Chauveau）繪本中的一頭河馬。POPOTAME書店也的確給人純樸、親切的感覺。幾年來我多次造訪此處，乍看之下跟五年前第一次採訪時比起來沒有太大變化，但仔細觀察後發現繪本和二手書之外的出版物都慢慢多了起來，如藝術家的限量版紙本書、zine之類的自主出版物，日、英、韓、中文的都有。除紙本書外，日本國內、國外藝術家的手工藝術品和地下樂團的唱片占的區域也擴大了不少。和許多獨立書店一樣，POPOTAME也進入多元化經營模式。

店面空間的另一半設有小型畫廊，正展出繪本作家和插畫家的展覽。按照POPOTAME的節奏，每兩週就會有新的展出，這樣能給顧客帶來足夠的新鮮感，吸引他們更常到訪。不過策展、布置、文宣、銷售等均需店主親力親為，不難想見工作量之大。POPOTAME的畫廊非常活躍，展出從不間斷，但若觀察這家書店的環境則不難發現，和我採訪的其他一些獨立書店相比，POPOTAME的地理位置並不是特別有優勢：離車站有一點距離，周圍是寧靜的住宅區，沒有可以帶動人潮的設施或商店街。創作者為何願意在這裡舉辦展覽呢？這點就得靠店主大林えり子女士來解惑了。這幾年，她花了不少力氣在此，更認為這恰是POPOTAME存在的意義所在。

大林女士原先住在練馬區的石神井，於二〇〇二年創辦了POPOTAME的前身「Harappa

House（草原小屋）」書店，從中獲得的經驗對如今POPOTAME的經營很有幫助。當時大林女士正好懷孕生子，所以對育兒的話題格外關注，對社會上的育兒觀念和環境也有了些意見和想法，於是以書店為陣地，設立了同名雜誌《harappa》。不過新店開設事情千頭萬緒，雜誌出了五期後暫時休刊。

這點我覺得非常遺憾，雖然《harappa》囿於成本和印製，乍看並不起眼，但其內容在我收藏的自主出版物中，是最有分量的；從日本普通家庭的觀點和立場自由地談起環保等社會議題，現在看也很有所收穫。讀過大林女士主編的這份刊物，我更加堅信POPOTAME內核中的「硬」是來自女性的堅強。

除店主外，她還有一個重要的身分：兩個孩子的母親。五年前拜訪的時候，她縮減了POPOTAME每天的營業時間，為的是多陪五歲的兒子。而現在孩子長大了，她也慢慢開始計畫迎接十一週年的繪本書店的下一步。

堅定而乾脆，擁有高中女生般健康的好奇心的大林女士，這幾年抽空去了北歐和亞洲一些地方，並獲得不少自費出版和地下音樂方面的人脈。她的行動力從POPOTAME舉辦的各種活動就能看出。比如「妄想搖滾節」，這是大林女士和秋田縣的絲網印刷工作坊合作的活動，讓各位藝術家想像出自己喜歡的搖滾樂隊，並為這個樂隊設計T恤和購物袋。POPOTAME在網上曬圖以便顧客選購，顧客預訂兩週後即可拿到商品。也可以到POPOTAME一邊看各個想像出來的樂隊介紹和唱片套，一邊選購現場印刷的T恤。受邀參與創作的有漫畫家、日本本國和臺灣地區的插畫師，還有音樂家，總數超過二十位。總的來說，大林女士和她的書店散發著一種喜悅的瀟灑，拋開所謂的時尚和社會潮流，和自己喜歡的人一起做自己喜歡的事，同時氣場並不封閉。

這次的採訪和五年前一樣，就在一張木製小桌前開始了。

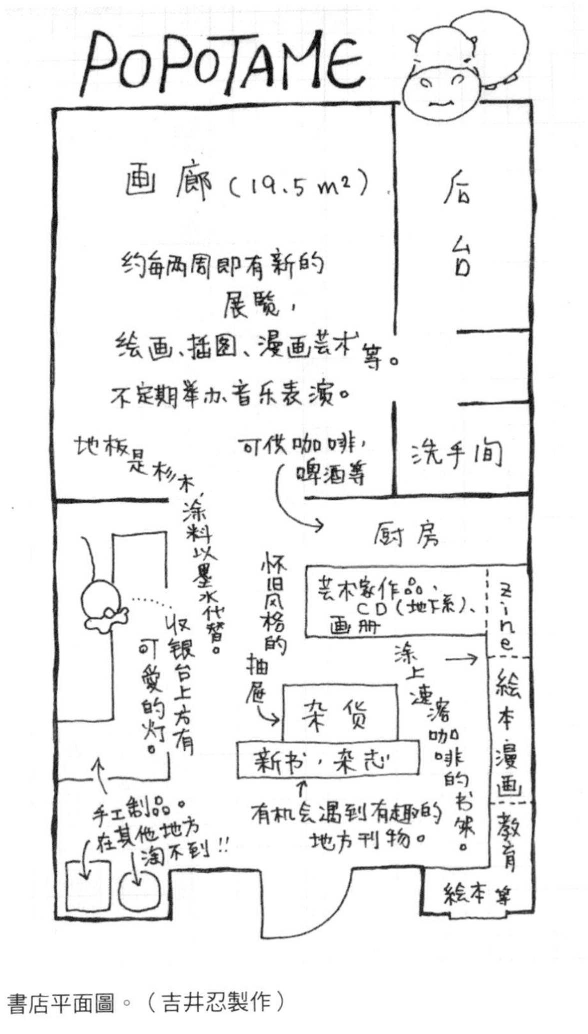

書店平面圖。（吉井忍製作）

POPOTAME在此喲，叼著書本的河馬招徠著客人。

POPOTAME店外，給人感覺非常低調。

自由學園明日館外景。

自由學園明日館內景。

店內正中的大桌子上鋪滿繪本、畫冊和雜貨。

書架上有不少zine和小玩意。

POPOTAME店內，外側是書店區，往裡則是畫廊。

塗上了墨水的店內地板。

《胡蘿蔔鬚》、《簡愛》、《最後一片葉子》……1970年代前後，日本各出版社紛紛為小孩（的父母）推出世界文學全集，現在不常見，頗有些收藏價值。

九州、四國地區的地方雜誌。

真正「咖啡色」的木製書架。

店內的彩窗玻璃，是從前店家留下的。

對POPOTAME和petit-tame這兩家來說，雜貨還是主要收入來源之一。

河馬無處不在。POPOTAME 已於2014年迎來開業10週年。

畫廊和書店都是為了讓作品和能欣賞它的人相遇。

店面給人的感覺和店主一樣，質樸、不矯飾，還有種實幹的精神。

從筆記型電腦上的裝飾，也能看出在大林女士內心少女般的熱情。採訪前後總有幾次郵件溝通，她在快速的回信中也不忘記加些溫暖的瑣事。2016年她在臺北參加了當地書店「Mangasick漫畫私倉」的圖書節，後來她在郵件裡跟我說：「那邊的年輕人認真可愛，他們的眼睛是亮亮的，好感動。」

專訪POPOTAME店主
大林えり子

採訪時間：二〇〇九年十二月，二〇一五年七月、十二月

我想通過海外的那些**zine**告訴大家，
其實其他地方也有這麼多有意思、有創意的人。

吉井忍（以下簡稱吉井）：感覺和上次來的時候相比，生活雜貨和衣服稍微多了一些。

大林えり子（以下簡稱大林）：是的，大家都比較喜歡這些小東西，織物類的銷量也不錯；不過，還是先說圖書類吧。圖書的總體情況和過去沒有太大差別，除了繪本還有舊雜誌，其他童書、生活和藝術類的書也有。過去我搜集二手書是以昭和四〇年代（一九六五—一九七五年）的為主，最近不一定。和之前不同的是，zine多了不少，就是作者自己做書，自己找書店委託銷售的那種。還有，我這幾年去了北歐和亞洲的一些地方，認識了一些出版界的人，所以店裡也多了一些外國小出版社的書。

吉井：記得上次您說過，來店的客人中，外國人不少。

大林：是的。海外客人當中，有不少來自臺灣、香港和韓國。作者和藝術家有時也會光臨，有一次從希臘來了一位客人，他在推廣自己做的zine，感覺不錯，我就當場決定買下幾本。還有一次，我的朋友帶一位年輕的香港漫畫家「小雷」（門小雷）來店，小雷喜歡上我們的店，我也挺喜歡她的畫風，後來我們就開始銷售她的畫冊。日本全國只有我們這裡有賣，所以還是挺多日本和海外客人為了她的畫冊而來。對了，前一陣子來了幾位中國遊客，雖然她們不會講日文，但我們可以用英文溝通，挺開心的。她們在這裡買下一萬多日圓的書和雜貨。這對我們這樣的小書店來說，也算是「爆買」。（笑）

POPOTAME的位置，剛好在池袋和目白之間，池袋算是繁華地區，購物、逛街和用餐都很方便，還有直達機場的大巴車站；而目白呢，是很有歷史感、非常安寧的住宅區，也有小而美的日式庭院「目白庭園」，很適合外國人來散步，很方便；而且這裡走一圈，就能感覺到東京新舊不同的面貌。

不過，最多的還是日本的客人：三十多歲的單身人士為主，不一定是女性，男顧客也滿多的，也有帶孩子的媽媽、自己搞藝術的年輕人等等。日本客人不一定是東京人，從北海道到沖繩，各個地方的都有。因為我是香川縣[1]的，關西地區的客人也不少。

開店幾年來，看到客人的變化也是個樂趣。比如，原本是大肚子的準媽媽顧客，過了些日子就抱著孩子來了；還有，原來是媽媽和兩個小朋友一起來，後來其中的哥哥長大些，能

1 香川（Kagawa）縣，位於日本西部、四國島東北部，與關西地區隔瀨戶內海相望。瀨戶大橋開通後，香川縣已成為四國的門戶。

「小雷」的畫冊。

一個人過來了。這些都會讓我很高興。為了帶著孩子來店的客人，我特意把店門設計成無障礙式，推著嬰兒車也可以進來。

但我有時候也會教育小孩，若小朋友在店裡跑來跑去，我會直接提醒他們一聲。我覺得這對孩子的成長是很重要的。除了父母，孩子也需要大家的關心。

別以為繪本都是溫馨的

吉井：您這麼說，我想起自己小時候，在附近的小書店站著看書太久，就會被店裡的歐巴桑罵一頓。當時恨死了，但後來還是會控制著點時間。孩子還是需要這樣的環境，就像繪本一樣，有的繪本告訴小朋友一個美麗的童話世界，也有繪本帶你認識這個世界嚴苛的一面。

大林：說到繪本，它吸引我的就是這種多樣性。不少人認為繪本是很溫柔、可愛的，就像母親講故事給孩子聽的聲音一樣，軟軟的、舒服的。其實不然，繪本含有更多自由的內容，甚至暴力和死亡都有。它的內容可以非常深奧，讀完心裡就有種受到打擊的感覺。從這個角度來看，所謂的繪本，更適合被包括在藝術範圍內，屬於現代藝術。

人們對繪本的那種刻板印象，和實際上繪本不同的面貌，跟我的育兒經歷也有點關聯。我本來很喜歡聽音樂的，特別喜歡搖滾、地下系的那種重音樂，也經常去聽現場，交了不少朋友；但生了孩子之後就無法參加這些活動，只能待在家裡看小孩、做家務，當時覺得自己和外面的世界被隔斷了，很難受。那時候我發現了繪本的世界，發現了它和我喜歡的音樂有相似的部分。所以我等到兒子稍微長大一點，他五歲的時候就開了這家店，目標之一就是想打破大家對繪本的刻板印象，想告訴大家繪本的可能性：大人和小孩一樣，都可以從繪本中認識到不同世界的存在。同時，我想自己也需要一個屬於自己的空間。當母親的女性，尤其是在日本，往往會把自己所有的時間都交給孩子，但我發現，很多人因此感到自己呼吸不過來的那種閉塞感。

吉井：原來是這樣。我上次來採訪您的時候，並沒有挖掘到您剛說的部分，把您和這家店想得只是溫柔、親切。

大林：也沒關係。當時我兒子還小，那時我本身也帶有一般意義上母親般的穩靜，店面也自然比較有溫柔的感覺。現在我兒子已經上高中，萌萌的小男孩已經變成一個男性了。（笑）這也多多少少影響了我自己，也影響到這個店面的布置和氛圍。說回繪本，不管你覺得很療癒或是很前衛，我想隨後的行動才重要。受了繪本的啟發或刺激，你自己得去做點什麼事。我希望POPOTAME舉辦的活動也是在這樣的延長線上。

母親也需要自己的空間

吉井：能說說開這家書店前的經歷嗎？

大林：我是二十世紀八〇年代末上的早稻田大學，也因此從故鄉香川縣搬到東京；在西荻窪租了房，一住就是四年。我學習不是特別認真也不會太懶惰，一般吧，喜歡和朋友一起看看電影、展覽或話劇。我所屬的文學部自然有喜歡看書的同學，自己也看了不少書。西荻窪不缺書店，當時除了二手書店和新刊書店外，還有「貸本屋（租書鋪）」。在西荻窪期間，我在貸本屋打過工，也在二手書店工作過一段時間。大學畢業後，我有一段時間當ＯＬ，辭職後打了一段時間工，如書店店員、高齡者交流空間的服務員，也有在某企業的「think tank（智庫）」工作過。因為我喜歡話劇，參加過學生劇團，因為這個關係為寶塚歌劇團的演員製作衣裝，縫上玻璃珠什麼的。書店開業之前，做得最久的是撰稿，為繪本雜誌《ＭＯＥ》等媒體寫稿，介紹圖書和繪本。

後來，我自己也想做點事了，想要把自己喜歡的繪本推薦給更多人，所以和朋友一起開了一家店叫做「Harappa House（草原小屋）」，就在我住的石神井那邊。那時候剛生了第一個小孩，所以對育兒很有興趣，也有熱情，有了不少自己的想法和意見，於是二〇〇五年創刊了本雜誌，叫做「harappa（草原）」，總共出了五期。

大林女士主編的雜誌《harappa》。

吉井：我很喜歡《**harappa**》，前一陣子看了兩本，發現裡面的想法、內容很有分量。我去書店若看到zine就會買幾本看看，但大部分的時候覺得價格和內容不太平衡，感覺購買zine更多是為了鼓勵作者。而《**harappa**》一本五百日圓，我覺得超值，比如創刊號中〈育兒模式男女該不該有區別？〉等文章，現在看也覺得很新鮮。這其中您寫了不少文章呢。

大林：就如你說的，我是撰稿人出身的，採訪和寫稿就是我過去主要的工作。準備《harappa》第三期的時候，我去四國的高知縣採訪「澤田公寓」。這是一對沒有建築方面經驗的夫妻和孩子獨立完成的大樓，鋼筋混凝土結構，地上五層，地下一層，能住六十戶家庭。我受了這棟公寓和澤田夫婦的啟發，二〇〇五年開這家書店的時候也採用了他們的理念。

這裡曾經有一間stained glass（彩窗玻璃）工房，你看，那邊的彩窗玻璃就是過去留下的。我學了澤田公寓的理念，裝修基本靠自己進行，並注意環保，盡量避免產生垃圾。原來的地板上貼了杉木，我不想用化工塗料，但有機的材料又貴，決定以墨水代替。墨水和純淨水的比例是一比十，直接塗到地板上，最後塗上紅花油。

因為做這家書店的出發點就是「手工」，所以店裡不少設備也是自己動手做的。比如書架，用的木材是蓋房子的時候剩下的，自己切割好、組裝起來，為了增加質感，先塗上即溶咖啡，最後塗上植物油增添亮度。

吉井：原來即溶咖啡也可以當作塗料！

大林：一是因為很重視手工和環保概念，另外一個重要的原因是當時我有一位朋友對化學物質很敏感，我更注意避開讓她難受的因素。不過，塗即溶咖啡這個方法我不太推薦給大家，後來木板滲出了咖啡的油分，塗上即溶咖啡的部分很長一段時間我得天天要擦乾淨。還有，紅花油也是自然產品，覆蓋力比其他化學塗料會弱一些。有時候下面的墨水會滲出來，所以比較適合用於木地板。先讓木板充分地吸收墨水，塗紅花油前也要用布塊把木板先擦一遍。

吉井：挺不容易的。現在轉眼就第十一年了，書架也好，地板也好，都融洽得剛剛好。店鋪後面一半是做為畫廊，我看店的Twitter上經常發這裡的展覽資訊，有時一天就發好幾個信息和介紹，感覺氣氛非常活躍和親切。

大林：那些信息是我和其他員工一起發的，最後都有署名。若你仔細看看就會發現，我們每個人發的信息各有特色。我們店除了我之外，有四位員工，他們都是兼職打工的，有插畫師、設計師，也有家庭主婦或自己也是開二手書店的。他們各有特長，都能反映到我們店的經營中，如插畫師對我們畫廊裡的作品很有理解也有觀察力，發的Twitter信息經常比我寫得好。主婦那位在會計方面的業務非常出色，比我強多了。很多人知道我們這麼小的店有四位員工很驚訝，但若我一個人打理書店，不一定能做得好，而且我自己的生活節奏都會變得太匆促，連做飯的時間都沒有了。所以，還是和大家一起經營的狀態，對我來說比較理想。

目前我的工作分為兩種，書店經營和畫廊經營。[2]前者是把紙本書送到客人手裡的工作，後者是讓每一位創作者的作品盡可能被更多的人欣賞。這兩者其實是很相似的，並不是完全分開的，它們的存在意義對我來說是差不多的。

為了讓書店和畫廊盡可能處於連通的狀態，在畫廊的展覽時間結束後，我會將部分作品放在書店銷售，也會主動為書店的客人介紹。畫廊並不是只為展覽用的，有時候會舉辦「Katarikoko」[3]這樣的朗讀交流會，那我在書店部分也會展示作家的著作。插畫師、作家他們若想找出版社或編輯，我盡可能為他們介紹合適的人。總的來說，從投入的時間來看，這幾年我在畫廊經營上花的時間比書店部分多了不少。

開這家店也有十一年了，結識了很多插畫家和藝術家。不少藝術家把在這裡辦展覽做為自己的目標，他們展期結束時會跟我說「明年想再來辦一次」，我喜歡這種關係。和書店不一樣，畫廊本身就有一種動力，吸引人群、把人們結合起來的力量。這個力量並沒有馬上在我們書店的收入上體現，但我本身對現在「快速生產、快速消費」的趨勢有些反思，所以也不焦急。我喜歡觀察這裡的空間和力量慢慢引起的周圍的人和社會的變化，有時候辦一次展覽不成功，我會和作家一起來想這個原因。我們的展覽空間缺了什麼東西？宣傳方式能否改

2 據POPOTAME官網，二〇一六年預訂二〇一七年畫廊使用費為：一週（五天）七點五萬日圓；兩週（十天）十二點五萬日圓。

3 日本作家大竹昭子舉辦的朗讀會，每年秋季於東京的幾家二手書店舉行。詳情請參見相關網站：katarikoko.blog40.fc2.com

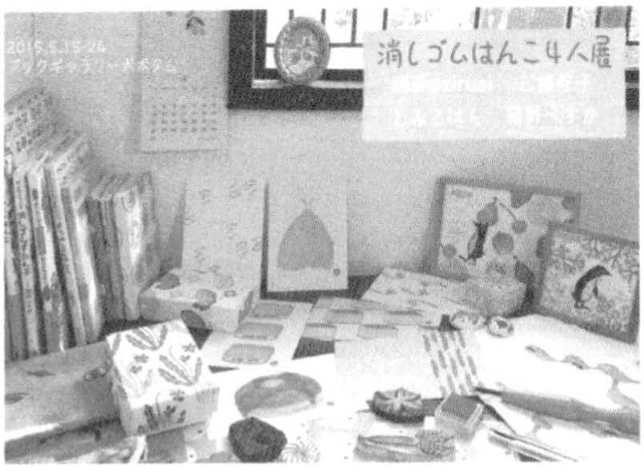

在POPOTAME畫廊舉辦的活動的宣傳明信片。

善？還有沒有天氣之類的其他原因？

吉井：我最近發現，您在京都也開了一家「petit-tame」，是POPOTAME的分店嗎？

大林：「petit-tame」在京都一棟木造舊公寓第二層，是一間小房子。這個地方本來就有一家獨立書店，主要銷售獨立出版物：唱片、zine、雜誌、攝影集等等，挺適合我的口味的。過去我經常參加他們舉辦的活動，也認識書店的老闆。所以我一聽店要搬遷的消息，就提出繼承這個空間的方案。現在的petit-tame，平時擺設些手工藝者的作品，一邊銷售二手書和雜貨，一邊當作展覽空間，經營方式和POPOTAME相同，只是規模小一些。

吉井：聽說這個公寓很有昭和風格，在門口先要脫鞋子，踏上木造階梯上去。感覺滿特別的。營業時間一般只有週末，是您每週到那邊看店嗎？

大林：我也會去，但平時是我女兒幫我的忙。她剛好在京都上大學，利用週末的時間照顧petit-tame。不過，女兒畢業後很可能會離開京都，京都那邊的租金也不少，還有我往來兩地的交通費和收益問題等，未來petit-tame的狀態現在還不太清楚啦，不過它給我帶來不少和人交流的機會，手工藝者、插畫師或作家，這對我來說是最大的收穫。有的作家在池袋的POPOTAME辦展覽後，到京都petit-tame繼續辦展，算是關東、關西的巡展。到時候，我盡量往保留petit-tame的方向想辦法吧。

日本人的自閉性和海外的zine

吉井：所以，貴店經營的重點還是在於東京這邊的**POPOTAME**，那能否介紹一下具體的經營情況？記得幾年前採訪您的時候，有一句給我印象很深刻的話：「面面俱到的店反而不能吸引顧客。」當時您正在尋找貴店的「焦點」和「**core**（核心）」。

大林：這幾年，尤其是過去三年我是在認真思考這方面的事，現在我認為這家店的核心在於展覽和zine。

尤其是zine這方面，我這幾年去了海外不少地方，遇到不少當地人做的zine，覺得很有意思。比如，你到海外一個地方，離東京好遠的一個角落，你發現和自己差不多的好事之徒，開一家小書店，裡面擺滿各種奇奇怪怪的zine。這些經驗給我帶來一種連帶感，感覺在海外找到一個同類。

比如，我兩年前去韓國玩——是我喜歡的韓國地下樂團給我安排的，我在那裡看到各種有意思的zine。有一個年輕人專門畫上課中打瞌睡的人，而打瞌睡也有各種各樣的睡法，他就研究這個。還有一次，我去芬蘭的朋友家住了一段時間，在街道上走一走，遇到過幾家很像我們POPOTAME的獨立書店，和我一樣賣zine。我看著那些zine就想，我們人類真的都很相像，換個地方，還是會有專心做這些奇怪東西的人。這個時候，我心裡充滿了無限的幸福感，因為覺得我和這些人有實在的共同之處，有可以互相理解的空間。

我把這些zine買回來，擺在這裡給日本朋友看，也就是想分享一下我的這種感受。現在的日本人很容易陷入一種孤獨的優越感，覺得自己很特別。你看現在書店裡的所謂暢銷書中，有很多禮讚日本風潮的，什麼日本人很有創造力啊、日本怎麼這麼厲害那種。我對這種眼光狹隘的想法感到特別尷尬。當然，過於謙卑也不行，但這種自大的想法會導致排斥主義。在日本，有小部分人對國外某個地方的人有「hate speech（仇恨言論）」。這群人，我覺得反而是沒有辦法溝通的。我想通過海外的那些zine告訴大家，其實其他地方也有這麼多有意思、有創意的人，希望通過海外的zine，大家能夠海闊天空。我受臺北的「Mangasick漫畫私倉」[4]的邀請，明年（二〇一六年）會到那裡參加他們的圖書節。好期待呢。

吉井：我上次去了中國大陸的一家獨立書店，他們專賣世界各地的zine。每一本的價格並不便宜，但我看到不少年輕人輕鬆掏腰包買下好幾本。感覺現在中國zine的市場也不小。

大林：你說價格不菲，是因為你對zine的認識還在「學生做的免費雜誌」這種水準。現在很多zine已經達到art book的程度，當然沒有專業的出版社做得精緻、完整，但還保有著一種自由。這種自由，在編輯的過程中因轉化為「商業化」而消失。個人獨立出版的zine不適合商業化，買的人也不多，頂多一百人吧。但它的自由、非凡、不過分時尚的感覺，還是散發著一種吸引力。也就是說，我認為zine的魅力，以及它和雜誌的差別在於自由。雜誌是需要一

4 臺灣著名獨立漫畫書店，位於臺北市羅斯福路三段二四四巷十弄二號B1，二〇一三年開業。

定的「完成度」，但換個角度來看，它追求「完成度」的過程中失去了一種自由之感。

我的這個書店，從車站還要走路很久，所以普通人絕不會「路過」的。來店的人多多少少有目的性地來店，事先查好這家店的資訊，之後過來看看，找一找自己想要的東西。所以我也希望能夠給客人一種滿足感。而通過海外的zine，我相信還可以給大家一種驚喜。

吉井：您現在會做zine嗎？

大林：以前做過，比如這裡幫忙看店的人的對話集、我去韓國時的街道散步地圖什麼的。但這些zine都是免費發給朋友，發完就沒了。

「No Nukes」和繪本作家

吉井：在貴店門口看到「No Nukes」的貼紙。這種運動您是自三一一東日本大地震開始關注的嗎？

大林：我很早開始關注有機和健康相關的運動，「廢核（脫原発）」只是其中一個。而且「No Nukes」很早就有了，「No Nukes」和「Love & Peace」，來自上世紀六、七〇年代的和平運動。我之前在繪本雜誌《MOE》寫一些專欄，再之前我為一家有機蔬菜配送機構「Radish Boya」的期刊做撰稿人，常常去有機農場採訪。所以我對自然和健康都滿感興趣的。另外，通過這家書店我認識了不少繪本作家，而繪本作家當中喜歡大自然、支持野生動物保護機構或參與保護流浪貓狗等活動的人比較多。

所以二〇一一年的大地震、接下來的核電站事故，我心裡受到相當的打擊。因為我有兩個小孩，我馬上把他們送到我的老家那邊，在四國，離福島遠一些。但我周圍的家庭當中，像我一樣採取直接措施的人不多，我算是比較特別的吧。

吉井：也就是說，大家不太敢把核電問題拿來說，至少表面上當作無關緊要的。我當時也是在東京，確實有這種感覺。

大林：比如，當時我的孩子在上小學，學校中午提供午餐。那時有個說法，這些午餐裡很可能有被汙染的材料。有些母親擔心這點，特意選購沒有汙染的食物做便當，讓孩子帶到學校。但這樣的母親算是少數，大家覺得這種行為是「小題大做」，太誇張了。

因為我當時把孩子送到老家去，有幾天沒有去上課。後來我每次碰到班主任，他對我說「您家是不是很快就搬過去呢？」「什麼時候搬呢？」這種刺激、挖苦的話，直到我的孩子畢業。我覺得這樣的氛圍是不對的，連自己孩子的健康擔憂都不能表達出來，表達出來反而被人責怪，這是為什麼呢？我們在日本，連這麼小小的自由都沒有了？

所以我想到一種小小的運動，叫做「小小的表達意見計畫」。這是和一位繪本作家土屋先生合作的，他幫我設計可愛型的、不會讓人想到「反對」這麼強烈意見的廢核運動用貼

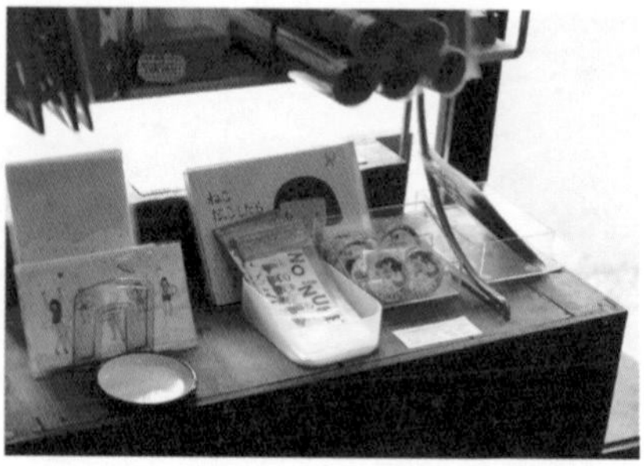

關於廢核的小小主張。

紙。三一一大地震之後，很多機構推出自己的反核運動用貼紙，我也看過不少，但他們的設計給人感覺都比較直接。比如，印上很生氣的表情啊，還有人體上很多斑點、那種讓人不愉快的插圖。說實話，這樣的貼紙你敢貼在你的包包上嗎？我是不會用的。所以我請土屋先生設計出來，不太顯眼，但還是能看出「廢核」意識的小貼紙。

要堅持，不要放棄

吉井：其實您是滿社會派、行動派的女性。

大林：也可以這麼說吧。我剛和您說過，孩子比較小的時候，我和這家店連帶有一種溫和的氣氛吧。現在孩子都長大了，我也有所變化，我的店會反映我的變化，還會受客人的影響。在這樣的環境中，人還是對社會性話題比較敏感。

吉井：記得之前您舉辦工作坊這類的活動，現在還有嗎？我最近發現，在東京work shop（工作坊）類型的活動多了不少，咖啡館、書店、居民活動中心，有數不完的工作坊。

大林：現在我的店很少舉辦工作坊。不過畫廊的利用度非常高，一年大概有二十多次展覽，每期展覽有一兩週的時間。展覽內容很豐富，插畫、版畫、手工藝等等，我通過這個空間認識的老師是挺多的。

說到「工作坊」，除非老師們特別想做，我個人不是特別積極地想舉辦。畢竟，這些老師、作者都是花了很長時間才做出這些作品的，並不是稍微練習一下就能做出來的東西。而辦一次工作坊教人家怎麼做，這給人感覺這些老師做的東西大家也都可以輕鬆做出來，我覺得這不太對。但也有時候會計畫一些和展覽內容有關的工作坊，比如，上次來了一位平面設計的老師辦展覽，她是設計包裝紙的。那時候我們辦了一次做紙箱的工作坊，教你用那些漂亮的紙貼在普通紙盒上，做出寶物箱一樣的漂亮盒子。

不過，你說得沒錯，最近有許多機構辦了不少工作坊。我看現在的工作坊性質傾向於生活類，包含藝術因素，但同時帶有實用性的那種。大家已經過了只欣賞或消費別人作品的階段，而開始自己動手做東西。我覺得這也挺好，意味著大家更關注個人的價值，更珍惜東西本身的價值。比如，「金繼」[5]。現在金繼工作坊非常多。有意思的是，大家拿來做金繼的碗或杯子，不一定是很貴的。我看到有人拿來一個碟子，怎麼看也就是銀行發給大家的贈品。而金繼本身的費用比較貴，補小小的缺口也至少要五千日圓。我比較喜歡這樣的做法，大家珍惜自己的東西以及附著其上的回憶。

吉井：貴店要迎接十一週年了，不容易。關於書店的經營，能給大家一些建議嗎？

5 金繼（kintsugi），一種修補物件的日本傳統工藝技術，使用添加金粉的補劑，把裂痕保留並當作一種記憶性軌跡的修補方式。

大林：過了十多年，我現在的感覺是「還沒停業」。怎麼說呢，開新刊、二手書店的人不少，而大家什麼時候考慮停業，通常就是更新租屋合約的時候。也不是沒想過停業，但每次聽藝術家們說明年想再來這裡辦展覽，我就獲得了某種力量，就這樣度過了十一年。若我在這裡只賣書，也許早已經放棄了，所以這裡的畫廊對我來說挺重要的。

　這裡開店十一年，和這一地區的關係也密切了起來。有時候這一帶要舉辦藝術節，我會出面和藝術家聯繫，也會給人家現場布置的建議。能做這樣的藝術顧問工作，是因為我在這一帶認識一些人，同時擁有藝術界的關係。建立起這些人際關係和積累經驗也需要時間，所以若要給大家建議，我想說，要堅持，不要放棄。

吉井：貴店網站上也有進行工藝品的銷售，是嗎？

大林：是的。我們在這裡舉辦過展覽的藝術家合作，銷售他們的作品，還有一些圖書和zine。這樣的買賣比較繁瑣，說實話我不是特別想做，但有不少客人離東京比較遠，經常有人提議開網上商店，所以今年四月開設了這個網頁。海外的客人也挺多的，給海外客人寄東西有一些困難，但我盡量為客人安排發貨服務。最近受海外客人歡迎的一本書是藤井豐的攝影集《我、馬：I am a HORSE》[6]，有十多個國家和地區的客人來訂貨。

---

6 藤井豐（Fujii Yutaka），日本攝影師，居住於中國地區岡山縣。其於東日本大地震後一個月的二〇一一年四月十一日到五月二十日在日本東北沿海地區進行徒步之旅，拍攝的作品後匯集為《我、馬：I am a HORSE》。

銷售藝術品的網頁叫「web展覽會」，每次把不同藝術家的作品放在我的平台上，個人生產的手工藝品，每一件器物都是不一樣的。但這些藝術品放在公開的平台上是有風險的，也怕被模仿。所以若訂貨情況不佳，我會馬上下架。一是以免被模仿；二是若長時間放在平台上，會給人感覺這個東西不受歡迎。

下次也許我就變成媽媽桑了

吉井：從五年前的第一次採訪到現在，貴店有了各種變化。今後還會不會有什麼經營上的改變？

大林：（神秘的微笑）有。大概五年後吧。我想把這裡改變成snack式[7]的畫廊。

吉井：這個變化還是挺大的，那以後的貴店核心就是「snack」？

大林：是啊。我年紀也不小了，店裡東西一多我就記不住。你看現在的店面，店鋪面積有二十坪，面積不大也不小，所以東西自然就多了起來。種類一多，我要聯繫的人也增加不少，實在忙不過來了。以後我想把店鋪的規模縮小一些，把東西的數量也減少。

7 Snack，一種家庭式的酒吧，大部分 snack 的營業時間到深夜零點為止。和其他酒吧、夜總會的不同是沒有陪酒女，通常是被叫做「媽媽桑」的店主和另外一兩個女性隔著吧檯為客人提供飲料和簡單的下酒菜。

理想的狀態是，由店主我和藝術家來接待客人。藝術家的作品可以掛在牆壁上，客人可以一邊欣賞作品一邊和藝術家聊天，或許和其他客人也能聊聊天。營業時間大概下午四點開始，直到末班車時間。

吉井：我之前對snack瞭解不太多，但看了都築響一[8]的「日本全國snack採訪集」，感覺重新認識了日本不同的世界。

大林：啊，你看過那本書？我也挺喜歡的。snack裡擺設作品會有些問題，可能有些藝術家嫌棄菸味的影響或什麼的，但我覺得值得一試。

下一次你來採訪，也許我真的變成酒吧媽媽桑了。（笑）

8 都築響一（Tsuzuki Kyōichi），日本著名編輯、攝影師、圖書策劃人。一九五六年出生於東京，曾任《POPEYE》、《BRUTUS》等時尚雜誌的編輯，一九八六年開始以自由編輯的身分發表作品，一九九七年憑藉攝影集《ROAD-SIDE JAPAN 珍日本紀行》獲木村伊兵衛獎，代表作有《夜露死苦現代詩》、《東京右半分》、《賃貸宇宙》等。

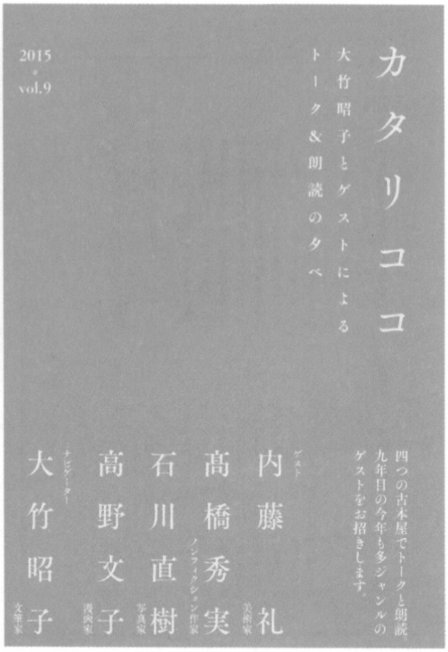

「妄想搖滾節」海報。

著名作家大竹昭子的朗讀會「katarikoko」海報。POPOTAME是katarikoko活動地點之一。

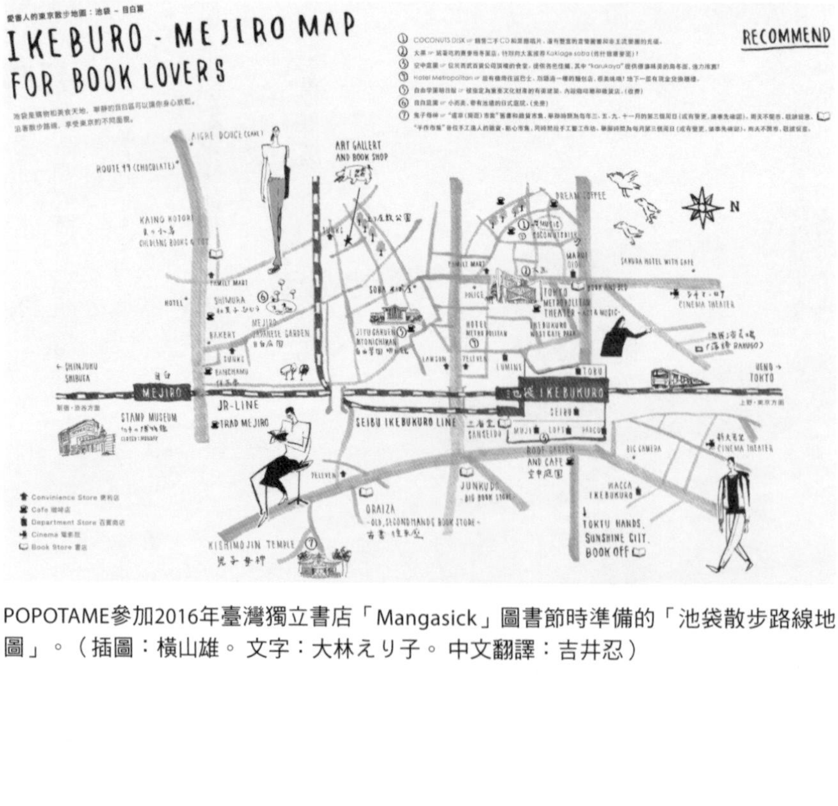

POPOTAME參加2016年臺灣獨立書店「Mangasick」圖書節時準備的「池袋散步路線地圖」。（插圖：橫山雄。文字：大林えり子。中文翻譯：吉井忍）

藝術家團體「畫賊（GAZOKU）」的漫畫集第二冊《漫畫畫賊2》，放在進門較醒目的位置。畫賊及成員藝術家曾在POPOTAME辦過多次展覽；2014年的「捲土重來的土產」展，介紹了日本各地富有地方風情或來歷不明有特色的各種土產。圖中掛著的即是日本東北地區的鄉土玩具。

4

Shibuya Publishing & Booksellers

鈴木美波（Suzuki Minami）
1987年生，大學期間開始在Shibuya Publishing & Booksellers負責編輯業務，也參與了書店活動策劃。2010年入職為SPBS正式員工，2012年接任店長，兼顧合同會社SPBS及公司旗下品牌CHOUCHOU的策劃與店鋪管理。目前已卸任SPBS店長，專注於打理CHOUCHOU，擔任店鋪事業主任。

Shibuya Publishing & Booksellers
東京都澀谷區神山町17-3
週一—週六12:00-24:00，週日12:00-22:00（不定期休息）
03-5465-0588
www.shibuyabooks.co.jp

如今的SPBS是一家深受鄰里喜愛的書店，店內人頭攢動。

神山町商店街風景，這是澀谷另一面的日常。

Shibuya Publishing & Booksellers
時尚是把雙刃劍

與日本的朋友聊天，他說最近東京的外國遊客激增。「你到澀谷站前十字路口看看，到處都是外國人！都在拍那個交叉口。以前真沒有那麼多外國人。」

從澀谷車站出來，與忠犬八公像打個招呼，眼前真就是少男少女和外國遊客的天下：他們都在尋找日本的時髦、新潮和流行。出澀谷站後步行約十分鐘，便到了神山町商店街。這條街全無澀谷的時髦感覺，而是散發著昭和時代的溫馨和親切。一路下去，右邊是米店，左邊則是教會和醫院。再走五分鐘，過了肉店邊上的停車場，就是Shibuya Publishing & Booksellers（以下簡稱SPBS）。

第一次採訪SPBS是二〇〇九年冬天，正逢SPBS與Levi's合作，落地櫥窗裡面掛著幾條牛仔褲，讓人會誤以為是服裝店。七十坪大小的店面格局細狹，當時的店長跟我說，這個地方之前是一家專做布丁的點心工坊。記得那天踏入店面，眼前是一條三十公尺的長桌，店鋪深處盡頭的牆上安著一面鏡子，這麼一來，桌子長得更有點魔幻了。

不知道是否受了布丁工坊的啟發，在對SPBS進行室內設計的過程中，創始人兼CEO福井盛太和設計師中村拓志開始質疑大量生產、大量流通的現代書業理念，產生了「當場製作、當場販賣」的想法，可以說是用了西點店的理念完成了SPBS店鋪的設計。

「書店還是服裝店？」這是我初次造訪SPBS時的第一印象。

店面結構五年間基本沒變，前半部分是書店，後邊的玻璃房內則是編輯部。ＳＰＢＳ想成為「能看到對方的書店」——顧客能看到編輯，編輯也能看到顧客，彼此交流瞭解，這便是ＳＰＢＳ的出發點。

這次向ＳＰＢＳ約採訪時，負責公關部門的年輕男子說：您當時進行採訪時我還沒進公司，但應該有不少變化。歡迎來重訪！

ＳＰＢＳ的變化是滿明顯的，而讓我高興的是，這個變化相當正面。記得五年前的冬日進行採訪後，我寫過一句：半個多小時談下來，店裡還是只有兩三位客人在安靜看書，也不見有人走近收銀台，看來要經營好一家書店真不是件容易事。這次採訪是在週五下午，離周圍的公司下班時間還有幾個小時，但店內已經有不少顧客：兩位年輕男子騎著自行車直奔ＳＰＢＳ，停好車，興沖沖地進門；穿著西裝的上班族歐吉桑慢悠悠地進來，站著看一本書，腳邊放著黑色皮包；還有一對年輕夫妻帶著孩子，逛完雜貨區域，又為自己和孩子選書。

圖書種類也增加了不少，過去沒見到的漫畫雜誌、上班族愛讀的《東洋經濟》等雜誌被放在離店門最近的書架上，為充滿時尚感的店面帶來一些親和力。對了，還有一個變化是店長換人了。現在的店長是一位動作俐落、反應極快的快活女子鈴木美波女士。

店內一角的多肉植物們。

夜晚的SPBS店面敞亮，有一種奇特的讓人平靜的吸引力。（SPBS提供）

長長的展台上擺著許多時尚雜誌。整個店面給人的感覺因為盡頭牆上的那面鏡子而長得不可思議。

過去的SPBS曾以年代來歸類上架，各處都能看到年代的提示。

SPBS的編輯部與店面以玻璃隔開，編輯和顧客彼此都能看見。

SPBS的落地玻璃窗上是自製出版物《Made in Shibuya》的招貼。SPBS門口的黑板，推薦新到貨的書刊（也會注明擺放位置），內容經常換新。

離店門最近的報刊架上放著漫畫雜誌。

家庭、年輕人主題的書架，不區分新刊二手，按難易度、話題性等適當混搭。

顏色鮮豔的名片夾，放在進門左手邊的雜貨區域最是醒目。

位於東京吉祥寺、懷舊風格的雜貨店「Sablo」在SPBS的短期出展。4月適逢日本學校開學，文具銷售是旺季。

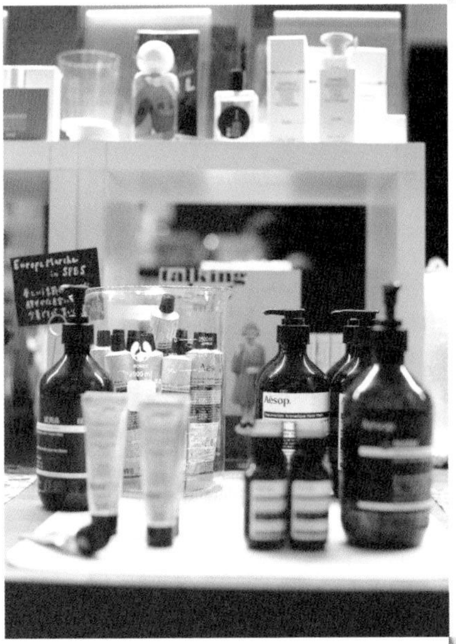

SPBS提供的雜貨與圖書一樣有一定水準：新鮮感，有品質保證，同時避免過於時尚。

即使不是新生或社會新鮮人，4月了，大家也都想要一種新鮮感，故此最適合推出新文具和生活用品。

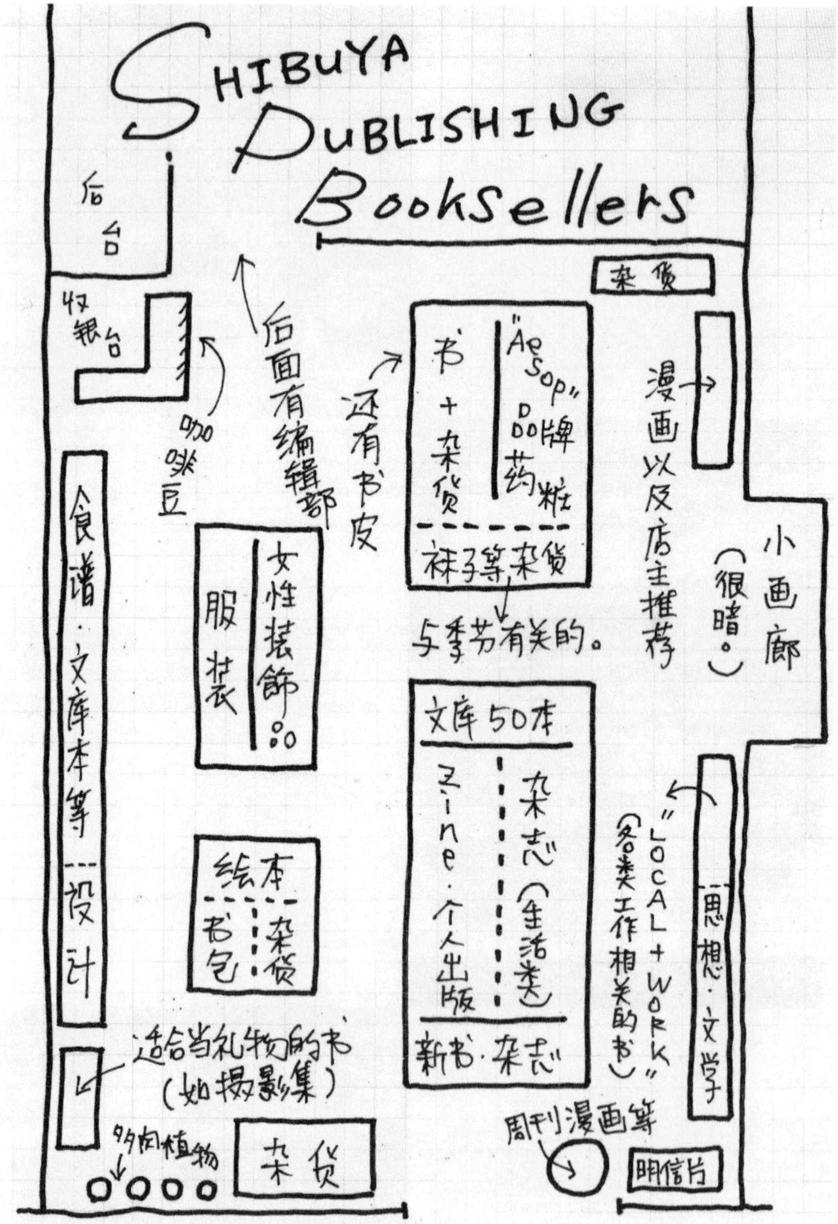
SHIBUYA PUBLISHING Booksellers
后台
收银台
咖啡豆
后面有编辑部
还有书皮
书+杂货
"Aesop"品牌药妆
袜子等杂货
与季节有关的。
杂货
漫画以及店主推荐
小画廊（很暗。）
食谱·文库本等·设计
女性装饰品
服装
文库50本
Zine·个人出版
杂志（生活类）
新书·杂志
绘本
书包
杂货
"LOCAL+WORK"（各类工作相关的书）
思想·文学
适合当礼物的书（如摄影集）
多肉植物
杂货
周刊漫画等
明信片

書店平面圖。（吉井忍製作）

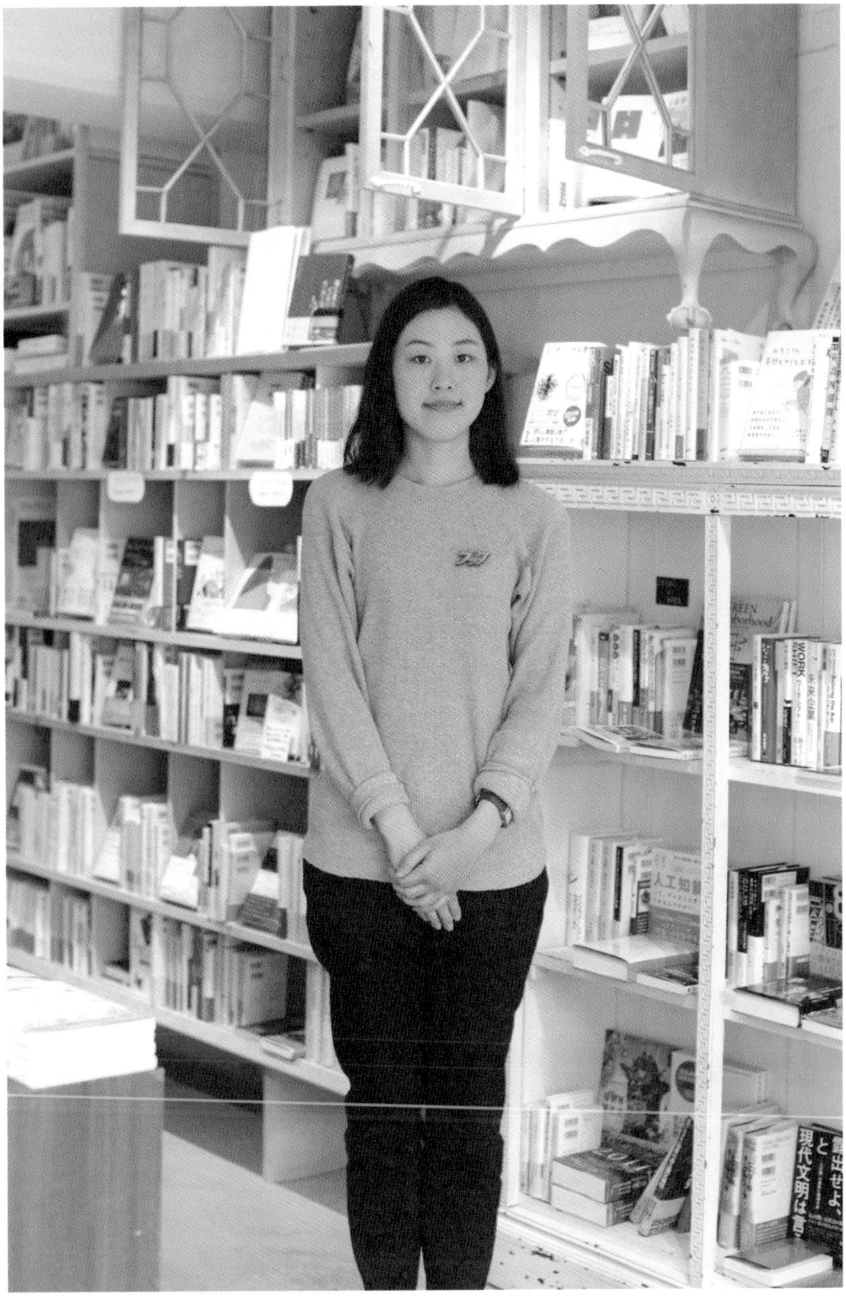

「身體確實比較累，但從來沒考慮過離開這份工作。」上班時間裡不是站著為客人服務，就是搬東西，因此鈴木美波選擇合身、不華麗、不累的服裝和鞋子。

專訪SPBS店長
鈴木美波

採訪時間：二〇一五年四月

俗話說「心堅石也穿」，
若你真心想要推廣一些東西，
你會用心考慮陳列擺放方式。

從「高調系」轉到「鄰居的小書店」，客人翻了一倍

吉井忍（以下簡稱吉井）：剛在貴店裡走了一圈，白色的書架仍和過去一樣，但擺書的方式有了變化。記得過去是按內容所涉及的年代歸類上架。

鈴木美波（以下簡稱鈴木）：確實是這樣，之前的年代歸類方式我們不採用了，一則是因為我們店裡的人和客人對這些歸類方式有點膩了。（笑）二則還是按照內容分類比較方便，客人要找自己喜歡的風格的書，還是按內容分類好找些。現在的分類方式有七種：非虛構、文學、娛樂、漫畫、藝術和時裝、設計和建築以及生活方式。

「文庫本50選」一價廉的好書。

另一個比較重要的部分是雜貨。我們店裡擺了不少雜貨，文具、裝飾品、時裝、咖啡等，我們把雜貨和店內圖書的世界觀處理得盡量接近一點。除了店內擺設的雜貨品種外，我們在別的地方經營輕奢女性品牌「CHOUCHOU」。和這裡的雜貨不同，CHOUCHOU專攻女性用雜貨、裝飾品。目前有兩家，在澀谷宮益坂的Hikarie大廈[1]和位於大阪梅田的LUCUA 1100百貨大樓。尤其是Hikarie那邊的賣場，每過兩週我們就會把所有的貨物換一下。可以說在那裡每兩週出現的是不同主題的雜貨店。生活用品？不多。咖啡或各種廚房用品確實在各類雜誌做特輯，但那些東西在時尚商業設施裡並不好賣，受歡迎的反而是可愛型的裝飾品。書店的客人已經不少了，但你到CHOUCHOU就知道，雜貨的吸引力還是滿大的，人多得很。

吉井：我對雜貨沒有抵抗力，那我待會兒要小心把腰包掏空啦。話說回到書店，貴店的大部分圖書是新刊，二手書相對來說少一些。

鈴木：是的，大部分的新刊是通過「取次」進貨，還有一些是由我們店員來選擇，並向「取次」訂購的。目前我們店裡包括我在內，有五個店員，都很喜歡看書，也常去逛別的書店收集資訊。每個店員都有自己獨特的觸角，每天鍛鍊自己觸角的感受力，反應到我們店的圖書種類、擺放和推廣方式中。

1 在二〇〇三年關閉的東急文化會館原址上新建的高層綜合設施，二〇一二年四月開幕，地上三十四層、地下四層。

二手書的進貨管道有兩種，一種是從客人那裡收購二手書，另外一種管道是「競取（Sedori）」，從別的二手書店或二手書集市進貨，放在我們店裡來賣。二手書方面的選書標準是「絕版」，現代的圖書壽命滿短的，出來沒多久就不再印刷、絕版了。我們要找的是Book Off也沒有的、比較有意思的絕版書籍或舊報刊。

吉井：這次我明顯感覺到客人多了。也許是你們「觸角」感受力變高的結果。

鈴木：客人確實多了。你看了昨天的《日經ＭＪ》[2]嗎？沒關係，我也是聽我們店員說的，《日經ＭＪ》昨天頭版介紹的內容是「奥澀谷」，就是我們店所在的神山町這一帶。我們這個地方離ＪＲ澀谷站走路大概一刻鐘的距離，沒有車站附近那麼繁華，還留有一種東京下町的風情，這也許能給大家帶來一種獨特的感覺。說來也怪，這裡並沒有特別吸引人的大型商業設施，但咖啡館、小餐廳或雜貨店等小店不知不覺就多起來了，來這裡走一走、逛一逛的人也越來越多。和您上次來採訪的時候相比，我們店的客人數量已經翻了一倍。

吉井：有那麼不一樣啊！

鈴木：是啊。剛好我們店也在這幾年中開始轉型。現在我們設定的目標是，把這家書店盡量做成一個門檻低的「鄰居的小書店」。紙本書，看的人越來越少。所以我們希望給大家一個

2 一九七一年以《流通新聞》為名創刊的報紙，二〇〇一年改版，內容以消費、物流、行銷為主。

機會，多多接觸各種書籍。

這說起來很簡單，但對我們來說是一個比較大的變化。過去我們店給人的感覺是「時尚」。比如，我們這個店面設計和其他書店不一樣，比較有設計感。其實這是一種雙刃劍，過於時尚反而給人產生一種距離感。過去的圖書種類偏設計、美術、攝影方面，總給人家一種高不可攀的感覺，除了一些業內人士，踏入店內頗有些壓力，人家不敢輕易登門。

所以我們從改變圖書種類著手，現在選書的標準是：媽媽們和老先生老太太都能看懂的書。現在店裡也能看到老人家吧？我們常常聽到客人說，他們以前以為這裡是一個「很貴」的書店，但一旦進來發現能找到不少自己想看的書。

當然，就像剛才和您說的，我們店員平時很在意社會中的變化，盡量會準備些引領社會潮流的圖書。為的是讓大家知道這裡是發出信號的一個基地，若大家想知道好玩、新鮮的事，來這裡就能找到有意思的。

吉井：最近的客人增加，應該是這些努力的結果。那麼，您和其他店員通常怎樣交流、交換資訊呢？

鈴木：有時候會開些會，但我更注重平時的對話，一邊整理圖書一邊聊幾句的那種：「最近我覺得關於京都的書賣得不錯。」「咦？那麼，接下來的黃金週[3]，想去京都的人是不是很

3 日本四月底、五月初有許多國定假日，許多公司和機構會放長假，不少人會趁機出遊，故稱「黃金週」。

多呢？」「有可能。」「那麼，我們這裡做一個京都主題的角落吧。」類似這樣的對話。

還有，不是站在收銀台的時候會看到客人的錢包嗎？比如，有些店員發現最近用某某牌子的錢包的人不少，那麼我們會計畫下一期準備一些那個牌子的錢包和雜貨，看看好不好賣。這個過程挺好玩的，若客人反應不錯，店員也會明顯感到興奮。

吉井：這些「預見」一般能成功嗎？

鈴木：會的。俗話說「心堅石也穿」，若你真心想要推廣一些東西，你會用心考慮陳列擺放方式。比如，你有本雜誌想推薦給大家，你會把它平放，給它的空間多一點，擺設的方式有趣一點，只要用心去做，一般都會有結果。

沒考上出版社，從實習生到店長

吉井：您當店長有多長時間呢？

鈴木：我三年前接了店長的職位。我在大學的時候想去出版社就職，我愛看書，做書這事是我長久以來的夢想，所以大一時去池袋Libro書店[4]打工，也在公共圖書館做了一段時間。後來大四的「就職活動」期間，我考了不少出版社的入社考試，沒成功。不過，對做書的熱情

4 以位於池袋站附近的西武百貨書籍部為前身的大型書店，池袋總店已於二〇一五年關閉，店址現為三省堂書店。

還沒消失，我在校期間就開始做little press[5]，內容是介紹各種書。但簡單介紹書不太能吸引人，所以我去找一些有意思的人，讓他們來介紹。有一次去找福井先生來介紹書，後來他跟我說SPBS在招實習生，我就這樣開始在這裡工作了。

想看看我做的little press？不行！現在看那些，真是學生做著玩的，完全無法曬給人家。（笑）

想想這些來路有點奇妙，反正我對書的熱情一直沒變，雖然沒有找到出版社的工作，但現在的工作和書的關係很密切，所以還是覺得挺好的。經過半年實習期，我正式入職SPBS，那是二〇一〇年的事。

到第三年的時候前任店長辭任，我就成了代理店長，當時的心情是「才第三年，為什麼是我」？經營書店、編輯刊物、規劃活動等，很多事情都得負責任，忙得都不記得當時怎麼過來的。不過在這個過程中認識了不少人，包括編輯、攝影師等，這些偶遇給予充分的力量讓我成長。我還是滿感謝社長的，他敢於讓我這樣的新人嘗試店長這個位置和責任。

吉井：現在的工作應該挺忙吧？

鈴木：不管是什麼書店，這份工作都不輕鬆。我們店的營業時間是中午十二點到晚上十二

5 little press，直譯為小出版，是指不通過出版社的機構，由個人或小型組織發行的刊物，與zine含義相近。通常見於咖啡館或小書店等處。

點，若是早班，大概十點左右開始上班。您也知道，在書店裡工作的都是愛書人，我們在休息時間也經常繼續工作，邊吃邊做事。書店的工作其實挺繁瑣的。

長期在書店裡工作，你肯定會有一個職業病，比如你在別的書店，看到一本書的書腰歪掉，肯定會忍不住幫它調整一下，一是出於習慣，二是對同行的一種同情，我會想：哎，你們也挺忙的。（笑）

吉井：你們經常去別的書店看看？

鈴木：當然，我們店員經常去別的地方看看，這樣才能知道大家正在關心的是什麼。我們的興趣方向不同，但每個人對社會趨勢都挺敏感的。

吉井：做為店長，您有時候會招募員工並進行面試。想問您，擁有什麼樣特質的人能當好書店店員？

鈴木：對不同的事物感興趣的人。興趣方向太集中的，反而不太合適。比如說，最近有一本比較有話題性的書，就是湯瑪斯・皮凱提的《二十一世紀資本論》，我們之前討論過這本書。我們都說自己不太會去看這本書，但還是進了幾本。我認為我們店的客人也不太會看這本書，但我們討論的是為什麼現在這本書那麼引人矚目，而按照這個原因來重新思考一下：會對《二十一世紀資本論》感興趣卻不太真的會去看這本書的人，會願意看什麼樣的相關書籍。我的意思是，我們找些能更簡明易懂地解釋《二十一世紀資本論》的書。

有些店員對音樂和藝術界的瞭解很深，有的對社會學感興趣，那麼我們每個人從自己的角度去找皮凱提那本書的相關書籍。每個店員有不同的角度，有時候會產生雜音或偏離，但我覺得這才能讓一個主題變得有趣、更有話題性。這等於是我們幫《二十一世紀資本論》加寬入門的空間。做為店長，我的工作在於把店員提出的不同意見統一起來，有時候稍微調整、操作一下，免得給人的總體印象變得亂七八糟。

從減少活動到新興業務

吉井：我還想瞭解一下**SPBS**的經營狀況。從您之前的介紹中，貴店擁有不同的收益模式：書店、雜貨以及活動和場地租用費。

鈴木：首先要說，雖然我們書店的經營情況不錯，但利潤還是微薄的。過去的措施是我們多辦活動，以活動參加費來彌補一些書店的開支。你上次來採訪，應該是我們辦的活動比較多的時候。

吉井：是的，記得前任店長介紹，差不多每週都有的對談會「**SPBS Lab**」，邀請作家、編輯等書業人士和顧客交流。

鈴木：相對來說，現在的活動少很多，但還是有。比如說每場活動的參加費是一千五百日圓，大概有五十個人參與，那扣掉嘉賓等費用，還是有點利潤的。但我們發現，尤其是我們這麼一個規模的書店，多辦活動並不是好事。譬如，客人有一天晚上來這裡看書，發現因為我們在辦活動而無法進來。若客人遇到幾次這樣的情況，那給人的印象就很不好。畢竟我們書店的大目標是做一個可以隨意進來的「鄰居的小書店」。

吉井：若賣書、活動都不是盈利多的項目，那貴店如何支撐下去？

鈴木：目前SPBS有幾項業務，賣書以及利用書店場地的活動只是其中一部分。還有銷售雜貨的項目和「規劃、編輯」項目。我們公司人不多，所以業務分擔並沒有劃分得很清楚，一個員工負責幾個項目是正常的。

吉井：現在SPBS有幾個員工？

鈴木：現在有六個員工，還有我們的代表[6]福井先生、實習生和兼職打工的人。書店後面的編輯部，地方比較大，其實我們公司用的桌子只有五張，剩下的都是租給別人的，設計師、策劃人、編輯等，這些獨立作業的自由業者來這裡工作。我們經常一起聊天、談一些話題，產生一種互相刺激知性的效果。

6 日語中「代表」的意思相近於中文的「法定代表人」。

我們編輯部之前發行過叫《ROCKS》的雜誌，二〇〇八年六月創刊，出了第七期後停刊。現在集中精力做的也是雜誌，叫《Made in Shibuya》，推出有關澀谷的各種文化類專題。

我們編輯部參與的並不是只有這些紙媒，我們會和周圍的設計師和策劃人一起做些媒體人的網路雜誌、企業的網站設計以及網站內容製作等等，其實這塊的項目規模比較大。現在你上網搜索日本可口可樂公司網站，能看到「Coca-Cola Journey」的內容，介紹可口可樂公司的產品以及周邊的故事，這個網頁就是我們和其他專業人士合作的結果。

還有一個保險公司的文化版網站「Life net journal online」也是我們製作的。這個網頁並不是直接推廣某一家公司的廣告，而是一種文化推廣，通過人生、工作和經濟方面的相關話題來讓人思考人生的各種問題。我們公司的業務範圍其實很廣，我們的代表福井先生之前在出版社工作過，有當時的人脈，還有通過採訪或書店活動而認識的人士等等，現在的關係並不少，所以經常會有有趣的策劃方案出來。

吉井：這樣看來，貴店的產品種類很多。最後我想瞭解一下，目前你們編輯部製作的《Made in Shibuya》，是什麼樣的雜誌？

鈴木：從刊物分類來看，這算是zine，二〇一二年九月創刊，到目前出了十五期。我們的目標就是做出一種大出版社做不到的雜誌，帶有扎根在澀谷的獨特風格。銷售管道也是只有本店、CHOUCHOU和我們的網站。說到內容，可以說只要和這個地區有關、我們喜歡的，都會刊登。

每次印刷數量是兩百五十冊，很快就能賣完。最近，我們打算將印量提升一些，好讓這本雜誌能夠更長時間地和大家接觸。二〇一五年三月發行的第十五期是小學生「阿醬」的食物筆記，賣得特別好。首印很快就賣完，我們加印了一次。加印這事在《Made in Shibuya》史上是第一次呢。

吉井：現在zine在中國也挺受歡迎的。我去過一家獨立書店，賣的都是世界各地的zine。賣得很貴，薄薄的一本一百多塊人民幣是很正常的，有的要兩三百甚至更貴，但也賣得不錯。能說說您關注到的日本的zine的情況嗎？

鈴木：說及zine這個形態的媒體，熱潮大概是十年前，從同在澀谷的藝術書店UTRECHT的前任代表江口先生（二〇一六年四月辭任）開始興起的。江口先生是相當前衛而有趣的人士，Tokyo Art book fair[7]的策劃人之一。後來製作zine的人越來越多。目前的zine可以分兩種：一個是作品集，比如攝影師把自己拍的作品做成zine，自己發行；另外一種是雜誌，內容偏向資訊類的，比如「奧澀谷的咖啡館」等等。不管是哪一個類型的，目前zine的市場已經飽滿，而我個人感覺，zine的魅力不如過去。剛開始的時候，每本zine都有個人發出的熱情和力量，後來大家做得太漂亮了，圓滑、周到、不會出錯，反而不太有意思了。

7 創辦於二〇〇九年的藝術出版物（包括自費出版）書展。

吉井：確實，過去的zine雖然有點粗糙而樸素，但還能讓人感覺到原石般的魅力和吸引力。現在反而很難遇到這樣的刊物。

鈴木：就是啊！所以，現在不少創意人把自己的zine帶到我們店裡，但我想以後我們代售外面的zine會少一些。

吉井：那麼，您目前感興趣的媒體除了自家的《Made in Shibuya》，還有什麼呢？

鈴木：像是Instagram和社交網站吧，還有電子書。日本的電子書種類還是滿少的，也有不少人說電子書不如紙本書。可一旦開始，你會感覺到它的好處很多！太方便了，也很輕。我其實滿喜歡電子書的。在不久的將來，我想計畫一下和電子書有關的項目。

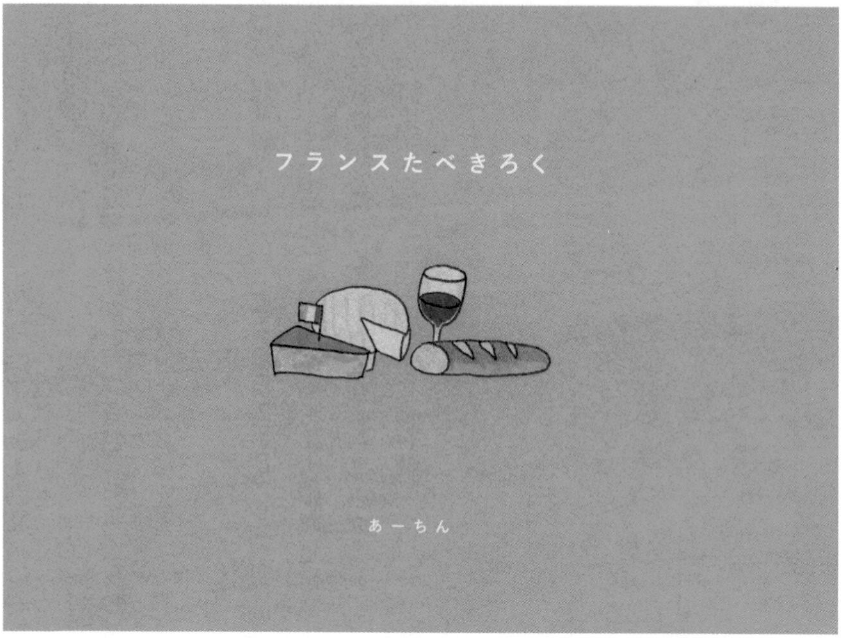

SPBS發行的《Made in Shibuya》，第15期為日本小學生「阿醬」的食物紀錄，28頁的小冊子售價1200日圓。「阿醬」在小學六年級暑假期間去了法國，細心記錄下咖啡館的法棍三明治、甜品、超市的優酪乳等。這期大受歡迎，還加印了。

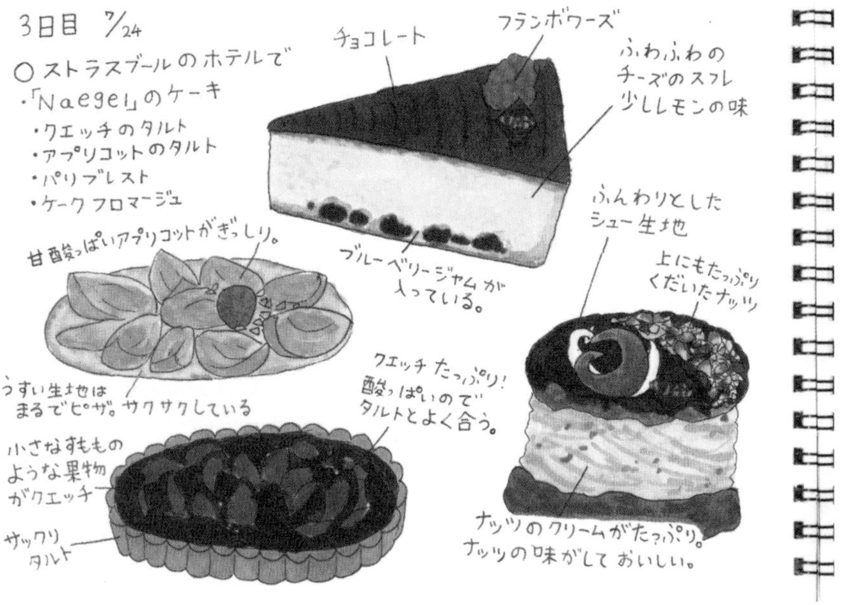
3日目 7/24
○ストラスブールのホテルで
・「Naegel」のケーキ
・クエッチのタルト
・アプリコットのタルト
・パリブレスト
・ケーク フロマージュ
チョコレート
フランボワーズ
ふわふわの
チーズのスフレ
少しレモンの味
ブルーベリージャムが
入っている。
甘酸っぱいアプリコットがぎっしり。
うすい生地は
まるでピザ。サクサクしている
ふんわりとした
シュー生地
上にもたっぷり
くだいたナッツ
クエッチ たっぷり!
酸っぱいので
タルトとよく合う。
小さなすももの
ような果物
がクエッチ
サックリ
タルト
ナッツのクリームがたっぷり。
ナッツの味がして おいしい。

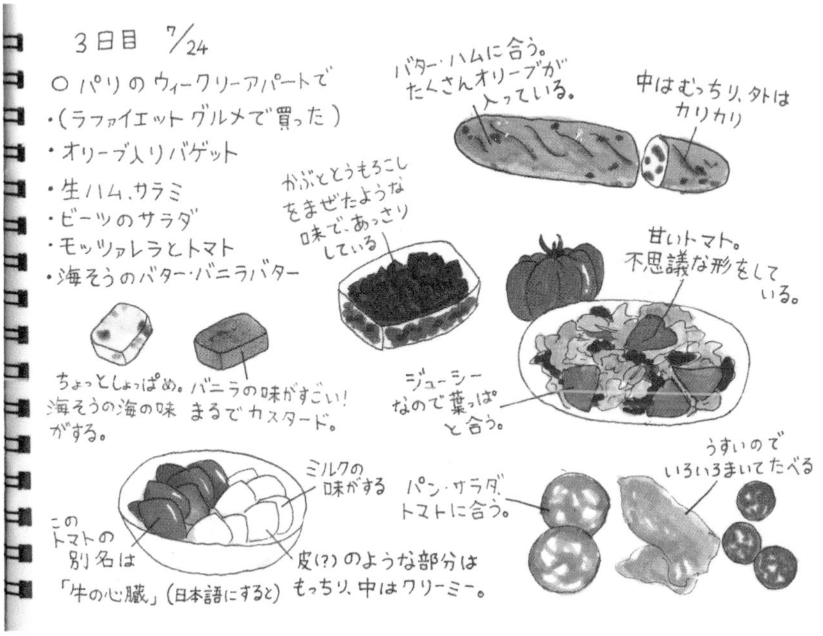
3日目 7/24
○パリのウィークリーアパートで
・(ラファイエット グルメで買った)
・オリーブ入りバゲット
・生ハム、サラミ
・ビーツのサラダ
・モッツァレラとトマト
・海そうのバター・バニラバター
バター・ハムに合う。
たくさんオリーブが
入っている。
中はむっちり、外は
カリカリ
かぶとうもろこし
をまぜたような
味で、あっさり
している
甘いトマト。
不思議な形をして
いる。
ちょっとしょっぱめ。
海そうの海の味
がする。
バニラの味がすごい!
まるでカスタード。
ジューシー
なので葉っぱ
と合う。
ミルクの
味がする
パン・サラダ、
トマトに合う。
うすいので
いろいろまいてたべる
このトマトの
別名は
「牛の心臓」(日本語にすると)
皮(?)のような部分は
もっちり、中はクリーミー。

5
Books Fuji

Books Fuji創辦人太田博隆

太田雅也（Ōta Masaya）
1970年生於東京都大田區，「江戶子」[1]。2010年接任株式會社Books Fuji社長。熱愛汽車，假日喜歡開車遠遊。

1 對生在東京、長在東京的人的稱呼。此類人的傳統性格特徵：不拘小節，有人情味，「錢不隔夜」，易動感情，頗有正義感。夏目漱石名作《少爺》的主角便是「江戶子」的代表人物。

Books Fuji羽田機場店
東京都大田區羽田機場3-3-2 第一航站大廈地下一樓
08:00-21:00（無休）
03-5756-0567
www.booksfuji.co.jp

Books Fuji店外醒目的燈箱提醒路人這裡是一家書店，但進店之後才另有乾坤。

Books Fuji 做最純正的航空書店

開在機場裡、專賣飛行相關書的書店，聽起來是不是很有趣？初識這家書店，是通過一位日本航空公司技術員的部落格。他在部落格中寫道：「今天搭輕軌到羽田（Haneda）機場，就是為了第一航站大廈的Books Fuji書店。平時我去新宿的紀伊國屋書店[1]或Junku堂[2]，但說到航空方面的專業書，還是Books Fuji的品種更多。」那天他在店裡買了兩本書：日本航空飛行技術室所屬機長鈴木修撰寫的《飛行員的波音７４７操縱指南——讓你恍然大悟的「航空理奇學」》和英文原版書《Aerobatics》（特技飛行）。

介紹Books Fuji前，我先聊聊它所在的羽田機場。現在外國遊客飛到東京，有兩個目的機場：東京國際空港（羽田機場）和成田國際空港（成田機場）[3]。據統計，二〇一五年羽田機場的客流量高達七千五百多萬人次，居全日本之首。

羽田機場的歷史悠久，其前身是一九一七年日本飛行大學附設的「羽田飛行場」。鑑於

1 日本具有代表性的大型連鎖書店，創辦於一九二七年。

2 日本著名連鎖書店，創辦於一九六三年，位於池袋的東京總店面積有兩千坪。

3 成田（Narita）機場，一九七八年開港，當時的全名為「新東京國際空港」。隨著經濟增長，為羽田機場已經無法處理的運輸需求而建設，實際上機場的所在地是鄰接東京都的千葉縣成田市，離東京大約六十公里。

一九二三年關東大地震時鐵道受損致地面運輸受限，為增強運力，政府開始擴大羽田機場，一九三一年以「東京飛行場」之名正式開港。隨後這座機場歷經一九四五年戰敗、一九六四年東京奧運會、海外旅行自由化及隨後的高度經濟成長等歷史時刻。

Books Fuji創辦於一九七四年四月，地點在羽田機場舊址地下一樓，創立者為翻譯公司旗下出版社的社長太田博隆先生。一九七七年，為紀念航空業務恢復二十五週年[4]創辦「Aviation Book Fair（航空圖書節）」。查閱Books Fuji的沿革大事記，一九七八年一欄特別寫道：「成田機場開港，羽田機場店銷售額受到影響。」估計大部分國際航線改到成田對太田先生打擊不小。但他並未灰心，一九七九年在機場外的居民區開了第一家分店，一九九三年隨著羽田機場航站大廈的搬遷，Books Fuji也遷至現址第一航站大廈地下一樓。次年Books Fuji創辦二十週年之際又開了第二家分店。但好景並不長，一九九七年起整個日本市場的書刊銷售額減少，二〇〇一年Books Fuji關掉了七〇年代開辦的第一家分店。

我二〇一三年第一次向Books Fuji申請採訪，是先通過電話。當時的社長太田博隆先生剛好要出門，語氣急切而又抱歉：「這是從北京打來的嗎？是哦……我們書店真沒有什麼好介紹的，怎麼辦……您真想採訪？嗯……好的好的。那請發我採訪提綱吧。」雖然通話時間才兩分鐘不到，已能感受到這位老先生誠懇、親切的態度。

從「京急機場線」羽田機場站下車，去往第一航站大廈的路上就能看到Books Fuji羽田機

4 一九四五年日本戰敗後，羽田機場處於美軍管轄之下，一九五二年歸還日本政府並改名為「東京國際空港」。

場店，書店被餐飲店、特產店包圍著，周邊的人潮和氛圍都不錯。店面並不大，大約十坪的樣子。店鋪前方和右側都靠過道，有幾位身著西服的男性站著翻看雜誌。一眼望去，裝修和普通書店的差別不大。但只要一抬頭，就能看見書架頂上各種飛機的精美照片，天花板上垂下的細線還吊著各式飛機模型。

那些照片都是飛機愛好者拍攝的世界各地的民用機和戰鬥機。有些飛機現在已退役或不允許拍攝，可以說有點歷史價值。（因日久褪色，現在照片都已被收納到一本冊子中，放在收銀台旁邊，供客人取閱。）沒錯，這裡就是航空愛好者必然駐足的航空主題書店。

沒過多久，穿著麻紗布料西裝的男性急忙地走進書店，體格魁偉，表情讓人感到親切，這就是太田博隆先生。「哎呀，真抱歉！路上好堵啊，真是的，不好意思。我們找個地方邊喝飲料邊聊怎麼樣？」

二〇一四年三月，太田博隆先生因胰臟癌去世。後續回訪是由他的兒子、現任社長太田雅也先生接受的採訪。

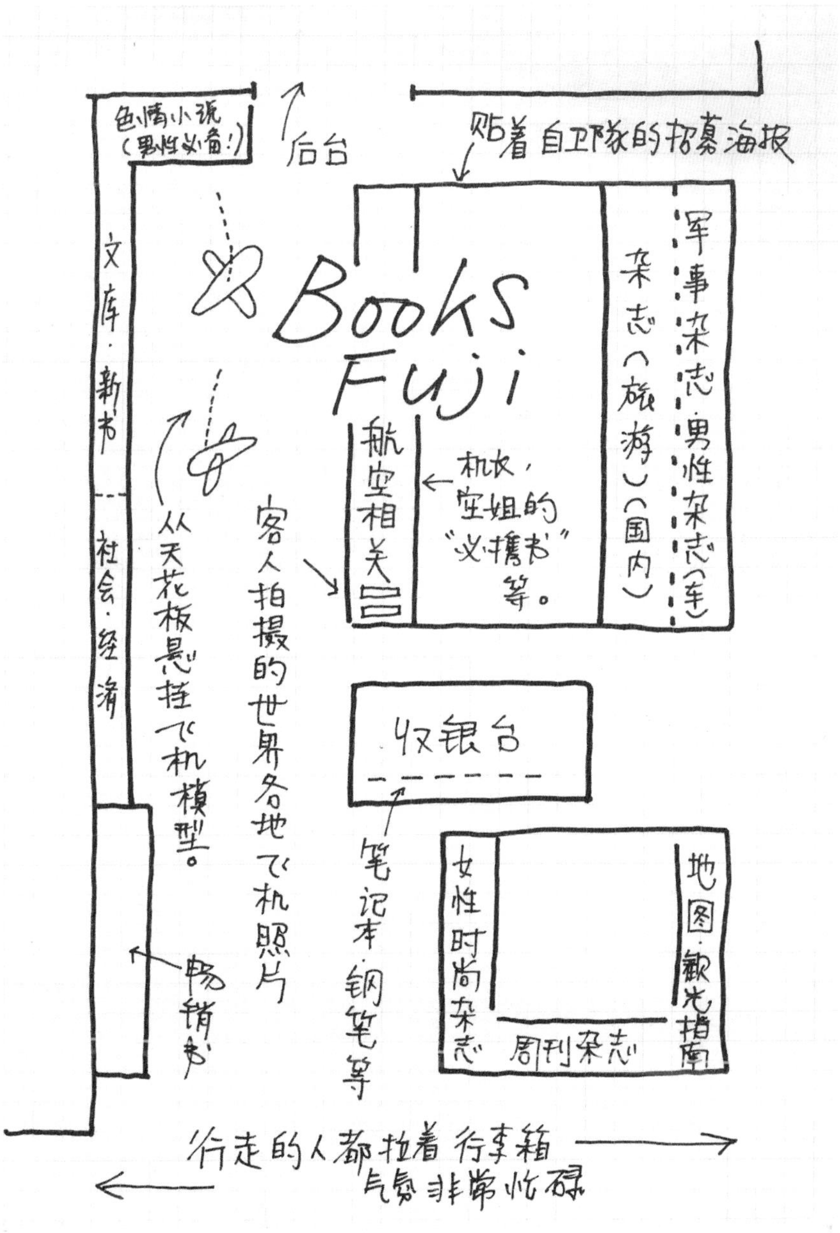

后台
色情小说（男性必备！）
贴着自卫队的招募海报
文库·新书
社会·经济
Books Fuji
杂志（旅游）（国内）
军事杂志·男性杂志（车）
航空相关
机长，空姐的"必携书"等。
从天花板悬挂飞机模型。
客人拍摄的世界各地飞机照片
收银台
笔记本·钢笔等
畅销书
女性时尚杂志
周刊杂志
地图·観光指南
行走的人都拉着行李箱
气氛非常忙碌

書店平面圖。（吉井忍製作）

常有拖著行李箱的客人在此停駐腳步。

Books Fuji大鳥居本店。

雖然是以航空為特色的書店，但文學類的文庫本數量不少。

航空業相關的雜誌。

半年刊《AIM-J》，算是飛行員的必讀書。

飛行日誌。

Books Fuji這一圈飛機照片和懸吊著的飛機模型顯現出純正航空書店的氛圍來。

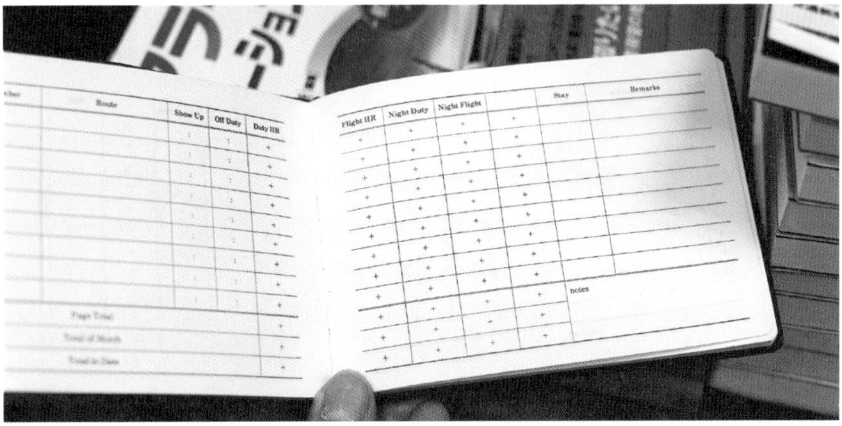

飛行員專用的筆記本。

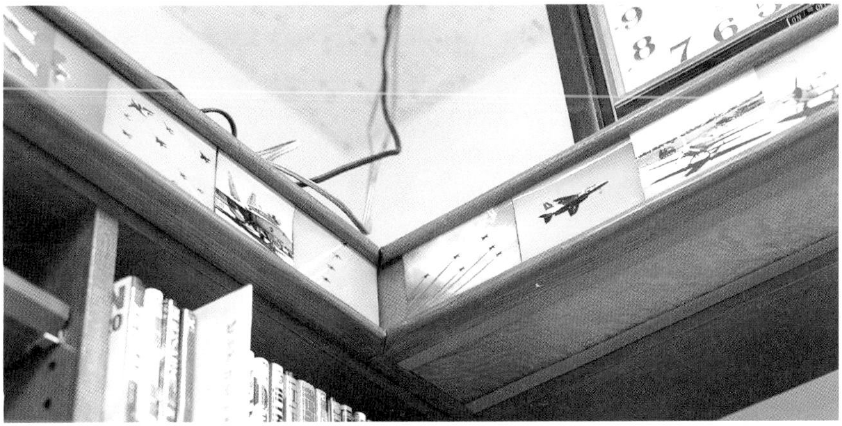

飛機愛好者拍攝的世界各地的民用機和戰鬥機。

專訪Books Fuji創辦人
太田博隆

採訪時間：二〇一三年七月

不管是開書店還是其他小店，
最重要的是和當地的關係。

太田博隆（以下簡稱太田）：哎，天氣好熱啊。您也辛苦了。不會是專為這次採訪從北京飛來的吧？今天從父母家來這裡？那就好。我接受您的採訪，首先是因為您的經歷對我來說有點意思，ＩＣＵ（國際基督教大學）畢業。之前在simul出版會[1]的關係，我認識您母校的不少老師。

吉井忍（以下簡稱吉井）：您創辦書店也是和您這個經歷有關嗎？

太田：是的。一九七四年，我三十六歲時創辦這家書店。我大學時一直在書店打工，時間久

1　一九六七年由翻譯、口譯公司「Simul International」創辦的出版社，出版物以翻譯書為主。一九九八年被日本教育集團Benesse併入旗下。

了，慢慢摸出些經驗。畢業後找的工作也是在出版界。可以說，我從一開始到現在一直在這行業裡。

吉井：您當時如何想到在機場裡開這麼一家店？

太田：您也知道，隨著上世紀的填海工程面積不斷擴大，羽田機場又離市民居住地非常近，所以當時政府展開計畫，在機場附近開些方便居民生活的商店，比如說書店。我就是遇到這個機會，又有業界背景，而決定在這裡開書店。

那個時代啊，還是和現在不太一樣。羽田機場一九五五年開始啟用，一九六四年日本人的海外渡航自由化、東京奧運會舉辦，一九七〇年羽田機場的新國際線到達航站大廈啟用……社會氛圍挺有活力的，航空事業從萌芽期進入快速成長期，飛機的便利性和重要性也日漸加強。您知道嗎，當時有人要到國外出差，那可是件了不起的大事。家人、親戚、公司員工都來送你，擁抱、揮手。「海外」是未知的世界，也可以說，是很浪漫的一個時代。

吉井：當時，出版行業情況也極佳。

太田：黃金時代。書，真的很好賣。我們這書店最多的時候也有五個店鋪。但如今業務情況不太理想，現在就剩下兩家：機場附近的總店和這家羽田機場分店。

我們店的暢銷書與其他書店不一樣

吉井：您的書店很有特色。甚至被有的航空愛好者稱為「聖地」，大書店沒有的專門書，在貴店就能找到。這是怎麼做到的？

太田：剛開始是因為這家分店在機場的關係，來的客人中航空業相關人士較多，飛行員、技術員、空姐等等，所以按照他們的需求，這方面書的進貨就多了起來，社會科學、人際溝通、航空技術員的參考書、機長用的航班紀錄表、飛行日誌等。後來，因為這方面的書多了，想報考航空公司的學生會來這裡買書，也吸引了不少航空愛好者。

因為在機場的關係，客人當中有不少旅客，他們買的旅遊指南書、旅遊隨筆也多。為求攜帶方便，買文庫本的客人不少；也有一些住在其他地方的商務人士，一旦有了機會到東京出差，就來到這裡購書。經營的年頭長了，大家慢慢知道了這裡有這麼一家書店。

過去，羽田機場附近有「航空保安大學校」，是培養航空管制員的；也有培養飛行員的學校。那時候，學校的學生來這裡購書挺多的。後來這裡的土地不夠了，這些學校都搬到關西（大阪附近）或九州那裡。

吉井：剛才在貴店，店長給我介紹過，店裡除了航空有關的書以外，還有其他相關商品。

太田：對。飛行操作員專用的手套、筆記本，學生報考空姐專用的履歷表人氣也挺高，您待會兒可以去看看。航法計算機的價格是三萬三千日圓，這也有人會買。

回到書籍，我們書店裡，航空方面的書是挺多的。但也有普通雜誌、新刊，精裝本或文庫本。書店裡有航空主題的書架，占三分之一，文藝書中和航空有關的集中擺放。

吉井：一般的讀者根本看不懂的。

太田：以前有更專業的航空方面的書呢，現在就不太多了。奧姆真理教事件發生後，我們接到過員警打來的電話。事情是這樣，員警搜索嫌疑人的房間時發現，犯人房間的書架裡有不少非常專業的航空書，不太會在一般市場流通的。從哪裡搞到的這些書？搜來搜去，就找到我們家。這並沒有影響到我們，但從此不敢賣太專業的書。現在店裡的書算是專業度不太高的。

我們店的暢銷書與其他書店可能不太一樣。《Airline》雜誌我們每個月能賣出一百五十冊左右，購買航空業界其他專門的書刊如《AIM-J》[2]和《Air Stage》的客人也很多。空姐她們要考TOEIC，所以英文參考書也挺好賣的。

機場附近有一家診所，我們感冒的時候會去的那種普通診所，但那裡又有針對飛行員的體檢。這診所的大夫我們都認識，他遇到那些年輕人會推薦一些書，也會推薦我們這家店，所以來這裡買專業書的學生挺多的。

2 《AIM-J》全稱為《Aeronautical Information Manual-Japan》（日本航空信息手冊），日本航空機操縱士協會發行。

吉井：原來有這樣的診所，挺有意思的。貴店的書刊，包括這些專業內容的圖書進貨管道，是通過「取次」嗎？

太田：以前是我來管進貨，現在的話，我們有一位很厲害的店長吉澤女士，要進什麼貨，她心裡一清二楚。店裡航空有關的書當中，有20％是直接從出版社那邊進貨，沒有經過「取次」。這些書恐怕在其他書店就很難找到。

開書店最重要的是融入當地

吉井：貴店也有自己的網路書店。實體店和網路書店相比，哪邊的銷量高？

太田：實體店還是多得多。我認為，實體店和網路書店的差別在於客人的目的性。實體店的話，有了點空餘的時間就來逛逛，看看有沒有好書，這樣的客人挺多。若是網路書店，顧客的目的性較強。

吉井：機場的租金標準挺高吧，這會不會成為貴店的負擔？

太田：是挺高的。不過位置不錯，所以還好。您看看，周圍的店也換得很快。因為是在機場，賣土特產的店不少，還有賣食品的。競爭很激烈，之前我們店旁邊有「文明堂」（著名的點心店），也撤了。

不管是開書店還是其他小店，最重要的是和當地的關係，得融入當地的社交圈和文化，要理解當地到底需要什麼，這是很重要的。

吉井：這有點為社會貢獻的精神。難怪您領子上有——

太田：扶輪社[3]的徽章。我看今天不是商業場合，就把它戴著了。這扶輪社，你也應該是知道的哈。

話說回來，開店的訣竅首先是當地需求。之後得找個條件較好的位置，最好土地和房子都是自己的。理想的狀態是把開店這事放在自己的「愛好」範圍內。輕鬆、快樂。（大笑）就是這樣。

吉井：最後想請教一下，貴號Fuji的由來。

太田：店名的Fuji就是富士山。我自己非常喜歡富士山，它的形態非常優美。最初想給店取名為「Fuji Books」，但發現已經有書店用過了。所以就反過來稱作Books Fuji。我已經爬過八次富士山了呢，還帶了孫子一起去爬。

3 扶輪社（Rotaly Club），一九〇五年始創於美國，是歷史最悠久的服務性社團組織「國際扶輪社（Rotary International）」的日本分社。一九二〇年，三井銀行董事米山梅吉受國際扶輪社認可創立東京扶輪社。扶輪社為實現世界和平的願望而設立了「Rotary Peace Fellowship」獎學金。在亞洲，日本國際基督教大學是唯一的國際扶輪社合作院校。

您知道嗎？今年出雲大社進行大遷宮，六十年才有一回，也就是說我們這輩子頂多只有一次機會觀賞。[4]我已經帶孫子去看了。您沒去過？出雲大社挺不錯的，風景很美。建議您下次回國時就去看看。

4 出雲大社，位於島根縣出雲市，日本最古老的神社之一，大遷宮是指因神殿翻修，將主神像暫時搬往臨時神殿。

在Books Fuji購書後贈送的包書紙。太田博隆先生喜歡外語，因此用各國語言的「書」來組合設計。

專訪Books Fuji社長
太田雅也

採訪時間：二〇一五年十二月

市場上流通的書是可以賣的，
但這並不意味著在你的店裡什麼書都可以賣。

新時代的新衝擊

吉井：您平時在機場的這家店嗎？

太田雅也（以下簡稱雅也）：不，平時我都在附近大鳥居的總店，只有週日在這裡。

吉井：大鳥居總店我去過幾次，比這裡的機場分店大很多。

雅也：大約七十五坪。機場分店的面積小很多，才十坪，但書刊數量大約有一萬二，航空方面的書確實比較貴，所以每一坪上的書刊成本比總店貴很多，大約一點五倍。

吉井：才十坪就有一萬兩千冊書，滿擠的。

雅也：我認為，最可怕的是客人對我的書店擁有這種印象：「反正去也沒用，他們書店什麼都沒有。」你可以放棄太專業的書或法律方面的專用書，但客人問你三本書，都沒有的話，那就有點問題了。

不過，專業度和所謂通俗的比例控制，確實很難，也很微妙。比如大鳥居總店的周圍算是住宅區，所以孩子的繪本和兒童書、年輕人喜歡的小說和漫畫或老人家要的書都得有。老人家喜歡玩數獨那些遊戲，也會看財產繼承方面的指南書，另外他們經常為孫女們買繪本。反正，所有方面的書都得有。

機場店這邊呢，除了航空專業書之外，大家還喜歡打發時間用的文庫本或旅遊指南。雜誌的銷量真不如過去，大家都看手機獲取資訊了。在智慧手機上一個月總得花七千到八千日圓，所以沒多少零用錢可以買雜誌了。我個人認為，網上的資訊和書刊上的內容各有不同價值。可大家不這麼想，想到什麼就去搜索，以為這樣就解決問題了。

不管怎麼樣，我們也得符合潮流，大概每個季度都會調整一下書的品種。尤其是機場店，它的面積很小，更新也要快一些。

吉井：機場分店的航空書，之前前代社長跟我說過，大概占總數的三成。這個比例沒有變化吧？我看航空方面的專用書架還是在的。

雅也：不，已經沒有那麼多了，現在大約占兩成吧。如今是網路時代，過去只能在這裡找到的書，現在也可以在網上購買。出版社本身也開始用網路賣書，等於是不通過「取次」和我們書店，直接為讀者發貨；當然這也是有道理的，這樣直接的交易更有效率，利潤也稍微高一些。他們也得生存呀。

吉井：網路給書店的打擊很大，但貴店在航空愛好者中有一定的名氣，在貴店購買這個行為也可以做為一種彰顯。

雅也：確實也有這樣的客人。還有一些客人之前上網購書時遇到問題，付款方面或圖書品質，比如有瑕疵等，就覺得還是來這裡買書比較保險。好像亞馬遜開放的協力廠商入駐店家容易發生這種問題。有些客人很生氣地跟我說過「再也不在他們那裡買東西」！（笑）

吉井：說到網路，您對電子書有何看法？

雅也：怎麼說呢，舉個我身邊的例子吧。之前在我們店打工的一個小夥子，他很喜歡畫畫，就是那種漫畫風格的。他的夢想始終沒變，就想當插畫師，在這裡打工的日子裡，也在自己的網站上發表自己的漫畫作品，或把自己做的zine拿到Comiket賣，也好像挺受歡迎的。現在他已經辭職，當專業的插畫師，挺忙的樣子，自己雇用四、五個助理。

在我們店裡工作過的人，關係都挺不錯的，有時候約個時間在大阪燒店坐下來吃吃喝喝，繼續交流。那時候他跟我們說過，他自己，還有身邊的漫畫業界的人，有的自己的電子書內容已經很成功，但他們最後還是想把自己的內容做成紙本書。這並不單單是錢的問題，他們是想把自己的作品做成能拿在手裡的、實實在在的一個東西。

書和網路上的內容，確實不一樣。你要做出一本書，得經過不少人的參與方可完成，比如編輯。好的編輯會給作者很多建議，書裡面需要什麼樣的內容、怎麼樣的開頭更能吸引讀者等等。不用說排版或封面設計，光是內容就已經經過多次編輯和專業校對的打磨，最後讀者購買的時候，這個內容已經達到不能再好的狀態，這才是紙本書。而網路上的內容，可能作者的熱情是不輸給紙本書，但整個內容的水準就很難說了。

那個小夥子很有意思，在我們店工作的時候一點都不厲害，做為書店店員，幾乎不合格，但對自己喜歡的事，他能夠發揮某種毅力。比如他經常拿自己的作品衝到出版社編輯部，拜託那邊的編輯看一看。通常對方會說不好看或水準不夠，想盡快打發這個奇怪的年輕人。可他不放棄，會繼續追問對方自己的畫哪個地方水準不夠。如果編輯說「你畫的那些人，眼睛就像死人一樣」，那麼這個小夥子會再畫幾幅，過幾天再度拜訪。就這樣，編輯就會記住他，也覺得他是很有毅力的人。現在他為有名的輕小說畫封面，有時也和作者一起出席簽售會。他的筆名叫夕凪，你可以關注一下。

書店的良心和矛盾

吉井：負責封面是一件挺厲害的事。剛才您說，航空方面的書從**30%**減少到**20%**。估計這個**20%**不會再低下去吧？

雅也：嗯，不會再減少，20%是一個底線。還是前代留下的一個特色，我也想好好保留。航空相關的各種考試申請書，比如飛機駕駛資格等，我就很注意不要缺貨。有些客人就是為了這個奔到我們書店的。

另外，航空相關的雜誌在我們收入中占有一定的比例。《Airline》每月會賣出一百五十本，是在我們書刊中占首位的暢銷書。《AIM-J》、《Air Stage》、《航空情報》等其他航空雜誌的銷售量也就《Airline》的十分之一。

不過現在有一些讓我困惑的一些事，就是恐怖襲、攻擊以及應對策略。我感覺到的一個變化，是大概從「九一一」事件開始。以前我們書店也有賣波音７４７操作指南或飛機內部設計的書，但經過「九一一」以及後來一連串的恐怖攻擊，出版社也對這些敏感資訊比較小心了。你想想，一個飛機的結構、各部位的配置等資訊對恐怖分子來說是很有用的，是不是？出版社也擔心自己的書提供的資訊被利用到不好的方面，我也是，誰想幫忙恐怖分子？

我們店銷售的航空方面圖書裡，有一本書是《航空無線の周波數帳》（航空無線電通信頻率手冊），知道那些頻率，你還是不能參與他們的對話，但偷聽是可以的。那麼，這種書你到底要不要賣？市場上流通的書是可以賣的，但這並不意味著在你的店裡什麼書都可以賣。

吉井：瞭解。這是一種書店的良心。

雅也：不過，如果從客人的角度來看，尤其是航空愛好者，若我們店賣的書和別家差不多，就沒意思了。有些客人從九州等很遠的地方來，每次有機會到東京，他們一定要來我們的機場分店。有些客人說：「來您的店，肯定能找到我會喜歡的航空書。」做為店主，這種客人的一句話是一個很大的鼓勵，聽客人這麼說，我也很高興的。客人抱有那種期待特意來我們的店，我也不想辜負他們的期待和信任。

吉井：讓人傷腦筋啊。過去您的父親也說過奧姆真理教地鐵沙林毒氣事件時的事情：在犯罪分子的家裡搜出關於航空的專業書，那種專業程度的書不是一般書店能買到的，後來員警查出來的結果，那些專業書就是在貴店入手的。

雅也：確實有過這樣的事。不過我們開書店的，也不能完全遵循所謂「安全」而「容易」的路線，這樣沒意思。前幾個月在日本引起爭論的一本書《絕歌》[1]，據說版稅收入不菲。

1 一九九七年日本兵庫縣神戶市發生連環殺傷兒童案件，後查明兇手是一名時年十四歲的少年「少年A」。此案影響深遠，二〇〇〇年日本修法將犯罪刑責的最低適用年齡降至十四歲。「少年A」被收容於少年院直至二〇〇四年三月假釋出院，《絕歌》為其重返社會十年後出版的一本手記，熱銷的同時引發巨大爭議。

有的書店拒絕銷售，有的書店擺在店裡。各種媒體一方面攻擊敢賣那本書的書店，說只想賺錢，一方面他們讚揚不肯賣的「有理性」的書店。我們店呢，選擇銷售《絕歌》。

我是這樣想的，我們要知道世上，而且離我們不遠的地方，有這麼一個人。看那本書就知道，這個人對自己殺人的那些事一點都沒有反省。是很糟糕的。殺人犯寫的書不肯賣？這個想法太天真了！我們要知道他們的思考方式，這樣才能保護自己和自己的孩子。

我小時候，這個地方算是東京的下町，滿有人情味的。在外面做錯事，附近的歐巴桑和歐吉桑跑過來打小孩，不管是自己的還是別人的孩子，只要是壞孩子都會被糾正。現在不行了，搞不好被小孩的父母起訴都有可能。現在的社會確實有一點不一樣，人和人的關係，連父母和孩子的關係，都變得稀薄。有時候不知道別人是怎麼想的。那麼，現在那個犯人出書了，也可以說是一個瞭解他們思考方式的好機會，是一個機會讓我們知道世上會有這麼個人。可能買那本書的人沒有想那麼多，但賣書的我，是有這樣的考慮的。

吉井：這點我需要反省，我一直覺得買那書等於是幫助增加那個人的收入，所以不應該買。您這麼一說，也是挺有道理的。

雅也：書店也需要自己的想法。若只是把「取次」發來的圖書擺在書架上，機器人都能做到。我們開書店的一種魅力就在這裡，大家要買的書和自己的想法如何磨合，這得有多年的經驗才能明白。我也是最近才開始慢慢領悟，還在學習中。所以，在我們店打工的店員，他們都有自己負責的一個書架，比如那個人負責文庫本，這個人管文藝書等，但我鼓勵他們盡量超出自己的工作範圍，多多接觸各種書籍，和別的店員多多溝通再決定選書、進貨和擺放。

不過，整個書店都是店主和店員的主張，也不能經營下去。出版社有這個月要推薦的書，書店也得幫個忙；還有流行的、昨天剛好在電視上被介紹的，若有客人的需要我們都得事先準備。客人和當地的需求如何和自己的想法磨合，這是開書店的一個妙處。

開書店也好，開咖啡館也好，可能你剛開始的時候就是因為喜歡，但凡是一件事到了一個程度和水準，你肯定會遇到新的問題，一定要面對它、處理它。比如，剛才我跟你講的那個插畫師，開始有了一點名氣後，遇到之前沒遇到過的問題，有人給你一個機會畫插畫，但你可能並不是特別感興趣。這些問題如何處理，對自己的成長是很重要的。書店也是一樣。

將書店延續下去

吉井：能跟我說說關於您父親的事嗎？

雅也：他確實很喜歡與人交流。他不是參加國際扶輪社嗎？也就是因為他喜歡和人交流。他開這個書店是一九七四年，他三十六歲、我五歲的時候。我是在書店裡長大的，所以對我來說，書是要賣的商品，而不是自己可以拿在手裡看的。不過，也並不是完全不看書，我小時候滿喜歡灰谷健次郎[2]等人的兒童文學作品，現在呢，比較喜歡看非虛構。虛構也有好的作品，但我總覺得那些畢竟是虛構。

吉井：那麼飛機呢？做為住在機場附近的男孩，應該比較喜歡看飛機吧？

雅也：說實話，我的興趣沒有父親的多。但做為這家書店的老闆，還是學習了一下，我們的客人比我懂得多，一般客人教我的時候比較多呢。我自己比較喜歡汽車。汽車和飛機要選的話，我選前者。（笑）

不過，我還是很看重如何將父親留給我的這家書店延續下去。父親真的很喜歡看書，有一點點時間，就去整理這裡的書、摸摸那邊的書。那種對圖書行業的熱情，我想自己還得加強。父親很會照顧客人，看到客人就輕輕打招呼。比如有人戴著口罩來店，在結帳的時候父親會問候一聲：「您是不是感冒了？請多保重。」

吉井：面向未來，您有什麼考慮？

雅也：維持現狀。這就是目前的目標——無論如何要活下去。這個「現狀」中，還包括繼承父親的理念，做為一家書店，珍惜與客人、周圍社會環境的交流。

2 灰谷健次郎（Haitani Kenjirō），日本著名兒童文學作家、詩人，一九三四年生於神戶市，二〇〇六年逝世。代表作有《兔之眼》、《太陽之子》等。

我想，經營獨立的小書店的人，應該跟我差不多。大的書店，或者連鎖書店是不一樣的，經營狀況開始下降，馬上關門，尋找更好的地段。個人經營的獨立書店，其實賺錢是次要的，他們心中都有一種更重要的理念。書店呀，真不能賺錢。尤其像我們這樣租店面的——總店和機場店，都是租的，每個月付房租、扣除各種成本，幾乎沒有剩下多少。所以我說，開書店的人，應該沒有壞人。（笑）

吉井：不少獨立書店，為了增加收入，開始賣雜貨、賣咖啡。

雅也：是啊。我們也考慮過，出版社和「取次」都勸我這麼做。但是呢，雜貨也好文具也好，利潤空間確實比書刊大，但就是因為這樣，萬一被偷了，我們的負擔也很大。而且，我們總店馬路對面就有一家文具店，從小有來往。對面有文具店，自己還賣文具嗎？可能賣的人也有，但我不會。我希望不用和周圍競爭的方式來增加收益。咖啡也可以，只不過賣咖啡的話，店裡的布置得換一下。賣咖啡的地方和書店部分不能放在一起，我不希望我們的商品被咖啡之類的飲料弄髒。

吉井：您剛提到了小偷問題，這在貴店很嚴重嗎？

雅也：挺嚴重的。每個月被偷的書的價錢，會達到銷售額的0.5％到1％。若到1％這個程度，是要關門大吉的那種打擊。所以我們一旦發現小偷，不管金額大小，不管是小孩或大人，都會報警。

小偷不一定是小孩，大人也會偷。他們把書賣給Book Off，賺些小錢。Book Off會高價購入電視上介紹的書呀，最近被拍成電影的書呀，這些書特別要看牢。

說到小偷，其實用手機拍書也是違法的，因為是偷內容嘛。有的書店不管，但我們店，是會跟客人提醒的。嚴格來講，拿起筆記本抄一下內容也違法的。比如在店裡看了某一本食譜，你把內容抄下或拍下，這也在違法的範圍內。現在手機這麼普及，我個人認為出版業也應該明確地說明這方面的法律。

吉井：是應該這樣，以免大家不小心違法。回到增加收入方面的手法，有些書店會辦些活動，比如親子閱讀會什麼的。

雅也：我們也做過一次，確實不少人會過來。但是，只是來看看，不會買書。繪本、文庫本、雜誌，什麼都不買，就回家了。當然，從另外的角度來看，這樣的活動可以培養周圍的孩子對書的興趣。但是，我們每天的業務也挺多的，所以閱讀會那種活動我們目前已經停了很久。真辛苦呀，附近還有一家圖書館，他們也有親子閱讀會，還可以免費借書。我們生意也受了一些影響呢。

吉井：我之前採訪了西荻窪的一家書店，那裡是有舉辦親子閱讀會。我看活動中小孩挺開心

呀，就問了店主為什麼舉辦次數那麼少，一年只有三、四次。店主說這樣就已經耗盡了精力，不可能再加幾次。

雅也：肯定的。（笑）我非常理解他們的心情。

吉井：說到一家獨立書店的理念，中國也有獨立書店，也算是不可能賺大錢的行業。我想，他們的心情也和您一樣的。

雅也：（點頭）應該是吧。說到日本和中國，很多媒體就寫成是兩個關係很不好的國家，但這些畢竟是政治問題。我們總店附近也有中國人，有的住在附近，有的來觀光旅遊。雖然我不懂中文，但感覺他們都挺好溝通的，也很親切。我們店裡有的中國遊客要用手機拍書、拍店，我看到這樣的情況就解釋說，在日本不允許拍攝店裡的東西。他們聽我這麼解釋，就會馬上把手機收起來。這樣挺好，我們溝通起來不麻煩，他們也會努力理解我們的習慣。

不過，做生意方面還是容易產生些矛盾的。我們店的所在地屬於大田區，過去是東京的工業重鎮，現在還有幾千個小工廠生產世界頂尖而且獨有的產品。我朋友是這裡一家工廠的廠長，目前和幾家中國公司合作。他會跟我抱怨，中國公司讓他做樣品，若中方喜歡樣品，就會要求把所有資訊包括設計圖統統提供給他們。也就是說，做好樣品就拜拜了。這真不像話。但我朋友說，和中國公司合作，經常發生這種事。

所以我認為，個人對個人，沒什麼問題。一旦要談錢，就會出問題。（笑）現在很多中國人來日本爆買。買東西是可以的，但我希望他們買東西的同時，能夠感覺到為什麼日本商品做得好，這個背後的理念。比如，日本的電子商品很好用，也很方便，這是設計師站在消費者的立場絞盡腦汁想出來的結果；日本的商品很耐用，這是製造方站在買方的立場想「買了沒多久就壞掉，肯定不舒服」。而中國的製造方，最基本的想法就不一樣，看到好東西就要模仿、要設計圖，跟日方說「以後我們自己來，謝謝」。

我剛跟你說過，喜歡看非虛構的書。前一陣子看了本田宗一郎、松下幸之助他們的書，我看，那些人的心底是滿感性的。他們做一個東西，原動力就是夢想或理想。不管是汽車還是書，實體性的商品是經過很多人的手而生產的，和很多人有關係，這等於說，這商品包含了很多人的心意。

所以，外國人在日本買東西的時候，希望大家能夠感受到日本人心底的這些想法。他們是付錢買東西，這也很正常，可能你覺得我太囉嗦。但我還是希望他們能夠感受到這種日本人的生活和精神。

6
森岡書店

森岡督行（Morioka Yoshiyuki）
1974年生於東北地區山形縣。1998年入職東京都神保町一誠堂書店。2006年於東京都茅場町獨立開辦森岡書店，2015年關閉該店並另創森岡書店（銀座）。著有《寫真集——想送給誰的108冊書》（2011年，平凡社）、《BOOKS ON JAPAN 1931-1972：日本對外宣傳畫報》（2012年，BNB新社）、《荒野的古本屋》（2014年，晶文社）、《書和店主》（2015年，誠文堂新光社）等。

森岡書店（銀座）
東京都中央區銀座1-28-15鈴木大樓 1F
週二—週日13:00-20:00，週一休息

一週只賣一本書，這次的書是店主森岡督行自己的新作《書和店主》。

森岡書店的過去與現在：第二井上大樓和鈴木大樓。

森岡書店
讓書店成為「實體社交網路」

「我打算每次介紹『本週的一本』，並展示和書的內容相關的周邊物品。書將是這些相關物品的核心。比如，我這次要介紹一本攝影集，那麼我會展示攝影原作（original print）和作者的手稿、創作手記。」這家特立獨行的書店還沒開幕的時候，店主森岡督行曾在自己位於茅場町[1]的二手書店裡這樣向我介紹過。當時我似懂非懂地點頭，還不明白這和普通畫廊的差別。

新的森岡書店（Morioka Shoten）位於東京銀座一丁目。這樣介紹，恐怕會給予海外讀者錯誤的印象。和海外遊客對銀座抱有的印象不同，新店隱沒在歌舞伎座（歌舞伎專用劇場）的附近，與高速公路背靠背，店門開在一條小路上，鄰居則是公寓、木造平房、拉麵店，還有一些畫廊。歷經百餘年風雨的老建築「鈴木大樓」，正面的牌子上寫著：「昭和四年（一九二九年）竣工、東京都選定歷史建築物認定」——森岡書店就坐落於這棟浪漫風格的大樓一樓。

二〇一五年五月五日開幕這一天，只有五坪大小的「書店」幾乎爆滿，媒體人、藝術家、作家、編輯紛紛前來捧場，看得出來他在茅場町開二手書店的十年間，累積了不少關

1 茅場町（Kayabachō），位於東京的經濟中心中央區日本橋。

係、友誼和信賴。

森岡書店（銀座）第一週的展覽為刺繡藝術家沖潤子（Oki Junko）的作品集《PUNK》（二〇一四年，文藝春秋）。店裡中間的桌上放有圖冊，供人翻閱；一旁忙著向顧客介紹刺繡作品的則是作者本人，對「這個作品要花多少時間？」之類的問題也面帶笑容耐心解答。整個氛圍輕鬆而愉快，在店主和作者精心布置、調試的燈光下，刺繡作品展現出自然而輕盈的靈動。作者周遭總圍繞著好奇的顧客，森岡則於一旁適時插入話題，為作家騰挪出與出版社編輯、策展人或其他創作者結識交談的機會。

書店的顧客還不止這些。後來我幾次拜訪，都會遇到海外遊客。中國、臺灣和韓國遊客最多。有位從武漢來的年輕女子，操著一口流利的英文和森岡聊天。「久仰，看到這家店資訊後我一直想來。不過這個地方很難找啊！」隨後，用手機拍了書和展覽，流連了大約五分鐘，跟店主說聲「下次歡迎來中國！」，便拉著行李箱風塵僕僕地往下一個目的地趕去。也有海外客人激動地和森岡握手、合影，昂貴的藝術書一買就是兩本，另一本自然是捎給朋友的。

森岡書店（銀座）開幕後七個月，我再次採訪了店主森岡督行。他的新作《書和店主》剛由誠文堂新光社推出，正是採訪當週的「本週的一本」。離營業結束只有半個小時，店面裡該書的編輯和森岡先生還在暢談新作推廣計畫。編輯是一位中年女性，當得知我現在以中文寫作、準備向華文讀者介紹森岡書店等小書店，她告訴我這本《書和店主》已經有中國出版社有意翻譯出版。她興奮地說道：「他在中國可紅了！」對於那條讓森岡書店（銀座）在中國微信上爆紅的信息，森岡首先表示內容並不完全屬實，但這種誤解帶來的關注度，他還是受寵若驚，認為對書店的營運是一種激勵和推動。

為《書和店主》繪製封面插畫的是新人平松麻，她是著名料理研究家平松洋子的女兒。這也是她以畫家身分獲得的第一份工作。大眼睛、身材苗條的八〇後美女很興奮地告訴我：「之前我在設計事務所上過班，後來開始自己畫畫，沒專門學過。沒想到森岡先生會用我的畫，真感動！」說完，她轉身鼓勵在場的客人用手撫摸封面畫原作，「用手摸一下，感覺就不一樣吧？我的畫不怕弄髒，請盡管摸。」平松麻的畫以白色為主，上好幾層油彩顏料，隨後用砂紙等材料磨出獨特的風格。後來一位從橫濱來的高中美術老師買下了其中一幅畫，她高興得不得了。

顯然大家更習慣看到文庫本成排、營業面積達七層的紀伊國屋，或是具有豐富知識、經驗的書店店員提供購書嚮導的蔦屋書店[2]。但在有著各種可能性的東京，這家書店讓一個畫家新人在展覽的第一天就賣出一幅作品、未來半年排滿展覽預約、以每週推薦一本書的節奏賣出了兩千一百本書。這就是書的可能性，也是森岡先生的獨特經歷、智慧與行動的結果。

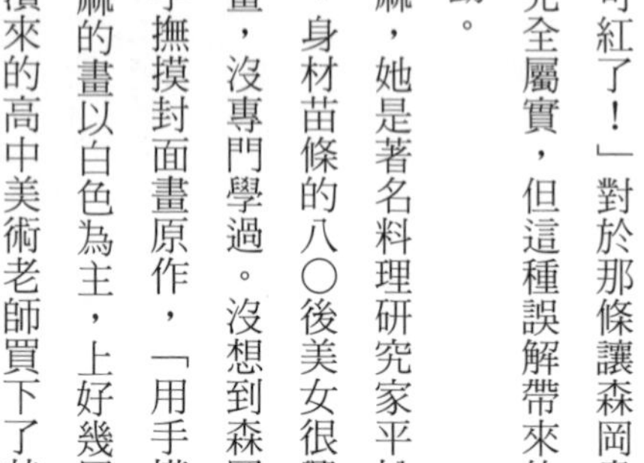
森岡書店的近鄰也都是藝廊。

2 由Culture Convenience Club株式會社（CCC）經營的書店。CCC旗下的TSUTAYA事業群（含蔦屋書店）創辦於一九八三年，業務內容包括圖書銷售、音像製品租賃，主要經營TSUTAYA書店，並擁有東京「代官山蔦屋書店」、大阪「梅田蔦屋書店」等代表性的大型書店。近年，CCC接任日本幾所公立圖書館「指定管理者」，以附設星巴克咖啡、使用圖書館服務可獲得TSUTAYA積分等特色引起注目，提升了居民的利用次數，並節省了公帑。但同時被公眾指出存在新刊不足、入藏二手書多來自CCC旗下二手書店、選書不當（過期參考書、色情相關）、利益輸送（推進CCC項目的前市長就任CCC子公司社長）、圖書擺放（有些書被當作裝飾品置於高處，其中包括繪本）等方面的問題。

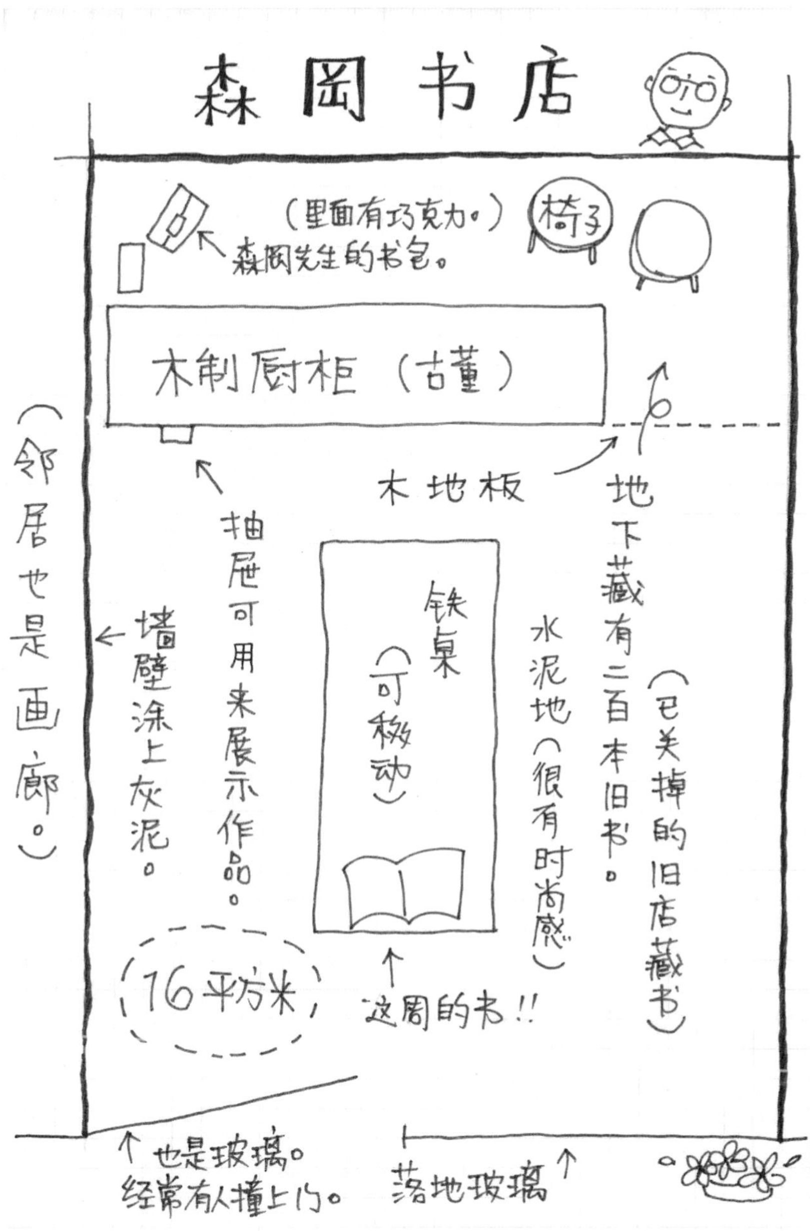
森岡书店
（里面有巧克力。）
森冈先生的书包。
椅子
木制厨柜（古董）
（邻居也是画廊。）
木地板
墙壁涂上灰泥。
抽屉可用来展示作品。
铁桌（可移动）
水泥地（很有时尚感）
地下藏有二百本旧书。
（已关掉的旧店藏书）
16平方米
这周的书!!
也是玻璃。
经常有人撞上门。
落地玻璃

書店平面圖。（吉井忍製作）

森岡書店（銀座）和所在的街道。以高級購物商店聞名的銀座，也有如此安閒的街道。（Kaneko Miyuki提供）

小小的空間卻自有一種力量，像一個蘊藏光芒的盒子。（Kaneko Miyuki提供）

森岡先生在打電話，插畫家與編輯談笑風生。

落地玻璃窗上是森岡書店的簡介與地址。（Kaneko Miyuki提供）

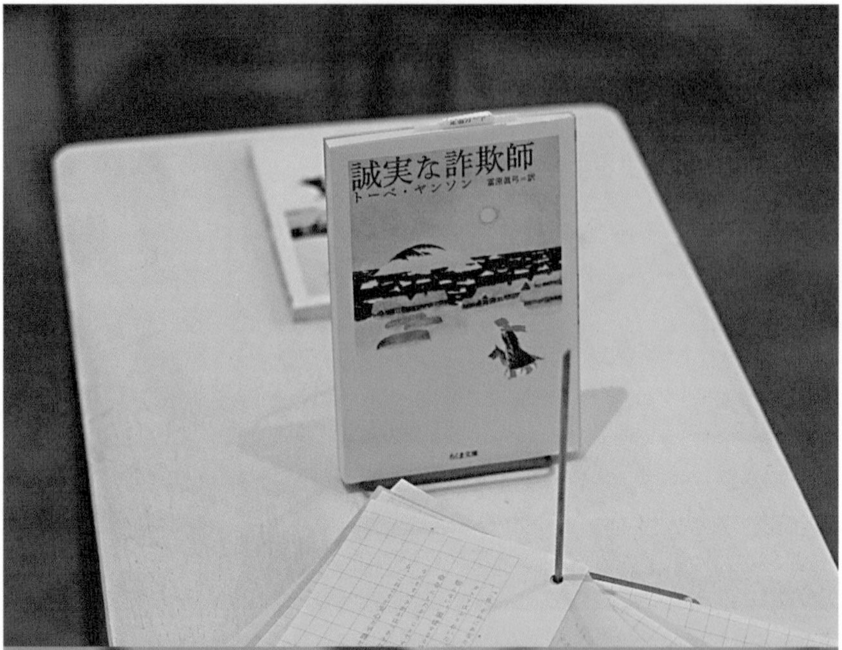
誠実な詐欺師
トーベ・ヤンソン

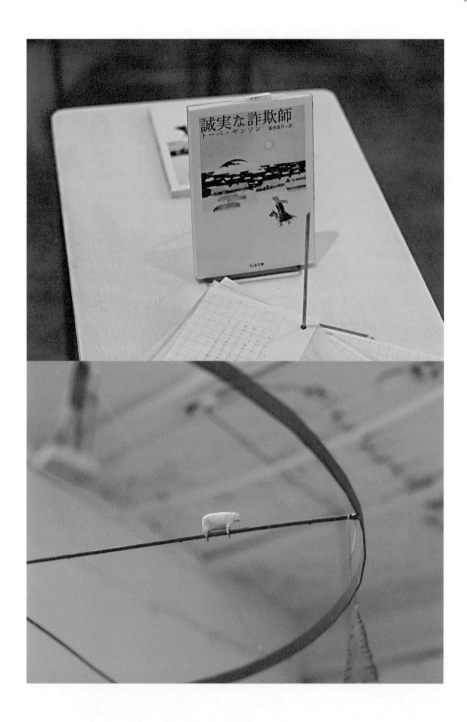

以朵貝・楊笙小說《真誠的騙子》為主題的展覽。

專訪森岡書店創辦人
森岡督行

採訪時間：二〇一五年十二月

要把平面狀態的一本書，
換成一種立體的存在，
並把觀眾直接帶到書中的世界。

森岡督行從小對「舊」感興趣，大學畢業成為出沒在東京神保町、每天以兩千日圓預算淘書的遊民，後來成功就職於二手書老鋪一誠堂書店[1]。二〇〇六年一月，森岡首次拜訪茅場町的古董美術店，卻被店鋪所在的老建築吸引住，這便是建於昭和二年（一九二七年）的第二井上大樓；推開它高大厚重的大門便是又高又窄的樓梯，感覺像是掉進了通往昭和初期的時光隧道。位於三樓的古董美術店窗外是一條運河，室內明亮，近三公尺的樓高十分可觀，給人以優雅從容之感。讓森岡先生驚訝的是，這家店的門口貼著一張「關門歇業問候」，店主要回鄉種有機蔬菜了。經歷了「二戰」的轟炸和戰後的都市再開發，東京這樣古

1 創辦於明治三十六年（一九〇三年）的古籍珍本類二手書店。

董級的建築留存極少，機會難得，森岡的舊物情結再度爆發，下決心要做一件事：在這裡開家二手書店。

一旦決定，行動就要快，森岡督行近乎偏執地接手開出森岡書店。三十二歲的他向工作八年的一誠堂書店提出辭職，投進全部積蓄和退職金，又向親戚告借，最後湊出五百多萬日圓資金，付房租、裝修、買書架等，最後用剩下的一百萬日圓飛到巴黎和布拉格開始淘貨。

「從一誠堂的經驗就知道，攝影集好賣。去巴黎的最大目標就是著名的二手書店Didier Lecointre et Dominique Drouet，他們店的備貨品種實在太完美，我在那裡遇到勒・柯比意的《Aircraft》[2]，雖然價格不菲，但還是買下來了。去布拉格則主要是為收集東歐的攝影集，當時日本瞭解東歐攝影的人並不多，我想給自己的店帶來一些新鮮感。」

茅場町的森岡書店開幕於二〇〇六年六月，第一天和第二天還有不少朋友來捧場，但第三天開始，客人明顯少了很多，後來也經常有整天看不到客人的時候。為減輕經營上的壓力，從第二年開始，他把部分區域租給創意人，收場地租借費。這塊生意原來是書店的附屬業務，漸漸成為營收的主力，甚至某種程度上變成現在「本週的一本」模式的探路。最終，森岡決定轉戰銀座，全身心投入新店、新模式的營運。

2 勒・柯比意（Le Corbusier, 1887-1965），法國著名現代建築大師，代表作有廊香教堂、薩伏伊別墅等。《Aircraft》是他一九三五年出版的作品，通過禮讚飛機、從空中鳥瞰城市，試圖探索新的城市形式。

從茅場町到銀座

吉井忍（以下簡稱吉井）：今年（二〇一五年）您把茅場町的森岡書店關閉，這讓我很驚訝，因為我看您對那裡的書店和環境都很滿意。二〇〇六—二〇一五年，這中間，是不是心境產生什麼變化？

森岡督行（以下簡稱森岡）：那一家我確實很捨不得，那個地方自有其獨特的魅力。我決定關閉的時候，也有一些人勸我不要離開。最後還是認為兩邊開店的成本控制不了，才決定放棄。

吉井：創店時茅場町舊店中書的數量約兩百冊，最後有變化嗎？

森岡：沒有，也是差不多兩百冊。新刊基本都是客人自己拿來委託給我銷售的，其餘是我自己進的二手書，都是一本一本自己選的，攝影集為主。若是二手書店，一般的經銷數量至少也得有一萬冊，相比較而言，我店裡的數量是非常少的。但這也是有原因的，過去我在神保町的二手書店打工的時候，那裡的書實在太多，我自己很難把握店內所有的品種。當我嘗試開店的時候就想，現在我一個人經營這家書店，量級一定要控制在自己一個人能掌控的範圍內。

剛開始的時候，我是按照在一誠堂學到的傳統方式來找客人的。先做好書目，然後發給之前認識的顧客。但漸漸我發現這種做法沒辦法支撐自己的店，開店後不久，我的開業資金，也就是退職金，便只剩下七萬日圓。一誠堂書店的規模大，書的種類多、有歷史，這樣的老鋪我認為以後也可以經營下去。但像我這樣沒有很多經驗和資金的個人，要獨立將一家二手書店開下去，是個難題。

我有時候會去國外淘貨，不管如何，這些圖書總得賣到一萬日圓才能收回成本，可上網一查，亞馬遜或日本二手書網上，同樣的二手書，價格是一千日圓。經歷了不少嘗試錯誤，我才學習到，書店的一半做成畫廊是一個很合適的方案。一個是賣書的角落，旁邊就是辦活動的一塊地方，但整體我還是盡量保持一個「書店」的樣子。辦展的好處是，可以讓自己的地方充分地發揮座標功能。通過書店讓某種事情和個人連接起來，把自己的店當作「實體SNS」。

而且這個功能還能帶來收入。比如有一次，來看二手書的客人剛好是產品設計師（product designer），他喜歡這個展覽區域，後來我們一起舉辦書包新作品的展示。出版社的人來看書，出書的計畫也就這麼被提上了議程。還有一次，來看展覽的客人是在百貨公司上班的，他說這家百貨公司剛好在計畫舉辦「二手書節」，要我幫他們籌劃這場活動並當總監。不僅是收入，從藝術家、編輯、設計師的對話中，我還能學些他們專業領域的內容。

吉井：我大概明白了。對您來說，賣書本身已經並不僅僅是經濟上的依靠。

森岡：剛創辦這家店的時候，我很注重選書，尤其是攝影集，當時很想做一個像樣的二手書店。但沒辦法，這不現實。茅場町的二手書店迎接第十個年頭時，我跟自己說，是時候可以卸擔子了。而且再過十年，賣二手書的業務情況更難說。也可以這麼說，捨棄「小欲」而成就「大欲」。為了幾千日圓的收益掙扎，還不如辦一次展覽。所以之前開的二手書店裡，我是允許客人在店內拍照的。不管是新刊書店還是二手書店，很多店主不喜歡客人拿筆抄圖書資訊，他們更討厭客人拿手機拍照。但在我店裡都是可以的，我不在乎，因為我更看重賣書之外的一種信賴關係。

　　另外，我在茅場町開店的十年間，目睹了好的作品沒有機會引起關注而消失。從很多書店的經營方式來看，這是難免的，因為一家書店的空間有限。一本書一旦錯過新刊期而沒有賣出去，就得退給「取次」或出版社。我想通過新開的這家店，給一些好書再來一次的機會。

吉井：您是不帶手機的。我和您聯繫也是通過郵件或Facebook。做為書店兼畫廊的店主，這樣會不會帶來不方便？

森岡：不會，反而是約我的人比較辛苦。對方如果要遲到，也沒辦法告訴我。我真覺得自己不需要手機，想推薦大家先試試不帶手機幾天看看。我手錶也不戴，所以要看時間的話，就會找車站的鐘或悄悄地看別人的手錶。而現在，我不看表也知道大概的時間了。

現在森岡很適應沒手機的生活，但剛開始並不是出於自己的生活態度，而是被逼的。他曾經在訪談中說道：在茅場町開二手書店的時候，有一段時間經營情況不佳，不得不緊縮開支，乾脆把手機也解約了。

書店開支，是一直讓他煩惱的問題，也是他關閉茅場町店的原因之一。銀座的森岡書店開幕前半年，為同時營運兩家書店傷腦筋的他，在日記裡寫道：「……在心裡又打算盤，銀座店的銷售額能達到多少。茅場町和銀座，兩邊都要有店的話，要雇兩個人來幫忙。考慮到店面租金，這兩個人的工資負擔實在太大。我這兩個月一直重複做這個計算。」最後，他決定關閉原來的二手書店，選擇投入新的挑戰。

「本週的一本」概念的誕生

吉井：您二〇一五年開的森岡書店（銀座），每天都有各國顧客慕名而來。我很想多瞭解一些「本週的一本」這個概念誕生的過程。

森岡：是從原來的茅場町店的經驗裡萌生的。在那裡的十年中，每年有幾次舉辦新刊紀念活動的機會。這些活動當中，我遇到不少客人就是為了這本新刊而過來。就是為了一本書從遠方花時間到我的店。累積同樣的經驗後，我開始相信：做為一家書店，賣的書哪怕只有一本也行，是可以開下去的。

超越時空，回到「昭和」——第二井上大樓與森岡書店茅場町舊店。

有一次，辦了關於鳥類攝影集的出版紀念會，我對動物瞭解不多，所以這方面一直沒有什麼很深的理解，在展覽過程中才發現喜歡小鳥的人真多！他們散發的熱情和熱量讓我大為震驚。最吸引人的是作者和讀者的溝通和對話。這樣的溝通，給讀者和作者的雙方都會帶來意想不到的收益。作者從讀者的一句話得到靈感，或許在展期中就和別人談起下一次作品的出版方案。這樣的場所能發出一種「幸福感」。所以我一直想，若有機會再辦一家書店，它的重點要放在這種交流上。

吉井：明白。從這個角度來看，若每週都有不同的展覽，可望獲得相當的客流。在森岡書店（銀座）的展覽中，作家和您的分成比例是多少呢？

森岡：一般都是我自己喜歡，才主動邀請對方來辦展，所以我是不收場地費的。若有作家自己想在本店辦展，我就先看一下他的書，看看他的世界觀和我喜歡的氛圍是不是契合。店裡的收入來源有兩種，一個是書的銷售，還有相關作品的銷售。從書的銷售收入中我拿兩到三成，作品的銷售我拿四成。只是一個參考數字，每次都有小小的調整。

吉井：貴店第一次的「一本」是刺繡藝術家的攝影集，這位作家手頭就有作品，也出過作品攝影集，所以整個展覽空間能夠由她一個人來展現一個世界。但是，很多作家寫過書，卻沒有所謂的周邊物品。或者，不少藝術家有作品，但沒有整理成一本書。

茅場町舊店雖已走入歷史，但探索多種經營模式的經驗催生了如今的銀座新店。

森岡：也是可以的，比如這週的一本是芬蘭作家朵貝・楊笙（Tove Jansson）的小說《真誠的騙子》（The True Deceiver），和這本書搭配的是木雕，以這本書為主題的雕刻作品，由澤田英男先生創作。在日本，很多人知道朵貝・楊笙是「姆米」系列的作者，但並沒看過這部《真誠的騙子》。也許會有人通過這裡的木雕作品對小說產生興趣，或許有人看過小說，通過日本創作者的雕刻，對小說本身又有了不同的理解。這書的文庫本才八百日圓，今天準備的二十本很快一銷而空。

我辦過陶製裝飾品藝術家的展覽。她沒出過書，但她說小時候看過的一本書後來成為她創作的來源。我覺得這個展覽方式很好，喜歡她裝飾品的人很多，他們肯定對她的創作背景感興趣。那本書是宮澤賢治的《彩虹的調色盤》，已絕版。所以我在二手書店找，也向日本亞馬遜上的協力廠商賣家訂購，最後收集到五十本左右，以一本一百日圓的價格向讀者販售。這本作品在青空文庫[3]上可以免費閱讀。

那次的展覽效果挺好的，客人中有喜歡宮澤賢治的，若客人對他的作品不熟悉，我也可以介紹、推薦幾部作品。還有些客人看到藝術家的裝飾品之後，對宮澤賢治開始感興趣。這些效果才是重要的，大家來這裡發現別人的喜好，互相產生影響。所以辦展的時候，我對書或藝術作品的創作者說，要盡量多待在我的店裡、和客人交流。這是一種試驗，要把平面狀態的一本書，換成一種立體的存在，並把觀眾直接帶到書中的世界。

3 日本電子圖書館，收集並公開著作權不再受保護的日本文學作品。

三坪也可以開書店

吉井：茅場町的森岡書店是您自己的獨立書店，而這次的銀座店有不同領域的專業人的參與。

森岡：是的。這幾年我經營二手書店外，還在各媒體上發表文章，有一次我為日文版李歐納・柯仁的《Wabi-Sabi：給設計者、生活家的日式美學基礎》撰寫一篇隨筆。當時另外還有一位撰稿人，是設計工作坊Takram Design Engineering的設計工程師渡邊康太郎先生。

渡邊先生有一天告訴我，Takram公司會舉辦「Takram Academy」，是各行業專業人士互相交流、學習的活動，而二〇一四年九月的那一場，會邀請株式會社Smiles的社長遠山正道先生分享關於「商業新模式」的一些想法，同時也會請觀眾提出自己的創業策劃案。得知這個消息，我覺得自己也可以一試心中醞釀已久的想法：只賣一本書的書店。我之前看過遠山先生的書《愛一行、幹一行的商業模式》（二〇一三年，弘文堂），他的思路我很清楚，感覺他應該會瞭解我的目標所在。所以當時我對自己的發言內容有相當的信心。

活動當天，在場的人被分成四、五個小組，從小組的討論中選出一位代表，在遠山先生和Takram公司員工們面前闡述自己的商業模式。沒有PPT，在紙上寫商業概念，用自己的語言向大家介紹。在演講中我強調，書本身可以當作藝術作品或藝術題材。書是一個凝集了編輯、作者、設計師和攝影師共同協力的產物，藝術作品和書可以在平等的平台上討論。

結果，我得了「遠山正道獎」。遠山先生特別感興趣，當場問我：「是不是三坪也可以做？」因為只要能賣一本書的地方就好，所以我回答：「可以的。」遠山先生追問：「為什麼你想和我們公司一起做生意？」我說：「我很喜歡Soup Stock Tokyo[4]，積分卡上已經攢了不少積分。」（笑）

吉井：這個創意二〇一四年九月獲得商業夥伴的認可，二〇一五年五月五日銀座店開業。這八個月中，您找好新店位置，決定舊店的關閉，處理二手書並進行新店的裝修等。節奏非常快。

森岡：是的。二〇一四年末，我和Smiles公司商量好「株式會社森岡書店」的概況，比如書刊等印刷品的銷售、藝術作品的策展、講座活動的營運，還有文具雜貨的開發銷售，關於銷售、推廣方面的顧問業務等等。到了二〇一五年初，我已經簽好銀座店的合租條款。之前的二手書本來也不多，臨歇業前就更少了。我把這些二手書搬到了銀座店，就在我們腳底的地下儲存著。

吉井：您之前一直強調建築本身的吸引力。二〇一五年關閉的茅場町店，接下來新開的銀座

4 Soup Stock Tokyo，Smiles公司展開的餐飲事業之一，在日本已有六十多家分店，提供以天然無添加的食材所做的各種熱湯，尤其為女性顧客所鍾愛。

店都是在昭和初期的老建築裡。另外，您二〇一五年出版了《走在東京舊街道》（二〇一五年，**X-Knowledge**），介紹東京神田、日本橋、京橋等地區的老建築和歷史。

森岡：我認為老建築本身就有歷史和故事，帶有獨特的吸引力。銀座店我自己也沒想到能開這麼早，但難得有這個地方（鈴木大樓）空下來，千載難逢的好機會，先下手為強。其實我找到這個地方之前，已經選好一棟樓，在馬喰町[5]，不過我動作太慢，被別人租去了。後來我聽到鈴木大樓的一樓要租，原來有的咖啡店「Lump」，是一家四十年的老店，要關了。我問了仲介，已經有幾位有意租下，一個是開葡萄酒酒吧的，還有一位想開古董店。這次我決定，無論如何一定要把這個地方租下來。我自己去找這個地方的房東，介紹了「本週的一本」的模式和詳細的開店計畫，具體地展示內容、做出展望，也說了我自己對建築的喜愛。最後，對方認可了我的書店計畫，真是非常感激。

吉井：鈴木大樓這麼吸引您，是什麼原因呢？

森岡：鈴木大樓竣工於一九二九年。從三〇年代初到「二戰」末期，這裡

5 馬喰町（Bakurochō），與森岡先生之前設店的茅場町、現在的銀座同屬東京中央區。

《荒野的古本屋》

《走在東京舊街道》

是負責日本國家宣傳的出版公司「日本工房」[6]。他們出版的雜誌，一種頂級的攝影刊物，我也搜集了不少。我對過去的對外宣傳刊物很感興趣，比如日本工房的《NIPPON》或東方社的《FRONT》[7]。當然，因為當時的歷史背景，這些刊物的宣傳內容難免受到國家政治、軍事的影響，但他們的文化介紹方式和攝影技術以及設計水準，在現在也是一流的。我二〇一二年出版了關於對外宣傳刊物的書《BOOKS ON JAPAN 1931-1972：日本對外宣傳畫報》（BNB新社）。但我把自己搜集的這些雜誌都賣掉了，為的是籌措銀座店的一筆資金。

吉井：您剛才介紹貴店的辦展已經安排到半年後。展覽或書方面，您有心中仰慕的大師嗎？

森岡：我很喜歡村上春樹的作品，《聽風的歌》、《尋羊冒險記》等等，尤其是《世界末日與冷酷異境》，覺得它的世界觀很特別。這本書裡面有兩個似乎不相干的故事同時進行。我年輕時頗受這本書影響。希望有一天能在這裡舉辦他的作品相關的展覽。

6 日本工房（Nippon Kōbō），日本首家以「報導攝影」為方針成立的製作集團，一九三三年創辦，中心人物為紀實攝影師名取洋之助（1910-1962）。名取從歐洲回國後，與平面設計師原弘（1903-1986）、攝影師木村伊兵衛（1901-1974）、製片人兼演員岡田桑三（1903-1983）、攝影評論家伊奈信男（1898-1978）共同設立日本工房。次年，木村伊兵衛等成員脫離並創辦「中央工房」，因此一九三四年後的日本工房常被稱為「第二次日本工房」。名取受日本內閣情報部委託於一九三四年十月創刊對外宣傳季刊《NIPPON》（有英、法、德、西班牙文多種版本），直至一九四四年，共發行三十六期。一九三九年日本工房擴大規模而改名為「國際報導工藝株式會社」，一九四三年改名為「國際報導株式會社」，一九四五年日本戰敗後不久解散。該集團巔峰時擁有八十多名攝影師和設計師，包括土門拳、藤本四八、山名文夫、河野鷹思、龜倉雄策等專業人士，堪稱日本戰後攝影、設計的源流。

7 日本對外宣傳雜誌，發行時間為一九四二—一九四五年，由日本陸軍參謀本部直屬出版社東方社發行，共十期。

平行生活與一誠堂

吉井：剛好您提到了一誠堂。大學畢業後，您的第一份正式工作是這家二手書店的店員，而且之後您一直從事與書有關的職業。是不是小時候就很喜歡看書？

森岡：看書還好，但我從小對舊的東西有興趣，比如郵票、舊貨等。我是在寒河江市[8]長大的，小時候在那裡幾乎沒有和二手書接觸的機會。到了初中開始看時尚雜誌，高中的時候還為了買Vintage（古著、復古衣著）去過東京。後來到東京上大學，第一次來神保町，感動得很呢。（笑）

我是法學部畢業的，接近畢業時間，同學們都忙於就業活動，但我並沒有特意去找工作。大家到了四年級突然變了人一樣，穿西服去找工作、參加面試。這種變化對我來說太大了，跟不上。另一方面，當時的我對社會問題特別敏感。社會的大量生產、大量消費對地球的損害實在太大，而不少企業的經濟活動，多多少少和地球的損害有關係。那麼，我在那些企業上班就等於我參與損害這個地球了吧。也許有點誇張，當時很年輕嘛，想法簡單一些。於是我畢業後的一九九七年就沒有去找工作，在東京寶塚劇場[9]打打工，在中野（離劇場約十二公里）租房，就這樣度過了一年。

---

8 位於日本東北地區山形縣，距東京大約四百公里。

9 一九三四年開幕的劇場，位於東京都千代田區有樂町，一九九七年底拆除重建，現為寶塚歌劇團專屬演出場地。

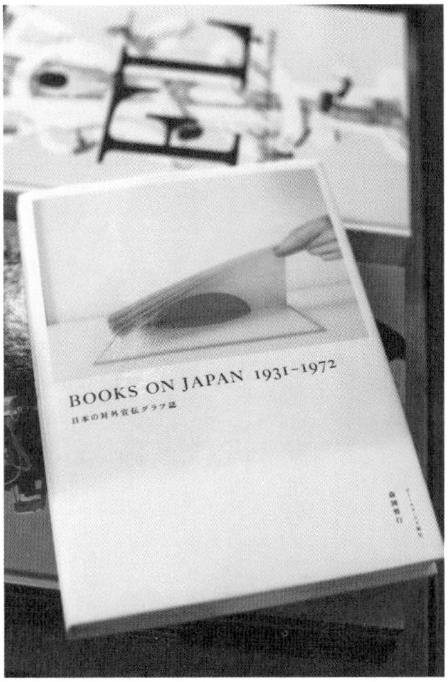

《BOOKS ON JAPAN 1931-1972：日本對外宣傳畫報》

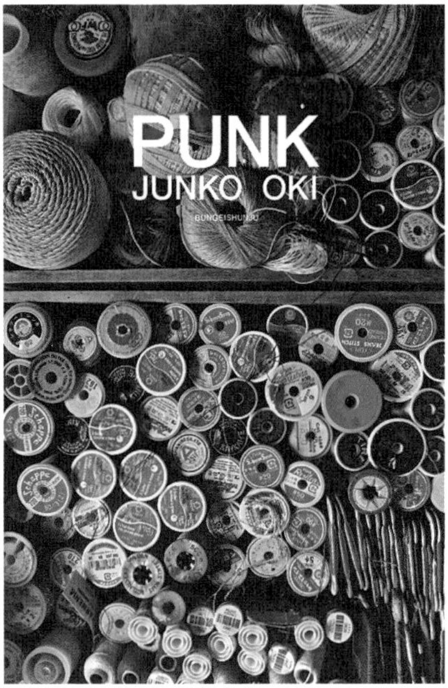

刺繡藝術家沖潤子的作品集《PUNK》。

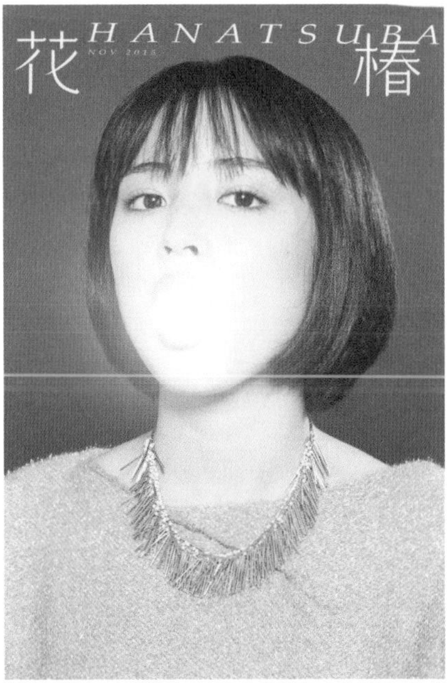

資生堂的企業文化雜誌《花椿》。在森岡書店辦展的畫家在該刊物上負責插圖，森岡書店免費取閱。

吉井：好瀟灑。

森岡：看上去很美，但實際上窮到不行。每月房租三萬日圓，這麼便宜也是有原因的，房子很舊，連電源插座都不太靈光。不過，建築本身很有風格，現在都被拆了，有點可惜。我對老建築的熱情也許從那時候開始，除了中野的老房子外，我打工的東京寶塚劇場也是一棟老房子。對我來說，工作地點的建築風格很重要。可以說，建築決定我的工作。

　每週去打工三、四天，這樣每月能賺六萬五千日圓，可以勉強能度過一個月。剩餘的時間和錢都投入到神保町。當時在神保町的主要活動是散步和買書，每次買書的預算是兩千日圓，買完一堆書就找個咖啡館看書。點一杯咖啡就占好幾個小時。

吉井：後來您在可以說是建立起神保町這條舊書街基礎的老鋪——一誠堂書店上班。估計是這段時間拜訪過好幾次的原因吧？

森岡：那倒不是，這段時間我只去過一次一誠堂。四層樓的西式老建築，單單從外面看也是挺有魅力的地方。打開玻璃門進去，裡面都是昂貴的古董二手書，和我這樣的年輕小夥子實在不搭配。

　算我運氣，我在報紙上看到一誠堂的招聘廣告。不上班的日子裡，我並沒有訂報紙，別說報紙，連電視都不看。但我妹妹也住在中野附近，她是訂報紙的。有一天我去她家，拿起報紙翻一翻，恰好注意到一誠堂書店的招聘廣告。

可以說這是一種奇妙的緣分，看到這個招聘信息前一個月，我看到過「二戰」時一誠堂的廣告。怎麼會看到「二戰」時的廣告呢？那時候，我正在進行一個奇怪的試驗：不看報紙也不看電視，把現代媒體發來的所有資訊和自己完全隔開，同時，在圖書館翻閱過去的《朝日新聞》。為的是讓自己超越時空，體驗舊時的生活氣息。戰爭期間，日本政府進行言論控制，報紙上的大部分內容也是軍事相關報導，有點枯燥。然而，在太平洋戰爭爆發那天的報紙上，我居然看到一誠堂書店刊登的廣告，說是想收購二手書。戰爭氣氛濃厚的社會中，當時的神保町還會有人買書嗎？戰時還自掏腰包刊登廣告的書店，這讓我印象深刻。

回到現代。在我妹妹家看到一誠堂書店的招聘廣告後，我想，二手書店其實也挺好的。反正自己天天在神保町散步，在神保町的二手書店上班就像在散步的延長線上，滿自然，而且二手書店給人感覺很環保，至少沒有浪費資源。還有很重要的一點，是它的建築，這家書店的建築也是昭和初期建的老房子，很合我的口味。

我決定把簡歷寄過去，接著又參加筆試和面試。一九九八年春天，我成了一誠堂書店的正式員工。

吉井：上次在神保町散步，去了一誠堂書店。除了它的歷史之外，確實發現建築風格也挺特別的。

森岡：很有風格的一家店。昭和六年（一九三一年）竣工，Art Deco風格。跟一般的二手書店相比，它的業務內容也不太一樣，專門銷售學術書、古典名著、外文書和漢籍（中文古典作品），主顧大多是國內外的美術館、大學、圖書館等。

我在一誠堂書店的日子裡學到不少舊書業界的基本功。以前我以為自己是書蟲，但入職一誠堂後不久發現，在神保町自己根本不算什麼。

我首先被分配到一樓，第一個禮拜的任務就是坐櫃檯。結果我發現，客人跟你說的話完全聽不懂。《帝王編年記》、《利根川圖志》、《審美大觀》、《雅言集覽》……神保町的客人對圖書知識的瞭解，遠遠超過我的想像，我以客人為師慢慢學習著。後來我被分配到「查脫頁」等二手書店特有的基本業務。這些業務間隙，我探索店內每個書架並翻閱目錄，想給自己增添關於二手書的知識。這些小小的努力後來有了一點結果——每次客人問我問題，像是一場猜謎遊戲：客人提問，我來回答。馬上能說出答案，算是我「贏」了，若無法回答就是「輸」，馬上拿起人名詞典、歷史事典搜索答案。與客人進行的每場對話是「一期一會」，值得珍惜，值得學習。

吉井：一誠堂書店的基本業務，能說得再詳細點嗎？

森岡：入職後第一年都用來學習日常業務。像我們年輕員工的業務內容可分為三種：做目錄、查脫頁、接待顧客。一誠堂每年兩次發行目錄，以便客人來訂購。當時沒有導入ＩＴ管理，做法相當原始。我們從書架拿起大概十本書，搬到自己的桌子上，手抄書名、作者名、出版社和出版年分、庫存數量以及價格。一誠堂書價都滿高的，一本書五、六萬日圓算是最便宜的，一般都是十幾萬，貴的還有上千萬日圓。

從上午開始到下午三點左右做目錄，大概過下午四點開始查脫頁。當中若有顧客問你問題，就得盡快應答。查脫頁和接待顧客的業務，算是讓你累積下來零碎的書籍相關知識，而做目錄的業務讓你更系統地理解二手書。這些都算是一誠堂這個老店給年輕人的修行時間，要培養出精通二手書的專業人士，這確實是最好的訓練方式。

讓我們出口書店吧

吉井：您在一誠堂書店就職八年，二〇〇六年在茅場町開二手書店，漸漸把業務內容擴展至畫廊。二〇一五年關閉茅場町舊店的同一時間，開了這家銀座店，除店主的身分外，最近常在媒體上看到您的書評或隨筆。

森岡：是的。除了睡覺和跟兩個孩子玩耍，我滿腦子都想著工作的事。我希望能夠在寫作上也有一定的成就。最近還多了一個選書方面的工作項目，為時裝店做一個有書的角落。

吉井：二〇一五年十二月在上海開的MUJIBOOKS，您參與了選書和擺書。

森岡：就去了幾天而已。上海MUJIBOOKS負責選書的是櫛田理先生，之前他在編集[10]工學研究所的時候我就認識他。十一月的時候我接到他的電話，他問我能不能去上海幫忙擺書。上海我沒去過，有點好奇，就答應了。

實際上，我在上海做的事不多。在寢具賣場放了一些適合睡前看的書，如植物、旅行或料理方面。在咖啡廳也擺了一些書。這次的合作過程中我發現，那邊畢竟是他們的賣場，哪怕我剛在這裡擺好書，就有幾位厲害的設計團隊來馬上調整，甚至書也被換掉。所以我也不確定，你現在去那邊的賣場，是不是還可以看到我擺過書的痕跡。

我在上海的時候，對那邊的物價感到驚訝。好貴。其實上海MUJI的書也不便宜，中國消費者真有錢呢。還有冰淇淋。我隨便找了一家吃一塊冰淇淋，要三十三元人民幣。給我嚇了一跳。

吉井：上海MUJIBOOKS的書還是以簡體書為主，您幫他們的時候有沒有語言方面的障礙？

森岡：這很少，看些漢字就能看出大概的內容，而且擺書主要是要看外觀的整體平衡。據我的理解，上海MUJIBOOKS的選書和陳列，還是由日本團隊來控制。我在的時候，工作時間挺長的，早上九點半到晚上七點左右，一直在店裡擺書。MUJIBOOKS的一個特點是照明。

10 日文「編集（henshū）」即編輯（edit），除了書刊和文稿的編輯外，還包括把繁雜的資訊整理、分類、連接並做出一個「表現物」的行為。

我在上海還去了一下周圍的書店，但和這些書店相比，MUJI的照明設定特別亮。店裡每一個燈的方向都花了很長時間來調整，盡量讓每一本書得到合適的亮度。我的店也會研究燈光，每次展覽和作家邊調整邊看，一直到末班車時間。MUJIBOOKS畢竟書多，這方面還是更專業。

被幾萬本書圍繞著工作，這感覺讓我彷彿回到老鋪一誠堂的日子。茅場町舊店也好，現在的銀座店也好，我周圍的書都很少，而且都是自己選擇的書。這次在上海MUJIBOOKS看到那麼多書，有很多之前不知道的書，滿有收穫的。若下次有機會，他們願意再請我的話，我肯定會答應的。

吉井：貴店現在迎來不少海外顧客，您本身也去上海進行了書店相關的業務。這過程您是否發現日本書店業務的特點呢？

森岡：前一陣子有一位韓國朋友來找我，說想瞭解日本的書店。他覺得日本的書店是值得研究的，一是因為它最能呈現出日本做為「先進國家」的過去五十年的成果。比如，書店除了銷售圖書之外，舉辦工作坊、朗讀、展覽、座談會等各類活動，對周圍人群的文化素質提升有所幫助，也能提供人們一種交流的機會。二是因為書店的經營並沒有依靠政府的補償或企業的援助，書店就是靠個人的力量來發展的。

這些個人的力量來自哪裡？就是大家的求知欲、對不同領域的好奇心以及對交流的渴求。我覺得日本的書店、它的核心概念，還有以書店為中心的社會基礎建設（infrastructure），都很值得出口。我們以後不要出口核電站設備了，幫人家做書店，這個世界就會好很多。（笑）

森岡書店（銀座）開幕的第一天，客人、朋友和媒體不停地來訪、向森岡先生打招呼，好不容易抓住機會給他拍了一張照。雖然神情和姿態不小心透露了他的疲憊和些微不安，但感覺十分真實——要打理好這個小小的空間需要極大的精力和勇氣。

7

MUJIBOOKS

清水洋平（Shimizu Yōhei）
1976年生於中部地區靜岡縣，2007年起擔任無印良品店長，2015年開始負責MUJIBOOKS。大家公認的愛書人，喜歡賣書、看書。

無印良品有樂町
東京都千代田區丸之內3-8-3Infos Yurakucho1-3F
10:00-21:00（無休）
03-5208-8241

無印良品有樂町店二樓MUJIBOOKS。書架上擺放著筑摩書房「明治的文學」系列（共25種）。

無印良品有樂町和連鎖雜貨店LOFT在同一棟建築裡，成為有樂町站前風景的一部分。

JR新幹線和山手線的鐵道高架橋下，凝集著昭和氣息的「有樂町走道」，為附近的上班族提供回家前的清酒和小菜。

MUJIBOOKS
書的任務是連接

二〇一五年十二月無印良品（MUJI）中國最大旗艦店在上海開幕，同時首次引進MUJIBOOKS，據說開幕當天還有不少人無法入店，因為人太多。我與東京的朋友聊起中國的MUJI人氣如此火紅，他搖頭表示感歎：當年在西武百貨角落的「無印」（Mujirushi），現在怎麼會走高端路線，還開到中國去了。

等我告訴他中國的無印良品的價格水準，他嚇得目瞪口呆。這位朋友年紀大，看來他心中的無印良品還是剛開始的低端路線時代。一九八〇年，無印良品在第二次石油危機中誕生。日本經濟的高速增長在上世紀七〇年代到了尾聲，之前引領消費增長的百貨公司也漸漸被連鎖超市取代。據統計，一九七二年零售商兼連鎖超市品牌「大榮（Daiei）」在銷售額排行榜上超越了三越百貨公司，第一次站上首位。西武百貨也感到危機，但西武推出自有品牌「無印良品」時，其他零售商都已經有了各自的低價位自有品牌系列。無印良品必須以明確的特點來告訴消費者：我們和其他自有品牌不一樣。

當時，我家住在東京西部的八王子，站前就有一家西武百貨店，記得一樓臨街的角落裡有一家無印良品店鋪。日本經濟猶在高速增長的尾巴上，經過兩次石油危機後，人們的生活剛要進入安定的成熟階段。在外資公司上班的父親每月到海外談生意，平時很少看到他的身影，但早上醒來偶爾會在枕頭邊發現美國的錄音帶、比利時巧克力、荷蘭木鞋。因我父母通過西武系的不動產公司蓋房，因此西武相關的資訊來得很快，加上家有喜歡購物的母親，無印良品來八王子開店的消息很快就傳到我家來了。隨後幾個週末，母親在百貨公司選購化妝品的時候囑咐我看好妹妹，同時允許我在無印良品買一兩樣東西。無印良品占據的角落不大，百貨公司開的暖氣很足，妹妹和我的臉頰都熱得通紅了，留下的印象很深。無印良品初期的商品以食品和生活用品為主：捲筒衛生紙、洗衣粉、沙拉油、速食麵、咖啡豆、鮭魚和黃桃罐頭。賣點也很清晰，小學生的我都能理解：選擇優質原材料、採取簡約包裝、價格比其他同類商品便宜。也許母親那個年代的人對無印良品的理解更有深度：品質像百貨公司一樣可靠，價格便宜三成。

我在無印良品首次購物的經驗是黑色鉛筆，在無印良品看到的鉛筆沒有印上任何形象，木頭上直接噴上透明漆，頂部只印上ＨＢ或Ｂ。我此前用過的都是印上卡通形象的可愛型鉛筆，反而覺得無印良品的很新鮮。對可愛型文具總有意見的母親，看到這個鉛筆沒說幾句就給我零錢。這個鉛筆第二天拿到學校用一下，馬上被當時的閨蜜瑞穗醬發現：「欸？那不是無印良品的？」她把鉛筆拿在手裡端詳許久說：「不錯嘛。」

我提起當時的回憶，並不是以懷舊的心情要抱怨現在MUJI的價格變貴或商品結構變得複雜，而是想強調該品牌判斷社會趨勢的眼光如此準確。

人們對大量消費的生活開始疲倦，對奢侈品也開始有點免疫力（除我母親外）。推出簡潔樸素風格的無印良品，看似是對現代生活舉旗造反，但實際上順應了人們的心理變化，同時創造出理性消費這個新潮流。無印良品大獲成功——開業當時的商品種類是四十，隨後快速展開擴大路線，現在品種已超過七千。

無印良品重視素材品質、簡化包裝、去掉多餘有害的添加物，當時有個說法：「無印良品的襯衫，剪掉價格標籤後，看不出是哪一個品牌的。」但當消費者穿上襯衫，身體自然就知道。獲得消費者信任的無印良品，在隨後的十多年裡快速成長，不過物極必反，二〇〇〇年開始銷售額銳減。在日本經濟長期的通貨緊縮中，無印良品的服裝、家庭用品和食品等商品迎接了優衣庫等其他品牌的挑戰。「品質像百貨公司一樣可靠，價格便宜三成」的模式已經不再是決勝良策，失去了相當的客流，倉促的歐洲開店計畫也沒有成功。到二〇〇一年中期，無印良品的報表顯示三十八億日圓的虧損。

「無印良品不行了」，消費者心中浮出這樣的想法。新任社長松井忠三果斷展開改革，就任第一年，更新了公司高層、處理了庫存、削減銷售不理想的店鋪，並進行裁員。接下來是商品的改革。過去的無印良品注重「simple」，松井先生把它換成「high quality basic」，從世界各地收集來優質的原料和日用品，同時精化了商品設計。其最重要的改革體現在員工手冊「MUJIGRAM」上，厚達十三冊、共兩千頁。這個手冊不僅是上級給下屬的指示，從正式員工到兼職阿姨等現場人員收集改善建議，每月都會更新1%的內容。手冊中包含從店鋪經營到商品開發、賣場展示及服務等一切工作的專業知識，為的是提高行動力和效率，同時減少員工在面對工作時的迷茫和無助、對資源和時間的浪費。他還建立起「DINA」系統，由Deadline（完成期限）、Instruction（指示）、Notice（聯絡）、Agenda（會議紀錄）四個單詞首字母組合而成。通過該系統，所有的會議紀錄以及工作有關事項的負責人和完成日期一目了然。無印良品就此恢復業績，更大舉重返中國市場。他們最近的動作是：開始賣書。

二〇一五年三月開業的首家MUJIBOOKS設在日本九州的福岡市，位於開業十九年的老鋪無印良品博多Canal City店裡，店鋪總面積約有七百坪，其中圖書占有八十多坪，裡面的三萬冊圖書由文化機構「編集工學研究所（Editorial Engineering Laboratory）」精心挑選。過了半年，第二家MUJIBOOKS在東京出現，設在改裝後的「無印良品有樂町（MUJI Yurakucho）」中，原來在三樓的圖書角落擴張到第二層，圖書數量約有兩萬冊。同年十一月，臺灣無印良品把臺南店擴張到兩百七十五坪，改裝後，該店銷售臺版和日文原版書，算是海外第一家MUJIBOOKS。

我來到東京無印良品有樂町一探究竟，這裡三個月前剛改裝翻新過，客流相當多。除了本地顧客，海外遊客非常多，上午就開始在免稅櫃檯前大排長龍。該店還有自行車租賃業務，我在門口等待MUJIBOOKS經理清水洋平的五分鐘內，幾位外國顧客從這裡租騎MUJI品牌自行車上街，很是輕鬆快活。這種自然的活力正是無印良品發出的信號：我只是幫你準備一些東西，真正的生活，還是屬於你的。

從電梯上看到的龍形書架。該書架由犬吠工作室（Atelier Bow-Wow）設計，可收納近兩萬冊圖書，如一條龍蜿蜒曲折到MUJIBOOKS各角落。該工作室由塚本由晴與貝島桃代於1992年在東京設立，設計業務涵蓋個人住宅、商業建築、公共藝術等。

在MUJIBOOKS裡歇腳的客人。玩手機的大約有一半，但也有人認真翻閱圖書。

「今月經典」書架。每天進貨的圖書會先擺在這裡一段時間，之後才分配到各區貨架上。

「今日的金玉良言」，上海店也有同樣設計。

無印良品的書架，使用的是奈良縣生產的杉木。

「365 JOYFUL DAYS」展台介紹適合送人的書和商品組合，如繪本《小黑魚》搭配用濕巾能輕鬆擦乾淨的蠟筆，還有森見登美彥的小說《情書的技術》搭配棉紙書信套裝，店員附言：重要的事，還是要用心手寫傳達給對方。

與無印良品有關的書自然銷路甚好。

姆米在MUJIBOOKS，是少數被允許存在的卡通形象。

短篇集《吃東西的女性》，作者為善於寫「吃」的腳本家筒井共美。該書副題為「Slow Food、Slow Sex」，作者呼籲現代女性要好好生活：吃飯的時候要用筷架，做愛的時候要看對方的眼睛。

據工作人員介紹，貓草賣得飛快，似乎貓格外中意無印良品的貓草。

「同學與書」──清水洋平的推薦書，裡面還是有些文學書的。

「同學與書」──松岡正剛的推薦書。細看可發現，他同清水先生的選書中，都有稻垣足穗的《一千一秒物語》。

「會講故事的藝術」──雕刻家三澤厚彥的繪畫集《動物的畫》、荒木經惟的《寫狂老人日記：噓》和《傷感的旅行：冬之旅》、當代藝術家森村泰昌用平假名為孩子們解釋藝術的《寶貴的遺失品》等。

無印良品有樂町的貨架，做為連接品的圖書無處不在。

無印良品有樂町MUJIBOOKS 經理清水先生和公關部關女士。兩位都是店員出身，站姿筆挺、笑容專業，關女士把手放在身前更是店員的基本儀態。

專訪無印良品有樂町MUJIBOOKS經理
清水洋平

採訪時間：二〇一五年十二月

書是很特別的東西，很融洽，很共享。

無印良品並不是想開書店

吉井忍（以下簡稱吉井）：上海的MUJI剛開業，聽說人氣火紅，恭喜您。您也去上海了嗎？

清水洋平（以下簡稱清水）：去了，開業當天確實人很多。我從排隊的隊伍最前面走到最後面，花了六分鐘。上海那邊的圖書銷量也超過我們的預料。之前向上海那邊的同事或當地的日本人打聽，他們都說上海人不看書，對於MUJIBOOKS能否吸引當地人都有些疑惑。我也吃不準，因為到上海之後看到地鐵上大家都在看手機，在其他地方也基本沒看到看書的人哪。現在算是鬆了口氣，但日後的營業情況還是需要長期觀察。

吉井：上海的書店確實不好過，距上海MUJI旗艦店很近的陝西南路地鐵站，曾有一家十分

著名的季風書店，被稱作上海的「文化名片」，現如今只剩下一家，易主並遷址到上海圖書館的地下依靠補貼生存著，陝西南路地鐵站老店的原址至今大門深鎖，地鐵營運方也沒有找到合適的商家入駐。不過從貴店的人氣程度來看，上海人對書還是有點興趣的。

清水：我到上海之後發現，書店數量確實不多，隨便在路上走，能碰到書店的機會很少，至少沒有東京多吧。不過，無印良品開始賣書，能吸引這麼多人，我想應該還是過去本地書店鋪路，培養有讀書習慣的人群的結果。至於無印良品為什麼要賣書，當時在上海也多次被人問及，所以我還是提一下：無印良品並不是想開書店。我們認為賣書是必要的，所以開始賣書，但不是想開個單獨的書店。

無印良品的商品結構可以分三類：服裝、食品和生活用品，而且我們賣的商品都是自己開發的、自有品牌的商品。但書不是我們自己出的，所以我們這三類商品和書，本身就有點距離，商品管理方式也因此有根本性的不同。

吉井：有些人認為，無印良品開始賣書，誠品書店開始賣雜貨，兩者性質越來越接近或曖昧了。您怎麼看待這情況呢？

清水：誠品書店我也去過，日本也確實有類似的書店。先從我的結論來說，我們賣書，和他們賣雜貨，是完全不同的，出發點就不一樣。我認為書店的銷售重點還是書，賣雜貨是因為書和雜貨很搭、利潤也高一些，才開始賣。而我們的銷售重點是我們自家的商品，通過這些商品能把「舒適的生活本質」傳達給大家，這才是目標。做事還是要靠行家，書店最擅長銷售的還是書，而我們最擅長賣東西，累積的經驗也不一樣。所以兩者永遠不會混在一起。

在無印良品的店鋪裡，書的任務就是「つなぐ（繫上、連接上）」。比如有樂町這個店鋪二樓賣女性內衣，還有化妝品。這中間我們就會擺一些圖書，關於彩妝、保養皮膚相關內容的。顧客看看內衣，後來看到這些書，無意中發覺賣內衣的區域到盡頭了，而接下來的東西好像和身體、皮膚有關。在這裡，書會成為一種溫柔的隔斷，也會成為把兩部分賣場連接起來的媒介物。在無印良品的店鋪裡，剛才我說的三大類商品：衣服、食品和生活雜貨，通過書被平穩地連接起來，更有一體感。

吉井：書確實有一種不可取代的性質，它的種類和內容非常豐富，幾乎世上所有的事物都有相關的書。也可以說，要找和「無印良品」相關的圖書，並不困難，選擇很多。

清水：確實，書是很特別的東西，很融洽，很共享。另一方面，書也是一個獨立的存在，以紙本書的方式可以單獨賣給顧客。

賣書的功效

吉井：貴店導入MUJIBOOKS模式後，對銷售有所貢獻嗎？無印良品開始賣書，這個成果可

以分兩種來分析，一個是書本身的銷量，另外一個是圖書帶來的其他商品的銷售。那麼你們如何衡量一家店圖書業務是否成功？有沒有量化的分析標準？

清水：我們並沒有您提到的「量化的標準」，畢竟二〇一五年三月改裝並重新開幕的MUJI博多Canal City是第一家附設MUJIBOOKS的店鋪，開業也還不到一年。開始賣書後客流明顯有增加，這對我們商品的銷售也有所貢獻。這個趨勢在日本、臺灣和中國都是一樣的。[1]

除我剛提到的「多樣性」和「連接性」外，書還有一個有意思的功能，就是很能幫人打發時間。設有MUJIBOOKS的店鋪，我們發現有三種人群明顯增加。第一種是家庭。通常一家人來店購物的時候，最難熬的是父親，因為一般男性不太能適應邊逛邊選這個購物方式。我們在大型商業空間經常看到的風景是這樣：妻子帶孩子在幾家店慢慢選購，父親躲在書店無奈看書等候。我們開始賣書，這樣一家人至少可以在一個空間裡。第二種人群是男性上班族。這個人群之前在我們顧客中並不多，但有了MUJIBOOKS後，以看書為目的而來店的男性上班族多了起來。因為這兩種情況，男性顧客提升了許多。第三種人群就是「碰頭地點」的利用者。你也有這樣的經驗吧，和朋友約見面，選在書店的話可以邊看邊等，很方便。從MUJIBOOKS的營運我們學到的是，書很有吸引顧客上門的魅力，這是很明確的效果。

吉井：圖書帶動商品銷量，能給我舉個例子嗎？

1 據二〇一六年二月東京電視台新聞報導，無印良品有樂町店經改裝並附設MUJIBOOKS後總銷售額增加了15%。

清水：比如搪瓷器。食譜《用搪瓷方平底盤做的健康點心》（二〇一四年，主婦與生活社）在我們店裡很好賣，而且同時購買這本書和我們的搪瓷器的顧客挺多。還有和我們收納系列商品搭售的收納相關書，如《無印系收納聖經》（二〇一四年，角川書店），銷量也名列前茅。

吉井：MUJIBOOKS的營運目標並不在於圖書的銷售，而從顧客的角度來看，他們來店的目標也並不是購買圖書。

清水：是的。MUJIBOOKS提供的是「有書的生活」，這個重點在於生活，而不是書。當然，若大家為了看書而來也挺好的。上海店開業那天，很多顧客用手機拍照並把我們的店內陳設照發到網上去，我覺得這也挺好的。若大家看到我們的店鋪，覺得自己生活裡也要有幾本書以及書裡面的智慧和知識，這也是我們想要的結果。

日本也好，上海也罷，很多人說書賣得不好。但是，還是有些地方的圖書業情況並沒有很糟糕。比如德國，我上次到柏林的時候就發現，那邊有很多小書店，不同的區域有不同的小書店，互相間沒有太多的競爭。在日本，很多小書店的結構和圖書品種都差不多，這怎麼活下去呀。但話說回來，我們MUJIBOOKS的銷售基本模式也是從日本傳統的書店學來的，我並不是想批評傳統的書店。書店和MUJIBOOKS的位置本來不一樣，能賣出的書也不同，我們攜手讓大家更關注圖書就好。

吉井：MUJIBOOKS裡受歡迎的都是些什麼書呢？方便透露一下東京店的圖書銷售排行嗎？

清水：排行榜倒沒有，但可以說，所謂的暢銷書在這裡不太好賣。比如，前一陣子火紅的《火花》，我們店裡也有放，但買的人不多。對了，村上春樹的書也不好賣。不過村上先生的書，大家可能已經買得差不多了吧。

我們店裡比較好賣的，還是以設計、食譜和生活類為主，以及一些隨筆，比如片桐入的《我的matoka（旅行）》（二〇〇六年，幻冬舍），糸井重里先生的書也挺受歡迎的。還有，在貓用商品「貓草」旁邊，我們安排了內田百閒寫他養貓的隨筆《ノラや》（一九九七年，中央公論新社），也有不少人買。來這裡看書的客人，就想找些特別一點的書，所以在普通書店能買的雜誌和所謂的暢銷書，已經不在他們眼裡了。

吉井：東京的MUJIBOOKS，絕大部分的書都是非虛構類，入選的小說種類很少。這一點選書團隊是如何考慮的？能介紹一下少數入選的文學類圖書嗎？

清水：確實，一般書店的話，整個書架都是推理小說，或在大桌子上擺清一色的新潮文庫，會有這樣的擺書方式。但書本身發出的信息很多，若是小說，書的這種「聲音」就更多了，每一部小說的世界觀都很獨特、有個性。小說，或者說這種獨特的世界觀的總體，在我們的銷售區域不是特別合適。同樣原因，動漫和卡通形象的書也不多，哪怕是在兒童區域，我們也不會擺動漫相關的書，就算麵包超人也不行。我知道孩子們很喜歡麵包超人，但我們店裡

沒有。但「姆米」是可以有的。同樣是卡通形象，也還有一些微妙的區分，我也說不清。（笑）

不過我個人很喜歡看小說，所以若能夠找到適合我們店的形式，還是希望增加小說類的圖書。今天書店的「同學與書」專架，剛好有我推薦的幾本書。我推了幾本小說，如夏目漱石、芥川龍之介、江國香織的作品，還有稻垣足穗的《一千一秒物語》（一九六九年，新潮社）。

另外，商業和經濟方面的書以及Excel軟體指南之類的書，也不會放在店裡。因為這類書很容易過時。

誰來選書？

吉井：東京和福岡的**MUJIBOOKS**是編集工學研究所所長松岡正剛先生負責選書及圖書相關事業，我想請問您一下，日本的**MUJIBOOKS**選書和上海旗艦店的選書原則有何不同？上回和森岡書店的森岡督行先生聊天，他這次也和貴公司團隊一起到上海，並負責部分圖書的布置。聽說上海**MUJIBOOKS**負責選書的是曾在編集工學研究所擔當**creative director**（創意總監）的櫛田理先生，他現在單飛了。聽我中國出版業的朋友說，上海**MUJIBOOKS**選書的品味還是滿適合華文讀者口味的，這是怎麼做到的呢？

清水：啊？櫛田理先生負責選書，你這都知道啊，我本來想保密呢。（笑）那我還是說一下，上海MUJIBOOKS確實是交給櫛田先生負責，他與一些日本和中國的人士合作，組成了一個團隊，由他來設計、策劃整個書店的樣子，隨後由他提出書單。上海的MUJIBOOKS大概有兩萬四千到兩萬五千本書，按品種來算的話大概有六、七千吧，有些書在書架上不止一本。

吉井：櫛田先生的團隊裡有日本人和中國人，他們都是什麼人呢？

清水：日本人的話，在中國許久並對中國出版界熟悉的人也有。當然，六、七千種書，而且大部分都是簡體字版，只靠日本人來選的話是忙不過來的，所以還是參考了一些中國書業人士的建議。對於櫛田先生的團隊的操作模式，我只能說這些了，剩下就屬於他們的商業秘密了。

不過我跟你說，選書這事對我們MUJIBOOKS來說也是很重要的，並不能完全依靠外面的人。提到編集工學研究所或某些選書師，這給人感覺就是MUJIBOOKS的書統統由他們來選，這並不屬實。你想想看，若統統交給他們，那就不是MUJI了，是吧？事實上，我們的員工在選書過程中的參與度非常高，上海MUJI的話，是櫛田先生和我們一起，日本的MUJI則是松岡正剛先生和我們一道，都是進行了周密的討論才做出這樣的MUJIBOOKS。

至於選書原則，日本、中國和臺灣都是一樣的：良言經典永相伴。出版界的話題經常集中於新刊，但MUJIBOOKS裡的書不一定很新，也不會太關心作家的名氣。只要接近無印良品的世界觀，比如生活中的小知識或小小的驚喜，這些書都會被選上。剛提到的收納題材的書《無印系收納聖經》，若在別的書店，一個月能賣出一本就算挺好了，可光在我們有樂町的店裡就能賣出幾十本。這意味著什麼呢？大家都想解決自己家裡的收納問題，大家不知道那麼多東西怎樣收納起來，甚至，看到這本書之前都沒意識到自己有這樣的問題。再比如「常備菜」的書，可以提醒大家做這些菜可以節省每天的做菜時間，也能讓每餐的營養豐富。也許收納或常備菜相關的書，別的書店不會重點推薦，但因為我們賣書的出發點不同，就可以從不同的角度來推薦給大家。

誰來賣書？

吉井：負責店內圖書業務的店員，他們的從業經驗如何？通常是零售業出身還是圖書業出身？

清水：其實不是很重要，但若要選一個的話，還是零售業的經驗比較重要吧。在MUJIBOOKS工作，其實書店店員的經驗不是特別重要，因為MUJIBOOKS的圖書分類方式和普通書店的方式完全不一樣。所以我們的員工中，既有在別家書店工作過，也有從來沒有賣過書的；最重要的是，要有對無印良品本身的概念和商品結構的理解。否則，MUJIBOOKS

就會變成普通書店。

無印良品的店裡面，負責MUJIBOOKS的店員和負責其他商品的店員是完全分開的。但是，負責MUJIBOOKS的店員首先得接受一系列的訓練，這些訓練內容和其他店員是一樣的，比如禮儀、衣服的折疊方式、如何操作收銀台、商品的包裝、食品保鮮期的確認等。再來才是MUJIBOOKS特有的訓練，比如書的分類包括「さしすせそ（sa、si、su、se、so），冊（satsu）、食（shoku）、素（su）、生活（seikatsu）、裝（sou）」、訂書和退貨的流程、書的保養。添貨的時機是很重要的，我們的重要原則之一就是絕不能斷貨。

吉井：我覺得貴店的擺書方式，讓人覺得很舒服。這有什麼秘訣嗎？

清水：以過去的經驗來說吧，最主要的是店鋪整個空間與商品的平衡。若無法達到平衡，ＶＭＤ（visual merchandising）不會成功。ＶＭＤ通常被理解為「視覺行銷」，也就是如何把商品擺得好看些，其實它的意義不止於此。我認為ＶＭＤ的主要目的還包括能創造出一種環境，對客人而言「容易拿起商品」的環境。所以不管是商品的陳設，還是店鋪整個環境氛圍的管理、現場的對應能力都很重要。我們公司有專門的ＶＭＤ團隊，也有和空間設計的小組，他們和MUJI的每一家店鋪聯手創造出最合適店鋪本身的環境。當然，有時候我們也會和外面的專業團隊合作，比如，MUJI上海旗艦店的環境包括MUJIBOOKS的部分，是由空間設計小組「SUPER POTATO」的杉本貴志先生等專家營造出來的。比如你從電扶梯上來，如何慢慢看見二樓的風景，他們連這都會想得很詳細。這個空間很適合坐下來看書，那麼書架的安排該如何，客人要怎樣走動……還是挺複雜的。

吉井：確實很複雜，由此也明白了貴公司VMD團隊的厲害。

清水：確實，他們是很厲害的。店鋪的細節對客人購買心理帶來的影響不可忽略，從書的擺設都能看出。正對客人前進方向的圖書，該怎麼擺設？一般要平擺，不太適合豎著放書。這麼一個小細節，給客人的空間印象就會不一樣。當然每一家店的情況不一樣，不能一直用固定的方式來做一個空間，得按照店鋪的環境需要進行調整，所以有樂町MUJIBOOKS的模式不能直接複製到上海的MUJIBOOKS，這是有意思、也比較辛苦的地方。

吉井：各地的MUJIBOOKS是從哪裡進貨呢？

清水：日本的MUJIBOOKS有「取次」的合作對象，但都是由我們員工來訂書的，沒有一本是靠對方主發的方式來進貨的。目前上海MUJIBOOKS則是通過合作公司，也是一家有自營書店的公司。

吉井：上海也好，日本也罷，首先都是由外面的人來幫貴公司選書。但時間一久，這些書的種類也會有變化吧？

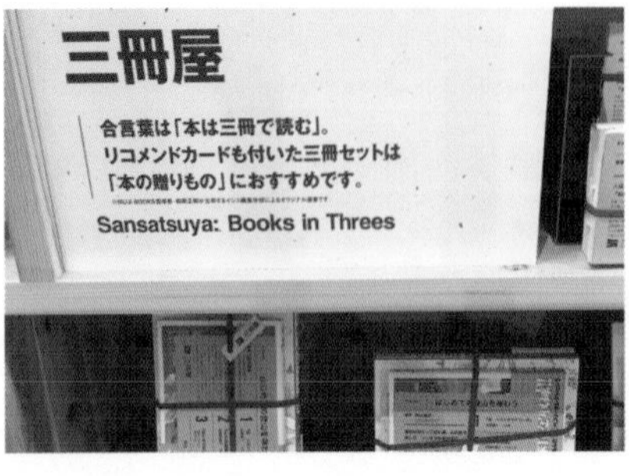

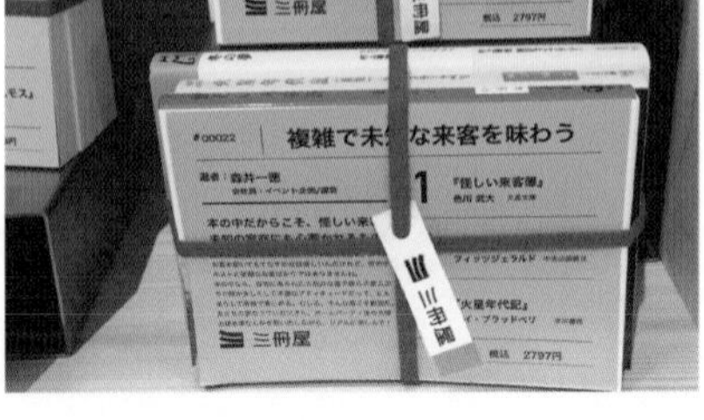

清水：是的。若松岡先生來選的書，實際銷量不太多，那麼我們就得調整調整。我們不太會關心所謂的暢銷書，但若有本我們覺得不錯的，那麼還是會訂幾本來看看效果。整個結構來說不會有太大的變動，但書每天都會進來，添貨的也有，我們員工選擇的書也有，新刊大概每週有十種吧。這些小的變動，我和另外一個MUJIBOOKS負責人需要確認，也有定期和編集工學研究所開會討論。

日本MUJIBOOKS的「三冊屋」，這個想法是來自編集工學研究所，但選書都是由MUJIBOOKS的員工自己來。可以這麼說，MUJIBOOKS的基本結構是交給外包，隨後的實際營運還是靠自己。目前沒有特別的計畫，但若有需要，也許會請松岡先生再來看一下。

吉井：上海的MUJIBOOKS很受歡迎，那在中國的其他地方是否也會有同樣的店鋪？

清水：從無印良品本身的店鋪說起吧，它的海外店鋪，如今一半集中在中國。「無印良品。上海淮海755」旗艦店是無印良品在中國的第一百五十二家店，明年（二〇一六年）打算增加到兩百家。尤其是二三線城市，它們的成長性和消費能力很強，我們開店的速度會加快一些。其中幾家也許會有MUJIBOOKS吧，但目前沒有確定的計畫。從個人角度來看，我希望新的店還是要在沿海地區。

「三冊屋」是松岡正剛擔任校長的「ISIS編輯學校」2008年起推出的圖書推廣活動。透過三本書的組合，讓讀者更立體、更有機地理解書裡的智慧和概念。

吉井：怎麼說？

清水：因為太遠啦！上次在新疆烏魯木齊開店，在上海換飛機，還要飛五、六個小時呢。中國真大，不能和日本比。風景也完全不一樣，剛起飛的時候看到山水，要下飛機的時候變成沙漠，真有意思。

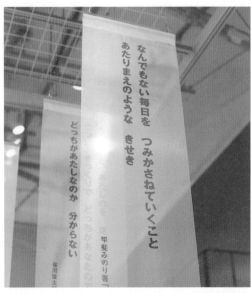

「過著沒什麼大不了的每一天。用不著說的奇蹟。」出自繪本《兩個人》。從天花板掛下的巨大布幔上的文字，代表了MUJI的生活理念。

清水先生在「同學與書」專架上的說明。他從高中現代文的課本裡讀到〈老師的遺書〉（夏目漱石《心》的下篇），後來不到十天就讀完夏目漱石全部作品。他說：東方與西方、自我相關的心中的掙扎對當時的我來說是非常需要追究的主題。

MUJI BOOKS
良言经典永相伴
言简意赅地传达事物真相，
无印良品自诞生迄今，
一贯珍重"朴素语言"。
书籍是人类最古老的媒体，
记载了生活中的发现与启迪，
堪称汇集"朴素语言"的宝库。
遍寻古今东西，
荟萃传读至今的书籍，
MUJIBOOKS，真诚为您提案
有"永远的金玉良言"相伴的书香生活。

MUJI BOOKS
ずっといい言葉と。
少しの言葉で、モノ本来のすがたを
伝えてきた無印良品は、生まれたときから
「素」となる言葉を大事にしてきました。
人類最古のメディアである書物は、
くらしの発見やヒントを記録した
「素の言葉」の宝庫です。
古今東西から長く読み継がれてきた本をあつめて、
MUJI BOOKSでは「ずっといい言葉」とともに
本のあるくらしを提案します。

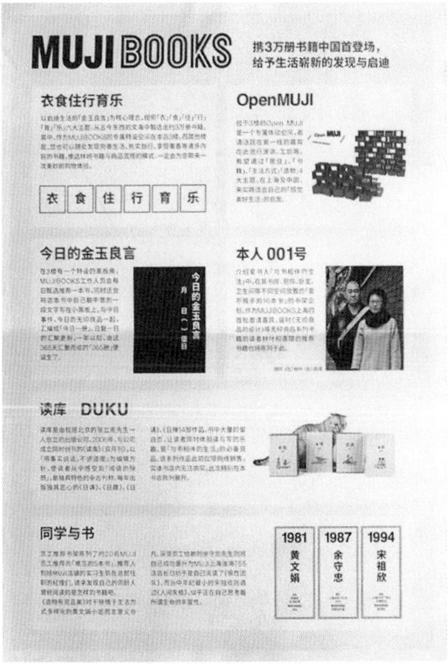
MUJI BOOKS
携3万册书籍中国首登场，
给予生活崭新的发现与启迪
衣食住行育乐
OpenMUJI
衣
食
住
行
育
乐
今日的金玉良言
本人 001号
读库 DUKU
同学与书
1981
黄文娟
1987
余守忠
1994
宋祖欣

MUJI BOOKS
本を選び、本に学び、本と遊ぶ。
本との新しい関わり方を考えます。
くらしを味わう「さしすせそ」
田中一光邸の蔵書公開
くらし美人
ごはんと本
今日のずっといい言葉
本人：井浦 新
OpenMUJI / Gallery
Re BOOK For KIDS
本は三冊で読む―味わう三冊
ことば投函箱
三冊屋

MUJIBOOKS的宣傳單設計到了中國也絕不荒腔走板。

番外
有樂町散步路線

無印良品有樂町所在地的有樂町（Yūrakuchō）離東京站只有一站距離，從有樂町往西走就能看到日比谷公園[1]和皇居，往東走幾步即可到達銀座，適合做為東京散步的開頭。

上午可以先到銀座，在這裡的「喫茶店（咖啡館）」點早晨套餐（morning set），雖然價格略貴，但穿著襯衫搭配背心的中年服務員為你提供的吐司和精品咖啡，絕對可以讓你滿足。銀座有一丁目到八丁目，一丁目的氛圍比較安寧，畫廊和咖啡館比較多。到了二丁目附近，國內外名牌店就多起來，以日本最高地價而出名的文具店「鳩居堂」就在五丁目。繼續往東走十分鐘，就能到著名的築地魚市場[2]，人多，但值得試試這裡的壽司、生魚片或烤魚套餐。逛市場後走回銀座，一丁目有森岡書店，稍微有點難找，但靠手機導航還是可以找到的。

和店主聊幾句，繼續走，順利的話，大約二十分鐘即可回到有樂町的無印良品。該店

1 原為江戶時代武家居住地，明治時期為練兵場，後於明治三十六年（一九〇三年）改建成為日本第一座西洋風格近代式公園，見證了日本近現代史上諸多重大事件。

2 東京著名市場，已有八十多年歷史，分為業內採購的「場內市場」和周邊興起、一般人也可購買的「場外市場」。前者計畫於二〇一六年十一月遷至東京都江東區豐州（距原址大約三公里），但因為豐洲市場的建築物地下未按照計畫的土壤汙染對策進行填土，搬遷時間大幅推遲。（到二〇一六年十一月尚未確定具體搬遷時間。）後者與部分商戶十一月已遷入原址新建的商業中心「築地魚河岸」。

面積一千坪，逛一圈、翻翻書，總得要兩個小時，累了就找書架後的自動售賣機買杯咖啡歇腳。售價一百五十日圓的咖啡，是咖啡師川島良彰先生推薦的精品咖啡，也不輸給「喫茶店」五百日圓的一杯。

從MUJI出來，天色漸暗，從有樂町一直到新橋的鐵道下典型的居酒屋鱗次櫛比，可以隨便選一家吃吃喝喝，帶著舒服的肚子和心情坐電車回酒店。

銀座的「步行者天國」，每週末的中午到傍晚禁止車輛通行，形成一千公尺長的行人專區，遊客能更舒適地享受購物和漫步的樂趣。

8
BACH

Ryōichi Yamashita提供

幅允孝（Haba Yoshitaka）
著名選書師、編輯、撰稿人。1976年生於愛知縣，慶應義塾大學法學部畢業。曾在青山Book Center六本木店、株式會社JI就職，2005年10月創立選書集團BACH有限公司，並擔任代表。「幅（haba）」倒裝（haba→baha→BACH）之後便成了公司名稱。著有《幅書店的88本書：即將成為你的血肉》（2011年，Magazine House）、《雖然書並不一定要讀，但……》（2014年，晶文社）等。

有限會社BACH
東京都港區南青山4-25-6 Willow House
03-5778-9292
www.bach-inc.com

選書師幅允孝手捧自己的作品《雖然書並不一定要讀，但……》（書腰接著寫：讀一讀也挺好的）。

BACH辦公室「Willow House」，趁著還沒到跟幅先生約定的時間，我拍下了外景。隔壁停著一輛BMW，到底是南青山。

順道採訪

BACH
選書師不能問的問題

「有限公司BACH」代表、Book Director，媒體如此介紹幅允孝。Book Director，可譯為「選書師」或「選書家」，也有人管他叫「書店陳列設計師」。幅允孝的工作確實是「選書」和「陳列」的綜合，但並不僅僅是如此而已。採訪中，他多次強調自己的目標是「把未知的圖書送到大家的手裡」。他深信書的力量和不可取代的存在感，只要書能夠在人們的身邊，其蘊藏的智慧和故事，就能夠讓人們的生活更加充實。

六本木日本國立新美術館裡的店鋪「SOUVENIR FROM TOKYO」、東急Hands銀座店的「Hands Books」、新宿的時尚咖啡館「Brooklyn Parlor」、國立東北大學的「book+cafe BOOOK」、駿河銀行「d-labo」書架陳列，這些都是他的心血之作，他同時在各種媒體上發表書評、接受訪談、擔任文學獎的評委，你還能在《孤獨的美食家》第二季第三集的原作者探店環節中見到他。在滿載「銷售銳減」等負面消息的出版界，無止境的幅允孝「人氣」散發出燦爛的光輝，也讓人反思圖書和人的關係，是否能更自由、奔放。

一九七六年，幅允孝生於愛知縣津島市，距名古屋大約四十分鐘電車車程，過去是以津島神社的門前町[1]而出名的經濟中心，但他描述自己小時候的故鄉，只是「到處都是稻田的『田舍

1 門前町（monzenmachi），日本中世紀以後，位於神社或寺廟門前而發達成市鎮的地區。

（鄉下）』」。幅允孝從小喜歡看書，卻並不是一個書呆子，從三歲到十八歲嘗試了不少運動，如游泳、排球、Boy Scout（童子軍）等等，個性也偏外向。他透露，在初中時自己喜歡近代文學，讀完川端康成的短篇《片腕》覺得很好看，但不太好意思和朋友們分享這個閱讀經驗——「一個不可思議的故事。一個女孩把自己的右手臂拆下，並借給歐吉桑。我覺得挺好呀，也有點性感嘛。但當時我就是初中二年級，早上到學校，和同學們坐在木桌上聊天時，怎麼跟人家解釋？我昨晚看到一個故事，歐吉桑把一隻手臂借來舔一舔？不行，頂多被當一個變態。現在想想，當時的我確實喜歡看書，但還沒有自己的語言能講述一本書。」

後來留學、世界漫遊和書店店員的經歷，是讓他獲得「自己的語言」的巡禮，他靠這種獨特的語言和思考方式，創造出世界唯一的Book Director職業。在慶應義塾大學就讀期間，他在東京日本橋郵局做夜間警衛——一個晚上（包括三小時小睡時間）可得一萬兩千日圓，畢業後用這些打工賺來的錢去加拿大首都渥太華學英語。短期留學結束後，他利用剩下的資金周遊世界，看到了加拿大國際爵士節、法國的環法自行車賽、西班牙畢爾包的古根漢美術館，還有芬蘭建築大師阿爾托的建築作品、芬蘭當地的集合住宅。看完這些東西，日本青年肯定感動不已吧？「也不完全是。有的沒有想像中的好，自己的期待也落了個空。但是呢，這個實際的感受是很重要的。親自看一眼，你才有自己和那些文化、美術及建築的一種距離。在你身體裡有了這個實際的感覺，才能用自己的語言向別人說出自己的立場和想法。我現在的工作是，把書推薦給大家。用自己的語言，也就是用變成自己的血肉的語言推薦給大家，和從哪裡學到的語言描述一本書相比，這兩種語言的熱度不一樣的。」

BACH辦公室的書架，看得出經過「編輯」。

為採訪幅允孝，我從表參道[2]地鐵站出來，經青山通而上——一路是PRADA、山本耀司品牌服裝店和藏有國寶級佛教美術作品的根津美術館，慢慢走近南青山地區，這就是書籍服務集團BACH的辦公室所在地。雖然幅允孝抱怨這裡的租金太高，但去年房租到期時他還是選擇了續約。這也是有道理的，人們來他的辦公室，路上無意中發覺到書的潛力：只要懂得和它如何打交道，你也可以和這些名牌店、美術館並肩，威風凜凜地開設辦公室。

BACH的辦公室是木造獨棟。靠馬路邊上有一棵醒目的柳樹，所以人們叫它「Willow House（柳屋）」。我到達後沒多久，幅先生開著奧迪名車匆匆回到辦公室，打開木門和我打招呼。活潑而充滿好奇的眼光，表情裡並沒有失去少年般的純真和誠懇。

2 位於東京都港區北青山，知名購物天堂，世界頂級時裝店和奢侈品店雲集。

「選書的時候我常想起事務所裡擺的這些書。雖然不一定能把每一本都記得清楚，但身邊的這些書，有點像是『地圖』。」

紙本書的魅力在哪裡？「比如說『謝謝』這一句話，印在厚紙或印在質感纖細的薄紙上，給人感覺完全不一樣。印在紙上的文字，讓你想起文字以上的某種東西。」

「當然空間設計很重要，但那是為了讓人拿起一本書。空間是重要的因素之一。」

BACH 辦公室的書架給人感覺很自然、不做作。幅允孝曾說：「我自己並沒有想要表現的東西……也沒有打算做出一個時尚空間。」

專訪BACH代表、選書師
幅允孝

採訪時間：二〇一五年十二月

你不能直接問對方要哪一本書，
也不能問對方喜歡的作家是誰。
這個路子是錯的。

幅允孝（以下簡稱幅）：讓你久等，不好意思啊。上午的事拖到現在。

吉井忍（以下簡稱吉井）：沒事，你們辦公室的書很有意思，讀著讀著就忘了時間。從這裡的書架能看出您和貴公司的「個性」：小說、藝術書、地圖……站在這個書架前，它在我眼前呈現出古今交融、東西文化交匯的感覺。

幅：這就是書架很有意思的部分，所以我說書架是要「編輯」出來的。把書隨便放一放，就沒辦法把書本身帶有的message好好傳達給讀者。就像一本書納入寫手的想法、經驗和圖片的編輯，書架也要用擺書的方式——書怎麼放、和什麼書放在一起——充分地將書的魅力呈現出來，同時用整個書架創造一個世界觀。這樣，書和書架，都會有完全不一樣的面貌。

吉井：我聽說，有一家東京的書店，選書和擺書方式委託貴公司後，平均每個客人的購書額漲了三、四倍。具體來說，您是如何擺設、陳列圖書的呢？

幅：圖書館和一些書店，就按照「日本十進分類法」擺書，比如給「料理」相關圖書以596開頭的號碼，按這個號碼類分類圖書。[1]這樣的擺書方式，若你有一個明確的目標，很方便的，但沒辦法吸引還不知道要看什麼書的人。

　我的擺書方式不是按照政治、歷史等主題，不管虛構、非虛構、文庫等形式，作家的名字也不在乎。比如你有一個「旅遊」的概念，不管是文庫本、漫畫、攝影集、哲學書，我都會擺在一起。有的平鋪，有的豎著放，盡量讓視覺效果有點變化和活力。書架本身看起來很好玩，客人的大腦自然會受到刺激、想出很多點子。這讓人多興奮呀。好的書架，是有這個能力的。

吉井：您進行書架的「**編輯（direction）**」，所以是**Book Director**。您的職業可以這麼理解嗎？

幅：我很少自己說「我是Book Director」，而更習慣說「我是BACH的幅允孝」。Book

1 是日本參考杜威十進位圖書分類法發展而成、適用於日本國情的圖書分類法，以三位數字代表分類碼，共分為十個大分類、一百個中分類及一千個小分類。第一層級的分類為：0類總記、1類哲學、2類歷史、3類社會科學、4類自然科學、5類技術・工學・工業、6類產業、7類藝術、8類語言、9類文學。596類為食品・料理。

Director是幾年前上電視節目《情熱大陸》[2]的時候，製作公司說我一定得有個title，所以才想出來的。電視節目一播出，很多人邀請我去選書，這個講法也就慢慢固定下來了。做Book Director之前，我是在書店工作了一段時間。

大學畢業後，我覺得英文能力還不夠。英文也好，其他外語也好，這些都是和別人溝通的重要工具，而且我渴望看懂還沒翻譯成日文的原著。一旦開始上班就很難找時間加強語言，所以覺得自己進社會之前無論如何要學好英文。本來有點想去美國，但覺得學費貴，父母也不肯出錢，就選擇了加拿大，用我打工賺來的錢也可以去。

回國後我的第一份工作，是「青山Book Center六本木店」[3]的店員，大概是二〇〇〇年左右吧。繫圍裙，照顧圖書，負責訂貨和退貨，也會操作收銀台的那種。ＡＢＣ這家書店的員工都有自己負責的區域，自己選書、擺書，所以店員對自己的書架有一種親手養大、無限關懷的感情。我負責的書架是建築和設計，有一次我看到美國建築師萊伯斯・伍茲（Lebbeus Woods）的概念建築的書，覺得有意思，很有視覺效果。但它有一段時間沒能賣出，於是我把它挪到平面設計的書架上，結果呢，很快被買走了。我想這就是一個契機，發現一本書和

2 由日本ＴＢＳ製作、播出的一檔深度人物紀錄片節目，以日本各行各業中的傑出人物為題材，播出時長約半小時。幅允孝專集於二〇〇八年十月十九日播出。

3 位於東京地鐵「六本木」站上方，走路三十秒可達。周圍設計公司、使領館雲集，外國居民眾多，顧客群體龐大。青山Book Center（Aoyama Book Center，簡稱ＡＢＣ），為一九八〇年創辦於東京六本木的藝術類綜合書店，主要銷售攝影、建築、設計類圖書，二〇〇八年成為Book Off的子公司。目前除六本木店外，設有青山店（總店）和成田機場店。

周圍環境的結合之妙。

吉井：可以說您在ＡＢＣ擔任店員的時候發覺到選書的樂趣。一本書的旁邊放什麼書或者其他什麼東西，大家對這本書的看法就有所變化。

幅：是的。同時我也感受到當時很多書店店員都感受到的危機：有這麼多好書，但並不好賣。這不只是從銷售統計才能看出來，你站在書店裡面，視線所及之處沒有幾個客人，很冷清。這種體驗，用身體感受到的危機，給我的印象很深刻。亞馬遜進入日本市場是二〇〇〇年，當時身為書店店員的我們並沒有危機感，對它的理解很有限，「美國公司的網站，開始賣東西了，用網路可以買東西，有意思」，就到這個層次而已，真沒想到影響這麼大。

但我並不是要把責任都推給亞馬遜。很多書店利用「自動訂貨」，「取次」按照銷售紀錄來安排每一家書店，這確實很方便，但書店本身的存在感會削弱很多。書店變成一個只是把舊的書換成新刊的地方，若賣不出去，就認為是書做得不好。這樣的書店，沒辦法發出自己的信號給讀者。就像我們在雜誌上看到一篇美食介紹，說什麼菜如此好吃。我們不知道是誰說好吃：是店裡的人自己說很好吃，還是採訪的人吃了之後覺得好吃，還是某位客人說的話？這樣模糊不清的資訊，我就覺得很沒勁，可偏偏這種資訊現在到處都是。一家書店，或某一個書架也是一樣，以後的書店要推出自己的資訊，店主、店員對店裡的書負責任，有信心才擺出來。這樣的書店也許會有一點「偏向」，但那才是個性和書店存在的理由。

在書店裡，很多人會瞄一下書架看看有沒有聽說過或自己認識的書，若有，就拿在手裡翻一翻。但我認為最理想的書店，是能讓大家把從來沒聽說過的書拿在手裡，是能夠創造出這種機會的書店。網上買書這麼方便，而去一次書店要花時間和交通費，書店一定要為客人提供驚喜和與書相遇的機會。

吉井：後來您離開了書店店員的崗位，是為什麼呢？

幅：原因之一是錢比較少，當書店店員就是這樣。我喜歡看書，也想買書。在書店上班，自己周圍全都是書，但我買不起呀，好痛苦。我這個人對大房子或汽車都不是特別感興趣，但是希望自己賺的錢能達到可以買下喜歡的書、吃吃想吃的東西這個程度。辭職之後，機緣巧合開始在石川次郎[4]先生的事務所「株式會社ＪＩ」上班。拿到ＪＩ給的第一份薪水後，我就跑到六本木的ＡＢＣ買了一堆書，那感覺簡直是美夢成真。我個人認為自己花錢買的東西，才會成為你的血肉。我到現在還是經常去書店買書，買大量的書。

我和石川先生的緣分是這樣的：我還在書店上班的時候開始寫點文章，在雜誌上寫書評什麼的，是這樣認識了他。我在株式會社ＪＩ開始上班之後，公司接到「TSUTAYA TOKYO

4 石川次郎（Ishikawa Jirō），日本著名編輯，一九四一年生於東京。入職平凡出版株式會社後，參與《POPEYE》、《BRUTUS》、《Tarzan》等著名雜誌創刊，並擔任主編。一九九三年辭職，創辦出版編輯公司「株式會社ＪＩ」。

ROPPONGI（蔦屋東京六本木店）[5]店面設計的活，石川先生把裡面近兩萬冊的選書作業統統交給我。交給才二十六歲的小夥子，就是因為我在六本木ＡＢＣ賣過書。記得當時石川先生跟我說，「你看的書多，對書的專業知識已經夠多了。現在你把那些從腦子都卸下來，你要做出一個讓人容易理解的書架。」

這句話給我的影響很大。他告訴我，把一件事情或一本書傳達給對方的時候，要表現得更親切，要容易理解。以尖銳、高高在上的知識分子的態度，是無法讓更多的人理解書的魅力的。我想，剛離開ＡＢＣ時候的自己，就是那樣，有點maniac（著迷、狂熱）。若一直是那樣，恐怕我做不出現在的工作。

蔦屋六本木店的配書，我經過多次採訪和討論後決定了幾個主題：旅遊、藝術、食物、藝術和設計，這家書店的書就這些。後來這家書店成功了，這改變了大家對蔦屋的印象，也有很多媒體來報導這家書店，還有不少公司打電話到ＪＩ諮詢選書。我在ＪＩ上班是二十五歲到二十九歲那幾年，那段時間裡我慢慢發覺，選書這一行也許可以當一個單獨的職業。蔦屋六本木店的選書業務，我獨立之後石川先生還允許我繼續做，前後負責了五年。可以這麼說，蔦屋的選書經驗，就是我現在做圖書服務的緣起。

5　位於東京六本木HILLS，一樓是與星巴克咖啡合作的「Book & Café」，二樓提供音像製品租賃服務以及ＤＶＤ、ＣＤ銷售。二〇〇三年開業，迎接十週年之際進行改裝，二〇一四年新裝開業。

動物園的圖書館

吉井：書的種類實在太多，每天都有新刊。這種情況，我們很容易把自己出手的範圍控制下來，只願意翻閱自己熟悉的東西。就像網路搜索一樣，網上資訊太多，看上去什麼都能搜索出來，但實際上，我們自己能觀照到的資訊，還是限於自己比較熟悉的範圍。

幅：是的。而且現在網路的方便性，導致大家更加要求「效率」。現在暢銷的大部分書，就是給大家提供快速解答的。什麼「讓你三個月減五公斤」、「按照這個習慣生活，你能達到幸福」之類的。大家看看這種答案和書的定價，加上讀這本書所需的時間來算一算：這本書一千日圓，大概花兩個小時能看完……好的，買吧。可是，書本來不是這樣的東西。看書的最大收穫不是你獲得某種答案，而是在你心裡產生一個疑問。產生疑問的過程才能讓你心裡充滿喜悅。從這個角度來看，書是一種工具，是一把鑰匙，讓你思考，是讓你不停地思考一輩子的夥伴。它的價值絕不能用那種效率來計算的。

吉井：我看了貴公司網站，發現有選書需求的客戶，本來和書沒關係的領域比較多，比如銀行、製造業公司的研究所、美術館、機場、百貨公司、醫院等，也有電子書平台。貴公司的服務範圍非常廣。

幅：確實，我們公司到底幹什麼的，很難一言而盡，可以解釋為「進行關於書的各種事情」

的公司，選書範圍從幾本書到幾萬本書都有，屬於「利基（niche）」產業。讓書店擁有更加豐富的魅力，是我的工作之一。如果大家還是不會來書店怎麼辦？那麼，只能把書帶到人在的地方了，這也是我的另一項工作。另外，我覺得大家對書的看法也開始有了變化。不少企業家發現，書可以啟動員工的思考能力；同時，通過書架可以更具體地展現出企業的理念。書是別人寫的，但一旦把幾本書放一起，這個總和就顯出了你的個性。好的書架可以呈現出一家公司的個性和獨特魅力。

最近我們的業務中，公共性的項目多了起來，比如動物園。我今年（二〇一五年）為京都市動物園選書，它是在明治時一九〇三年開業的動物園，很有歷史。迎接一一二週年之際，他們決定把正門和鄰接的「動物圖書館」重新裝修。之前的圖書館呢，也是不錯的，藏書量有六千，但問題就是沒有那種溫度，空間給人的感覺比較冷。所以，他們把圖書館挪到正門外面，也就是說，過去買票後方可進來的圖書館，改在了動物園外面，讓它變成一個公共場所。同時邀請京都本地的咖啡專賣店SLOW JET COFFEE入駐，比過去時尚了許多。

我的工作就是利用過去的藏書，再加上新的書，通過這些書的結合來吸引更多的人群。圖書館同時也得兼顧動物飼養，動物園工作人員比較感興趣的是學術性和研究性強的，這確實有意思，但一般人都看不懂。所以我選了一些關於動物的隨筆、繪本、漫畫等，為這個空間增添一種輕鬆愉快的氛圍。我對動物的理解並不多，這個時候給我幫助最大的是《人到底多像動物》（二〇〇六年，新潮社），是動物行為學家日高敏隆先生的隨筆集。他對動物很是瞭解，又善於把這些專業的知識用平易的文字來向大家解釋。我先通過這本書來理解動物，瞭解到動物這個關鍵字能延展到什麼樣的領域，再來進行動物圖書館的「編輯」。

吉井：若跟書店進行商業合作，對方會向您要求一種銷售方面的成果吧？那麼這種公共性的地方，如何評估您的書架是否達到對方的要求呢？

幅：商業性合作，確實有數字上的要求，比如銷售額平均要提高多少，多久要來更新一下內容等等。公共場所的目標不在於數位上的效率，而是「功能」。是不是人多了起來，氛圍是否比過去活躍，到訪的人反應如何。目前來說，這些迴響都不錯。我也不喜歡做完書架就不管這種做法，所以有機會就過去辦些活動，保持熱度。比如今年我在京都市動物園辦了一次活動，叫「京都畫壇與動物園」。這所動物園歷史很長，竹內棲鳳等當地著名的畫家都曾多次去那裡寫生。把這些畫家的畫冊展示出來，也能表現出這所動物園的歷史和當地的密切關係。挖出動物園的這些魅力並推廣給大家，也是我的工作之一。

為女子學校選書要聊出「結接點」

吉井：市場上雖說書賣得不好，但總有一定的人是要看書的。而您的目標是將不看書的人也拉進書的世界裡。您如何突破看書和不看書之間的這個天塹的？我喜歡做菜，和食物有關的

書會感興趣，但對推理小說興趣不大，建築、天文、IT等話題也都不太動心。類似要讓這樣的人發現天文書的魅力，選書的具體操作方式該如何呢？

幅：這我用另外的例子來說吧。有一次，橫濱的高木學園女子高中讓我重新安排圖書室的書架。這對我來說是一個很新的領域，做為四十歲的歐吉桑，現在的高中女生看什麼書，我一無所知。

不管誰要我選書，我的工作一開頭都是這樣的，就是傾聽大家的心聲。也就是說，要做多次訪談、調查。在這所學校，我從每個年級隨便抽出五個學生，三個年級共有十五個學生，我邀請她們來圖書室，並聽取她們對書的看法。做訪談的時候我請老師離開圖書室，好讓學生隨心所欲地說出來。好，我面對學生，首先問問有沒有看過村上春樹的書。十五個人當中，看過的只有一位。吉本芭娜娜呢？零。大家都沒看過，連名字都沒聽說過。再來，我把自己拿來的幾十本書擺出來，聽聽她們的意見以及個人的閱讀經歷。有的學生乾脆跟我說，自己從來不看書。有的學生看到我拿來的關於自行車的書，突然聊起漫畫《飆速宅男》，說個不停。還有兩三個學生向我拚命推薦遊戲「Fate/stay night」的衍生產物、SF輕小說《Fate/Zero》。這你看過嗎？

吉井：沒看過。不好意思。

幅：沒關係，當時我也沒看過。而對這些學生來說，我沒看過《Fate/Zero》是驚天動地的大事件：「你說自己是書的專家，沒看過《Fate/Zero》是什麼意思!?」我要虛心接受這個批評，我覺得她們不知道吉本芭娜娜很奇怪，而對她們來說我不看那部小說才怪。這裡面沒有所謂水準的高低，只有年齡的不同，接觸故事的方式的不同。

吉井：您後來看了這部小說吧？

幅：看了，而且很喜歡。後來看完所有的動漫版，還花三千五百日圓買了Play Station 2遊戲「Fate/stay night」，一邊玩一邊感動地流眼淚，太棒了，喜歡到這個程度。我跟你說，這雖然是個遊戲，但玩這個遊戲的過程，和讀書體驗是一模一樣的。她們玩這個遊戲，等於是看書。你要我說「Fate」系列，我還可以講給你半個小時，但先說完這所學校的經驗吧。我想說的是，這些學生還是對故事感興趣的。只是怎麼樣體驗故事，這個方式和我們這年代的人不同而已。

我的任務還是要讓她們看書，既然知道了她們喜歡的東西，也聊出了她們興趣所在。接下來我就找突破口，動動腦筋如何把她們的興趣和書連接起來，我們把這個叫做「結接點」。她們通過遊戲「Fate」認識到輕小說，後來去動漫專題店Animate買些相關商品，對「Fate」的興趣就這樣結束了。我想，其實這個興趣鏈還可以延續下去的。

遊戲版「Fate」的腳本是小說家奈須蘑菇寫的，我找出他的訪談，發現他曾經說過喜歡看綾辻行人的小說，還有菊地秀行的「吸血鬼獵人D」系列。若我直接把《殺人十角館》拿給學生，她們可能不會感興趣，但若知道「Fate」的腳本家喜歡這系列，她們的反應應該是會不一樣的。

擺書的方式我也提了個建議，在學校每一層樓定期地推出圖書角「PICNIC BOOKS」，並擺出幾本書，比如蛋糕系列、推理系列、世界風景系列。這樣，不知道圖書室在哪裡的學生都有機會碰到書。而介紹推理系列的時候，我想綾辻行人《殺人十角館》等作品是不會缺席的，這個時候一定要寫一個ＰＯＰ廣告，提起「Fate」和奈須蘑菇的名字。

所以，我這種工作，很難複製。先採訪，按照當事人的感受慢慢編輯出一個空間，按他們會喜歡的方式邀請他們踏進書的世界。

採訪的重要性與不能問的問題

吉井：在外面幫人家選書，您每次都要採訪、調查嗎？

幅：是的，很重要。比如最近從神樂坂[6]遷移到中野[7]的東映動畫株式會社（TOEI ANIMATION Co.,Ltd.），新辦公室裡的圖書角就是由我們公司來選書。因為是動漫公司，我

---

6 神樂坂（Kagurazaka），位於東京都新宿區的一條坡道，也泛指周邊一帶。二十世紀二〇年代到「二戰」前，這一帶曾是著名的花街柳巷，現在是餐飲為主的商業地區。

7 中野（Nakano），位於東京都中野區。中野站附近的商業中心「中野百老匯（Nakano Broadway）」銷售大量的動漫相關商品，被稱為與秋葉原並肩的動漫聖地。

剛開始以為員工想看的應該是可以充作動漫素材的畫冊或攝影集。後來訪談、調查後發現，這個預測不符合他們的需求。

第一，動漫業界的人坐下畫畫的時間特別長，很多人有腰酸背痛的問題。這些人對頸椎保養、身體鍛鍊方面的書感興趣。第二，業界的報酬普遍不是特別高，為了節省午餐費用，帶便當的人也不少。這些人想看看便當菜譜的書或常備菜那種食譜。還有，因為剛搬遷過來，大家對中野這個地方不熟悉，所以介紹中野商店街的雜誌、JR中央線附近的散步地圖也很受歡迎。你看，這跟我剛開始的預想很不一樣吧。這些員工的聲音，是經過多次採訪才獲得的。當然，除了這些實用性強的書，我們也選了媒體的發展史、日本動漫史相關的書。這樣做出來的書架，剛好能夠做為ON和OFF狀態的橋梁，也就是由工作相關的書和私人生活相關的書組成的。

吉井：記得我之前工作的日本媒體公司，書架上大都是和工作相關的：日本企業歷史、亞洲各國的經濟解讀，還有司馬遼太郎的歷史系列，好幾卷那種。對我來說，這種書架看著就很累，很沒勁的。若是像您剛說的那種書架，很能減輕壓力。

幅：減輕壓力，這確實是書的很大功能，關鍵是怎麼選、怎麼擺出來，還有環境。在九州佐賀縣[8]道祖元町的心療內科醫院裡，也有我們花了一年的時間，經多次採訪和調整才做出

8 佐賀（Saga）縣，位於九州西北部，鄰接長崎縣，距離朝鮮半島僅有兩百多公里，自古便是日本和亞洲大陸的交流窗口之一。

來的書架。這家醫院是收治阿茲海默症患者的，有的病人在那裡長期住院，也有掛號來看病的。醫院很新，設計得相當不錯，沒有其他醫院那種封閉感，有一條走廊有落地玻璃窗，面向綠地，這裡坐下來看風景或走一走都很舒服，書架就設置在這條走廊上。我第一次拜訪這家醫院的時候，行李箱裡裝了四十多本書，但很快被大家指出這些幾乎是沒用的。第一，這裡的病人和老人家，都沒辦法捧著太重的書。我們都沒感覺到，但凡稍微厚一點的書，給手指的壓力都比較大。第二，他們已經沒有注意力可以繼續讀文字書。所以只能看看哪頁翻開都可以看的書。這種情況下，視覺效果比較強的繪本、畫冊和攝影集才是適合他們看的。

其實，這種地方對我們來說，挑戰性很強。不僅挑戰我們選書的水準，還毫不留情地挑戰到書本身和我們的存在意義。他們在那裡幾乎是不看書的，身體和大腦機能都不適合好好坐下來耐心看書。我們之前累積的圖書經驗，到了這裡不太能運用，所以採訪很重要。我們的採訪對象不限於這些患者，還有患者的家人，大夫、護士和看護工。有時候一邊喝酒一邊聊，這樣輕鬆的氛圍中，大家比較容易說出真心話。

什麼樣的攝影集大家比較喜歡看？大自然？還是動物？都不是。著名攝影師拍的東西，也不一定會喜歡。有一本書在這家醫院受歡迎，是三輪汽車商品廣告的圖片集《從商品目錄追憶國產三輪汽車：一九三〇—一九七四》（二〇一〇年，三樹書房）。裡面都是馬自達、大發、三菱等汽車公司上世紀三〇到七〇年代製造的三輪汽車廣告，一般是特殊的車迷才喜歡。而這家醫院裡不少病人過去是種地的農民，這些三輪汽車在日常工作中都用到過，對他們來說這是回憶起過去日子的一個很好的契機。有一位老爺爺翻到這本書中的一頁就停下來說：「對對，就是這個。我那年用『月賦』[9]方式買的！」

就這樣，和一位病人聊完天，再找一位聊，慢慢發現這位老爺爺很懷念大阪世博會、那位老太太喜歡看手翻書、這位男性看到攝影集《木村伊兵衛的巴黎》鼓勵自己出院後再去巴黎看看風景……我把這些細節收集出來，最後這些細節的總體自然就有一種「普適感」，成為這個空間最合適的書架結構。其實書架的「編輯」是這些小事的累積，還有把書搬來搬去的體力勞動而成。（笑）

吉井：所以那家醫院邀請貴公司選書，不是為了治療，而是為了讓大家放鬆。

幅：為了放鬆，絕不是為了治療。我剛說那本攝影集可以幫助病人回憶起過去的日子，確實阿茲海默症的治療中有這種「回想法」，可以預防或減緩病症，但院長讓我選書、醫院開設書架的目的，都不是在於治療。病人看著圖片開心就好，再說，看書本來就是開心、快樂的事情。一旦變成有了目的，這個快樂感很快就消失。不過，看書本身對病人來說也是挺好的「康復」運動，用手指撚起頁面，翻閱，用手感覺書的重量，鼻子也許聞到墨水淡淡的氣味。很多養老院整天播放電視給病人看，因為方便嘛，但我個人認為，看電視是被動的，看到一個自己喜歡的畫面，也很難自己把它停下來好好看一看。比如，剛說到的老爺爺，若在

9 月賦（geppu），即按月分期付款，是一種比較老派的說法。

《從商品目錄追憶國產三輪汽車：1930-1974》

螢幕上出現自己喜歡的車，他能馬上反應並按遙控器暫停畫面嗎？這很難。而書呢，人的主動性更強，你喜歡的地方，你只要停駐自己翻閱的手就好，想停多久就可以停多久。書是可以這樣陪伴著你的，很溫柔。書的這種功能，是我經過這次的選書才發現的。人生要學的東西還是挺多的哈。

關於這家醫院的選書，我還沒說完。給病人看的書占一半，還有一半是給家屬看的。阿茲海默症給病人帶來很多麻煩，但是呢，病人的周圍，尤其是他的家人也會很辛苦。他們每天幾乎沒辦法休息，得一直看護著病人，很累的。這些日子裡，他們稍微能放鬆下來的，就是把病人送到大夫那裡的幾十分鐘。院長希望讓這些家屬，也能在醫院裡獲得慰藉。那我就想，這些人若看到「詳解阿茲海默症」或「護理老人該如何」這類書，肯定無法放鬆，搞不好反而感到更大的壓力。所以我結束採訪後，在門口附近的書架上，放了一些「看天空」主題的繪本、攝影集以及插圖本。這家醫院書架的迴響挺好的，但我還打算不定期地去那裡，再聽聽大家的建議調整調整。這也是必要的。

吉井：通過採訪，察覺大家心中的需求。這聽起來不難，實際上能讓對方說出要什麼樣的書，並不是很容易。

幅：是不容易。對他們來說，我就是一個外來者，我不能期待和他們一見面就能聊出很多心裡話。但這個時候你不能放棄，你注意他們的每一句話，總能找出潛藏在他們心裡的一絲想法或渴望。比如，一位老太太得病之後看不懂文字了，但她不會直說這個。我把自己帶來的書給她看，剛開始她敷衍我，就說「哦」或「不錯啊」，後來不耐煩吧，罵了我一句：「這些我都看不懂，煩死我啦！」這一句對我來說很重要，我才知道她不想看有文字的書。還有一位老爺爺，和我聊日常的時候不小心說了一句：「醫院這個地方，缺少色情這個元素。」你看，這一句能告訴我他心底真正的「需求」是什麼。

有些甲方跟我建議：「哎，您也挺忙的，不用來走訪，做個問卷就好。」現在你就知道了吧，問卷是沒用的。一定要面對面，一個一個耐心地問下去。

這還有一個秘訣，也是為什麼不能靠問卷的原因：你不能直接問對方要哪一本書，也不能問對方喜歡的作家是誰。這個路子是錯的。若你問了這些，對方當然會期望你的選書項目中有那本書或那位作家所有作品。這樣的書架，沒有什麼驚喜，也沒有偶遇。只能讓對方確認，他認識的書在這裡，這很無聊。調查的目的，不是要問他認識哪些作家，是要問出更深層次的需求。

選書師的閱讀習慣

吉井：每一件選書業務，都有各自的意義，真有意思。最近在日本，選書這個行業也熱鬧起來，二〇一五年在澀谷開業的「HMV & BOOKS TOKYO」（由本屋B & B內沼晉太郎負

責選書）、無印良品也在國內外開辦MUJIBOOKS（國內部分由松岡正剛任代表的編集工學研究所負責選書），還有澀谷的大型連鎖雜貨店「LOFT」也開始要賣書[10]（由移動本屋BOOK TRUCK店主三田修平負責選書）。冒昧想問一下，這些圖書相關服務，是能賺錢的嗎？比如，貴公司可以靠選書服務負擔所有員工的生活嗎？

幅：確實有人懷疑這樣能不能賺錢，我的回答是可以的。我們公司已經開了十年呢。我們四個人每個月的薪水、健康保險和養老金，若員工結婚或生小孩，還會有一份「祝福」，這些都是靠圖書相關服務賺來的。公關或宣傳方面沒有花特別的力氣，我們做出來的書架、每次的工作結果，就是我們的廣告。

吉井：為大家選的書，都是您自己看過的嗎？

幅：大部分都是我看過的。還有，BACH共有四個人，至少是其中一個看過的才會選進書單。選書前的採訪、調查完畢後，我會把整個選書主題和概念都寫下來，並做大概一百本的圖書清單。根據這個清單，另外三個人各自搜集其餘的圖書，一邊商量、一邊閱讀做出整個書架。這樣做出來的合併式書架肯定比一個人做的好一些，因為一個人的思考方式不太能有一種跳躍，會有一種框架，做出來的書架很容易給人感覺門檻太高、不容易出手拿起去讀。

10 位於澀谷LOFT3、四樓的「&home」空間主營生活類雜貨，二〇一六年三月起兼營相關圖書。

吉井：事情這麼多，您怎樣保證閱讀的時間，如何分配？

幅：我自己每天看書的時間大概兩三個鐘頭。你覺得多嗎？哈，還是工作嘛。你想想，對我來說，在辦公室裡看《週刊少年JUMP》，也是工作啊。（笑）

我看書，很少讓自己勉強看完一本書。有時候自己選的一本書，看了幾頁不知為何看不下去。比如我有一次看保坂和志的《未明的鬥爭》，看了一半就停掉了。若遇到這個情況，我把書放在馬桶上方。我家那裡有一個專門的書架，把沒看完的書都放進去，每天都有機會看到它們，總有一天有心情看其中一本的。《未明的鬥爭》我停了四個月，可一旦有了心情，三天就看完了。

吉井：所以您是傾向於同時讀幾本書的「並讀」派，而不是「精讀」派？

幅：看情況吧，一般情況下，我會一口氣買下幾本書，看看這本又看那本。看書的心情每天都不一樣，就像你的身體情況，你今天很想吃肉，但明天也許有點感冒，就想吃清淡點的東西，嫩豆腐上撒點蔥末，加生薑那種。今天也許你很會看重量級大作家的書，但明天沒心情，那就看漫畫也挺好的。

看完的書怎麼放，若某一本書我覺得很好看，那就放在離自己最近的地方，書桌上的書架最前面那些位置。感覺還好的，就放在後面一點的位置，其他就放在另外一個房間。不過，書是不能藏起來的，總得要放在能看到的地方。哪怕是一天只有一秒鐘，你有機會看到它的書脊，你的大腦就會認出它的存在，幫助你想起它的內容。對我來說，這就是和電子書不一樣的地方。電子書我也會看，挺方便的。但看完的電子書，我很少再讀一遍。若覺得不錯，我還是把紙本書買下來。我自己分析這是為什麼，我想，我還是喜歡自己的生活裡能感覺到書的溫度和它具體的存在。

吉井：說到電子書，有些人認為以後的紙本書需要一種附加價值。您認為，日後還能夠被人所喜愛的紙本書，需要什麼因素？

幅：沒有過多的裝飾，比較直接表達作者的一種熱情和衝動，這樣的紙本書人們比較會想留在自己手裡吧。就是沒有那種迎合潮流的打算，而保有創作初期那種熱情的書。

吉井：您最近在看什麼書？

幅：《般若波羅蜜多心經》，最近對宗教方面有點感興趣，還有《結結巴巴讀出聲的歎異抄》，這是詩人伊藤比呂美[11]解讀《歎異抄》[12]的一本書。此外，吉本隆明的幾本書，漫畫家三浦純的「見佛記」系列也在看。我呢，一旦對某一個領域感興趣，就會集中看該領

11 伊藤比呂美（Itō Hiromi），日本著名詩人、小說家。一九五五年生於東京，就讀青山學院大學期間即開始發表詩作，一九七八年獲得現代詩手帖賞。以赤裸表達性與身體的寫作風格引領八〇年代女性詩人的風潮。近年來，從事佛教經典與和贊的現代文翻譯。

12 日本淨土真宗的重要教典之一，親鸞聖人的教義，由其徒弟唯圓撰寫。

域的幾本書。詩歌、短歌類的書也在看。還有……哦，二〇一三年的芥川獎作品《ａｂさんご》，黑田夏子女士的文體很棒。據說她會把稿子改寫幾百次，比如，這裡的助詞到底用「が」還是用「に」，她會想得特別仔細。這種文章你不能一下子看完，就像把糖果含在嘴裡融化，適合慢慢地看。

書中的獵人

吉井：您看書，雖然範圍很廣，但好像還是有一個核心。怎麼看書，怎麼買書，我很容易陷入困惑。您能給我一些建議嗎？

幅：憑感覺就好，別那麼緊張。去書店的時候，你身上帶的東西注意不要很多，東西盡量少，至少兩隻手得是要空著的。別忘了帶錢，而且多帶一些。比如你遇到兩千八百日圓的書，比一般的新刊還貴一點，但你覺得有一點意思，那麼還是要買下來。這就像獵人一樣，哪怕你沒聽說過這個作家，只要你覺得書中的某一小部分有意思，那麼這個直覺你是可以相信的。說到底，看書是一種與身體相關的動作，你身體告訴你的直覺，是值得相信的。現在是網路時代，大家都忘記聆聽自己的聲音。我想至少在書店，你可以好好用你的直覺尋找獵物。

還有，估計很多人去書店的時候，看的書架是比較固定的。我建議還是每個

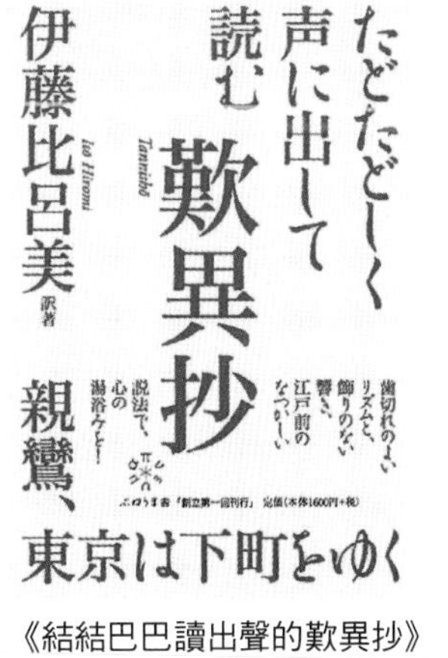

《結結巴巴讀出聲的歎異抄》

《abさんご》

書架都要看，書店每一個角落你都要走一遍，隨時注意有什麼書引起你的興趣，就像一隻豬在松林裡尋找埋在土裡的松露一樣。

說到讀書，很多人認為讀書越多越好，比如「我今年讀了兩百本書」等等。看書越多越厲害那種想法，我覺得是錯的。是否看完一整本也不是很重要，更重要的是，一本書裡面的某一個部分的文字一直留在你心中，和你一體化的那種感覺。說白了，我們看完一本書，裡面的內容多多少少都會忘記的。不然，也沒辦法看下一本書，是不是？據說葛蘭・顧爾德[13]去世時，他枕邊只有兩本書：《聖經》和夏目漱石的《草枕》。據說他讀《草枕》二十多年，讀一次，又讀一次。《草枕》是一篇小說，也可以看作是一篇藝術論。他那麼喜歡，也是有原因的吧。我覺得他和《草枕》的這種關係，是很幸福的讀書狀態。

吉井：您的購書習慣，是小時候養成的嗎？

幅：是的。這點我運氣很好，母親在這方面挺慷慨的。小時候，離我家騎車十分鐘的地方就有一家書店，大概二十五坪，按當時的小書店標準來看，就是普通、中等的大小。老闆歐吉桑基本不管站著蹭書看的客人，不少小朋友還坐在地上看書，也很少被趕走。我當時的每月零用錢是五百日圓，吃些薯片等零食，買個模型，不出十天就會用完。但我從不用擔心買

13 葛蘭・顧爾德（Glenn Herbert Gould, 1932-1982），加拿大鋼琴演奏家，一九六四年以後停止公開演奏，轉向錄音，以演繹巴赫作品聞名於世。

書，買書的錢母親會另掏腰包，只要告訴店主自己的名字，到月底母親會付清這個費用。雜誌、參考書、小說、實用書或漫畫，只要是書都被允許購買。我現在想來，喜歡搗鼓書架、把各種書放在一起，這個源頭，應該是小時候養成的。

因為年紀小，當年資訊也比較閉塞，我不管對圖書的評價，也根本不顧排行榜，只要自己覺得好玩或有意思，就拿在手裡翻閱。先坐下看一看，若足夠有意思，想帶回家繼續看，我就把書帶到收銀台，告訴店主自己的名字。就這樣，我認識了儒勒・凡爾納的《海底兩萬哩》、史蒂文生的《金銀島》，《亞森・羅賓智鬥福爾摩斯》也挺讓人興奮的。這些書，我到現在還留著。

吉井：小時候的經歷果然很重要。對了，您之前去過北京，是嗎？

幅：去過，但有一段時間了，大概北京奧運會之前去過幾次。當時我是和《BRUTUS》編輯一起去的北京，到798藝術村和北京幾家書店取材；那時好像也去了上海。對了，我挺喜歡中國的art book，比如大連理工大學出版社的《中島英樹[14]》，我覺得挺好看的。（邊說邊從身旁的書架拿起這本重量級圖冊翻看）大學的出版部門出了這麼豪華、厚實而能夠讓人目瞪口呆的書，在日

《中島英樹》

14 中島英樹（Nakajima Hideki），日本著名平面設計師，一九六一年生於埼玉縣，以其為坂本龍一設計的唱片封套為西方設計界所知，曾獲TDC、ADC等多個廣告、設計相關大獎。

本很少見。我當時就想，大學出版部門能表現出這種先進的做法，其實是很健康的狀態。

後來就沒再去中國，但這幾年去了幾次亞洲其他地方，因為接到各地的合作方案。比如韓國現代汽車，他們在首爾辦公大樓要開設一個圖書室，藏書量要達到一萬多。為他們選書的curator（策展人）共有四個，是從世界各地找來的，日本則是莫名其妙選上我。我負責的是關於旅行的圖書，並不是觀光指南書，而是攝影、圖畫等藝術書或小說。我不懂韓文，平時經手的圖書也以日文和英文書為主，還有一些圖片為主的外文書。所以我為他們選書的時候也先提交了一批日英文圖書的書單，若有韓文版就直接用上。我們發現韓國的譯介出版特別發達，有些圖書沒有日文版，韓文版早就出了，很厲害。另外，我感覺韓國人特別講效率，從首爾飛來和我聊完，當天就回去了。

吉井：翻譯引進的差別，我也感覺到了。個人感覺中國的翻譯出版種類之多，也超過了日本。

幅：有意思。很多事情還是得自己體驗過才知道。最近我去了馬來西亞，你知道那邊最大的書店是什麼嗎？是紀伊國屋，開在首都吉隆坡的購物中心裡。吉隆坡那邊日本文化接受度其實挺高的，當地的日系百貨公司伊勢丹[15]正在進行改裝，由我們負責選書和圖書陳列。

15 日本文化體驗空間「The Cude」位於吉隆坡伊勢丹三樓，約有八千冊圖書，以英文版為主。

吉井：隨著選書服務客戶擴展到海外，您的感受和在日本國內做事有何差別呢？若文化背景不同，一個書架給人的感覺也應該有一點不一樣。

幅：確實有點不一樣。我參加過二〇一三年的Baselworld，是在瑞士舉辦的珠寶、手錶展。我的任務是替日本精工公司布置一個六公尺長的書架，主題是「日本的留白」，陳列介紹關於枯山水、Minimal Art（極簡主義）和日式庭院的圖書。我在那裡接觸到了各個地方的客人，發現日本人感興趣的多是書和書的關係，他們想知道這本書的旁邊放那本攝影集，是有怎樣的關聯和考慮。而大部分的海外人士感興趣的是書本身和背後的事情，類似這本書作者的經歷等等。我是想，尤其是西方，書架擺放方式是A到Z，以搜索方便為主。所以像我這樣，以書和另外一本書的關係來構成或說編輯出一個書架，算是挺日式的。這種書架，我們叫「編輯棚」。書架的重點在於「關聯」，要讓客人讀出這本書和那本書的關聯性和文脈所在。

不過，不管是在哪裡擺書，我還是認為調查、訪問是很重要的。剛提到的馬來西亞那邊的書架，也是我進行了走訪，不止一次哦，實地走訪了好幾次。不同地方的書店店員，還是有不一樣的感覺，很有意思。那家馬來西亞的書店也是，那裡書店店員的工作節奏和日本一般的書店店員相比，慢了許多。我沒有機會和客人聊，不過我還是逮了幾次空向書店店員詢問，同他們一邊商量一邊選書。

吉井：看來，您還是很重視和人直接的溝通。

幅：那是呀，圖書的存在意義，是被作者之外的另一個人翻開的那一瞬間才開始有的。書架做得再漂亮，若當地人不覺得好玩而不碰它，那就沒意義了。真心希望那些書架能夠被馬來西亞的朋友們接受。

吉井：您對中國的書店感興趣嗎？

幅：有啊，很感興趣。上次去北京的時候也逛了幾家書店，我覺得中國人對編輯還是有敏銳的taste和熱情，我很喜歡。不管是從成本還是思考方式來看，他們做的雜誌和書，都有那種超乎預想的感覺，很有意思。有機會我滿想去中國做點事情。你回去北京幫我多多跟人家宣傳啦。（笑）

吉井：若太多人來找您怎麼辦？

幅：歡迎歡迎。可能合作方式需要一段時間來磨合，但以我到現在的經驗，整個亞洲人的感覺都挺接近的。希望下次在北京能和你一起喝喝酒。

吉井：好，下次北京見。

青山Book Center六本木店。（店方提供）

東京都港區六本木6-1-20 六本木電氣大樓 1F

週一—週六10:00-23:30，週日10:00-22:00（無休）

高木學園「PICNIC BOOKS」。（BACH提供）

TSUTAYA TOKYO ROPPONGI（蔦屋東京六本木店）。（店方提供）

東京都港區六本木6-11-1 六本木HILLS 六本木KEYAKI STREET

07:00-04:00（無休）03-5775-1515

番外

三個案例目前的狀況

專訪高木學園圖書室管理員齋藤女士

採訪時間：二〇一六年五月

齋藤：這裡的圖書室離「教室棟」（學生上課用的教學樓）有點遠，除非特別喜歡看書的學生，否則一般都不會過來。這是我們請幅先生來幫我們選書、請他想辦法讓學生多接觸圖書的主要原因。我們希望能有辦法讓學生多接觸書，同時提高圖書室的利用率。和幅先生商量之後我們想出一個辦法，把一些書放在推車上，停在教室棟一角。想知道結果？嗯……怎麼說呢，可以說，我是希望學生的潛意識中有一點書的蹤影。但若你要問我具體的效果，對平時一直在圖書室的我來說，其實效果不是那麼明顯。

你很失望？不，讓學生看書確實很難，我完全明白這沒那麼容易。若是初中生情況會好一些，初中生比高中生會看書，這是日本全國普遍的現象，到了高中大家不太會看書了。有的私立學校是六年制，等於是初中和高中在一起，聽說這類學校的圖書室利用率比較高，因為初中生會來圖書室看書。我們學校只有高等部（高中），學生不是準備大學入學考試，就是投入「社團活動」，挺忙的，沒時間看書。來一趟圖書室，看看書架上的圖書，辦外借，看完還要來一趟還書，這樣的過程足以讓學生對圖書室敬而遠之。當然有少數學生本來就喜歡看書，經常來這裡借書。但正如我剛跟你說的，圖書室和學生平時上課的地方有距離，所以對其他學生來說，來這裡借書還書，這門檻確實比較高。

說到教室棟的推車，確實有一些學生翻書。但我們學校購買的新刊也並不多，所以推車上書的更新速度也比較慢。這點我們以後要想想辦法。不過，在學校生活中，在學生的視線所及之處有一點圖書的蹤影，就有可能提高他們的閱讀興趣。畢竟，書給人的影響是慢性的，要一步一步來。

專訪道祖元診療院事務長鶴田先生
採訪時間：二〇一六年五月

鶴田：幅先生幫我們提出有意思的圖書分類，如「讓你放鬆的」、「與家人分享的」、「佐賀縣相關」、「懷舊明星」等。門口旁邊最醒目的位置放著以屋久島[1]、大海等自然環境為主題的攝影集，離櫃檯最近處有和大家病情相關的書。

偶爾有人要外借這裡的書，不過算是少數。大部分人自己去拿一本，默默地看著，很少跟我們談及與書有關的事。所以這只是我個人觀察的結果，但我看大家還是比較喜歡去看和病情相關的書，比如阿茲海默症或患者家族的「經驗談」——並不是專門的醫學書，內容沒那麼專業，而是比較平易的。還有，我們當地相關的書刊也很受歡迎，比如島田洋七的《佐賀的超級阿嬤》。

1 屋久島（Yakushima），日本九州大隅半島南方大約六十公里的一個圓形島嶼，屬九州鹿兒島縣，面積約五百平方公里，擁有獨特的自然環境和植被如繩文杉，一九九三年十月被聯合國教科文組織列為世界自然遺產。

老年人喜歡看昭和明星的攝影集，翻著翻著就會感歎「喲，真懷念」、「對對，確實有這麼個人」。這些讓你回憶往事的書，我覺得挺好的。

幅先生每三、四個月就會過來幫我們換書，也放了自己寫的書，我看到過有兩三本。他選的書，對我來說都有些出乎意料，比如介紹昭和時代生活的攝影集、立體繪本等，很好玩。希望大家在我們診療院的感受和一般醫院不一樣，三十公尺長的等候室等於是舒適的圖書室，可以拿起一本喜歡的書，一邊看窗外的樹影一邊翻閱。

專訪京都市動物園總務課負責人壽先生
採訪時間：二〇一六年五月

壽：之前圖書館是在動物園裡面，後來整個動物園進行裝修，就把圖書館規劃在了正門外。動物園裝修後效果很理想，入園參觀人數是過去的一點五倍。隨著入園遊客的增加，圖書館的利用率也提高了不少。我們圖書館沒有外借服務，所以說不清楚到底有多少人來這裡看過書，但我可以保證總體確實比過去多。

二〇一五年七月開辦新的圖書館後，我們辦了幾次面向小朋友的閱讀會，以後還會接著舉辦。二〇一五年底，還增加了一項活動，就是每月一次的「夜晚圖書館」。活動的主要對象不是小朋友，而是成年人。動物園閉園後，動物園員工和大家分享動物故事和知識。大家來這裡，可以在輕鬆愉快的氣氛中與動物學專家直接交流。這活動滿有人氣的，每次二十個席位一下子就被訂完。大家探討的內容有深度，比如類人猿相關的研究或動物園的大象在故鄉寮國的生態等。幅先生的選書給圖書館帶來親切的氛圍，在我看來，也讓大家在這裡的心情更好了。

動物園開設圖書館在日本也比較少見，所以我們也希望多多利用這個空間。我們決定把圖書館放在正門外，為大家免費開放也是希望更多的人能夠瞭解動物。我們日後會聽取大家更多的建議、策劃更多的活動。

道祖元醫療院內經幅允孝「編輯」過的書架長廊。
（YAMAZAKI KENTARO DESIGN WORKSHOP提供）

京都市動物園「動物圖書館」。（BACH提供）

9
本屋B&B

內沼晉太郎（Uchinuma Shintarō）

Book Coordinator。1980年生，圖書創意小組Numabooks代表兼創意總監，出版相關資訊平台「DOTPLACE」主編。著有《創造書的未來的職業，創造職業的未來的書》（2009年，朝日新聞出版）、《書的逆襲》（2013年，朝日出版社）。

Numabooks
numabooks.com

本屋B&B
東京都世田谷區北澤2-12-4第二松屋大樓2F
12:00-24:00（無休）
03-6450-8272
bookandbeer.com

有好書，有冰啤，這就是本屋B&B。

本屋B&B
出版界將會舉步維艱，但書店的未來是光明的

站前，這個詞讓人想起的風景，中日兩國頗有些不同。中國的火車站前，一般都有巨大的廣場，圍繞著這個空間有幾個超市、速食店和商務酒店。坐火車在中國人的生活中屬於「非日常」，人們帶著大件行李趕往下一個目的地，於是中國的「站前」給我的感覺也是非日常，和自己的生活沒有太大的關係。日語的「站前」的語感則更加生活化，實際大小和中國的「站前」相比，也小很多。日本軌道交通發達，大家都是來通勤或上學，於是乎，車站這個空間和這個詞徹底融入了人們的生活。從檢票口出來，沒走幾步就能直接進到一條商店街，等你走完這條街回到家，晚餐用的魚、肉、雞蛋、豆腐和蔬菜都已買在手。若不想做飯，隨便選一家定食屋就能填飽肚子，手頭比較寬鬆還可去居酒屋，和老闆聊幾句、抱怨抱怨上司的無能，紓解下壓力。

這種站前風景，不可缺的是書店。下班後在這裡站著看書、看漫畫，也很能放鬆身心。跟朋友約在書店、考試前選幾本參考書、進站前買繪本給小孩——預防上車後的哭鬧、高中生想買裸體寫真集被店主斥責拒售……然而，我們忽然發現這些帶有人情味的站前書店都很難找了。

在東京，書店還是不少。有樂町MUJIBOOKS和代官山的蔦屋書店已經成為代表性的東

京書店。大規模的集團請專業選書師選書、陳列，再讓精英ＶＭＤ團隊設計空間，這是一種理想的經營方式。但對小規模的獨立書店來說，光從成本上就不現實，有的慢慢失去了顧客，有的轉行不成功。據統計，日本的書店正以一天一家的速度在消失。

在這趟東京本屋的採訪過程中，不同獨立書店店主都用讚揚的口氣向筆者提到下北澤（Shimokitazawa）的「本屋Ｂ＆Ｂ」。小書店——包括他們自己——經營普遍艱難的形勢下，年輕人竟然開了一家獨立的新刊書店，二〇一二年創辦至今，依然顧客盈門。

本屋Ｂ＆Ｂ離下北澤站走路只需三十秒，是名副其實的「站前書店」。雖然沒有傳統站前書店那樣能夠應付男女老少的萬能性，但它能夠吸引住不少年輕人和上班族，見諸紙媒和網媒的報導也明顯比其他書店多。店名是Book & Beer的簡稱，自然是一家可以邊喝邊看書的書店，書店店員會拿起大杯為你倒啤酒。店內有不少二手北歐桌椅，可以坐下來慢慢喝啤酒享受閱讀時間，因此這家書店通常被介紹為「一手啤酒、一手好書的愜意空間」。但這家店的魅力不僅止於此。

本屋Ｂ＆Ｂ是由兩位媒體人嶋浩一郎和內沼晉太郎，經多次討論後，為「反擊」現在的圖書業潮流而誕生的空間。嶋浩一郎為廣告公司博報堂設立的創意機構「博報堂Kettle」的共同ＣＥＯ，一九九三年入職博報堂後專為企業提供廣告戰略服務，二〇〇四年也參與了「本屋大獎」[1]的提案小組，著有《到書店找創意：跟著日本廣告鬼才，看書店風景，激發靈感》、《企劃力》等書。

內沼晉太郎是圖書創意小組Numabooks代表。高中時代朝著音樂人努力的內沼先生，本來要報考音樂相關院校，可後來忽然發現，成功的音樂人也不一定是藝術學校畢業的。

「我不想讓自己陷入那種窮得無法生活的狀態。於是，我稍微修改了目標方向，要成為懂得自己宣傳的音樂人。」他考上商科名校一橋大學，但是，在大一快結束的時候，又受到上帝啟示：「你做的音樂，有人願意出錢聽嗎？」他馬上自己得出了結論，隨後他的興趣轉向美術、設計、電腦、電影和時尚。後來的幾年他熱忱於編輯事業，與同學一起出版zine，也試過雜誌的發行。

本次採訪的要點是內沼先生大學畢業後的經歷，以及本屋B&B成功的秘訣。內沼先生和嶋先生開店的初衷是什麼？艱難的書店生存環境中，這家書店如何實現盈利？

開始採訪前，我們先稍微瞭解一下本屋B&B所在的下北澤。

它位於東京西部的世田谷區[2]，是以劇團和二手貨出名的經典時尚區域，簡稱「下北（Shimokita）」。下北澤的文藝來源，可以追溯到昭和初期（二十世紀三〇年代），井上

1 本屋大獎（Honya Taishō），日本唯一由新刊書店工作人員票選的圖書獎，創設於二〇〇四年，以「由全國書店店員所選出的最想銷售的書」為口號。近年來被認為是各文學類圖書獎項中最具影響力與市場價值的獎項。

2 世田谷（Setagaya）區，東京都二十三區之一，人口在二十三區中居首位，面積為第二大。

靖、坂口安吾、森茉莉等著名作家在此居住、創作。詩人荻原朔太郎常來常往的香菸店，森鷗外的女兒森茉莉每天出沒的「喫茶店」，現在都還照樣經營。「二戰」後物資缺乏時期，東京出現無數的黑市，人們進行生活用品、食品和進口商品的交易，如今下北澤北部還能顯出當時的一鱗半爪。從二十世紀五〇年代開始，這裡漸漸興起咖啡館、爵士酒吧、音樂空間和劇場，等到八〇年代，下北澤已經成為音樂人和演員的搖籃。

在「年輕人想居住的日本東部地區」調查中，下北澤是經常出現在前十名的文藝聖地，也是「漂客」[3]的尋夢之地。因此，它被人們憧憬著，同時也會被厭棄。就像西村賢太的小說《苦役列車》中，醉得暈暈乎乎的主人公北町貫多向朋友的女友吐槽：

「喲，你又說了『下北澤』。鄉下人動不動就要住世田谷，到東京就知道杉並[4]或世田谷。那是為什麼呀？以為那邊代表都市品味嗎？這難道是你們鍾愛的、土裡土氣的『新學院派』[5]、『非主流』主義的特徵？你們以為自己在創新？說什麼『下北』啊？我跟你說，我們土生土長的東京人，根本不會把那些地方放在眼裡，從來沒想過在那裡住。」

從新宿坐電車只需十分鐘的下北澤，從南站口出來右手邊就是下北澤南口商店街（略提

3 指漂泊不定，非當地戶籍，沒有固定住所的人。

4 杉並（Suginami）區，東京都二十三區之一，臨接世田谷區。今野書店所在的西荻窪也位於杉並區。

5 新學院派（New Academism），日本二十世紀八〇年代開始出現的思想、哲學方面的新潮流，具有跨學科的特點，代表人物有淺田彰、中澤新一等。

一下，下北澤共有六個商店街）。以狹窄的一條街為中心，無數的小街如毛細血管般遍布在這一區域，街邊林立著雜貨店、咖啡店、二手服裝店、小劇場、迷你電影院和美髮店，充滿了集體性、自由而閒適的氛圍。但是，下北澤的真正好玩應該在於「人」，被這種氛圍吸引到這裡的是時髦人士、混蛋、作家、醉鬼、音樂人、編輯、創意人和loser。有沒有辦法和這些人交流，聽聽他們的來歷和想法？那你來本屋B&B就對了。它就在站口旁、走進南口商店街前、一條小街上的小樓二樓。

書店平面圖。（吉井忍製作）

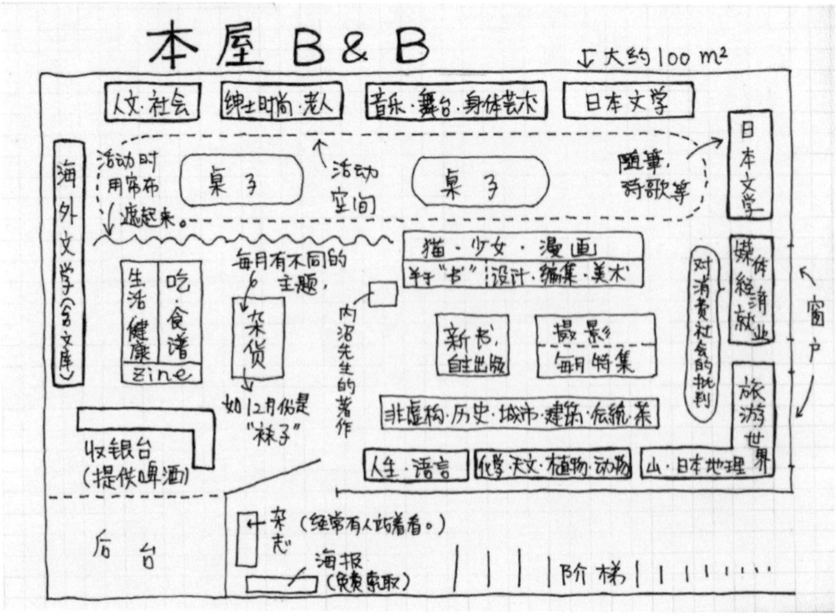

B&B店內大約有7000種書。

因為店內的書架桌椅都是可售賣的二手家具，所以大多不重複，迥異於其他書店。

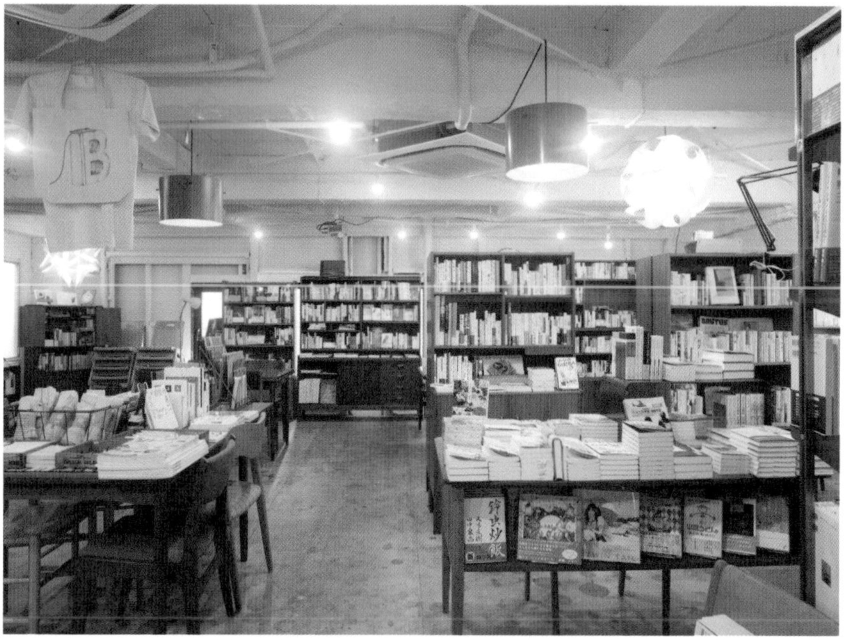

耶誕節主題專櫃，沒有聖誕老人等裝飾，而從宗教和傳統儀式來解讀耶誕節的由來。

日本傳統文化專櫃。

B&B細節：裝在袋子裡的書。

椅子上也擺著書。

B&B售賣的二手書架，售價6萬日圓。

B&B活動風景。

B&B售賣的雜貨，冬日的某一天，推薦襪子。

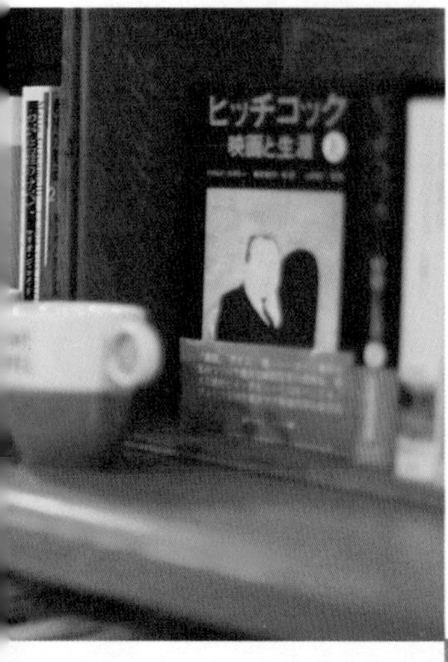

售賣的咖啡杯也跟書有關。

B&B售賣的zine。

B&B的「職業和人生」專櫃有嶋浩一郎先生的著作《企劃力》。

B&B的自製zine，居住在下北澤的作家吉本芭娜娜執筆的《喂！喂！下北澤》。

專訪本屋B&B經營者、Numabooks代表內沼晉太郎

採訪時間：二〇一五年十二月

說到底，Book Coordinator的工作就是絞盡腦汁，做出這種「機緣」罷了。

每天的活動所帶來的好處

吉井忍（以下簡稱吉井）：之前和一位書店店主聊天，他說這幾年東京新開業的新刊書店特別少，貴店是其中之一。貴店二〇一二年創辦至今，可謂相當成功，叫好叫座。原因可能是多方面的，但其中貴店每天辦活動這點應該是挺重要的。上次我來的時候，看到的活動是關於紅茶的。人挺多，位子幾乎坐滿，大約二十多個人。

內沼晉太郎（以下簡稱內沼）：本屋B&B的核心事業有四個：書店、活動、啤酒和家具。我就從活動開始說起吧。B&B的營業時間是中午十二點到晚上十二點，每天的活動一般安

排在營業時間內，大約兩個小時。活動不一定是一天一個，週六和週日一般一天安排兩次，多的時候還可能安排三次。這樣算下來，一年會有大約五百次的活動。還有的時候，會利用開店前的時間開辦早晨英語教室，每週三次各兩節課。

吉井：這確實是驚人的數字。上次我採訪的一家書店，他們說每天的工作內容很多，一年三、四次的活動都覺得很吃力。

內沼：估計其他大部分書店的反應也是如此。這點就是很多書店店長和店員陷入的誤解。一般，書店店員的工作集中在賣書，而活動的計畫和操辦是賣書以外的工作，屬於非日常的範圍。從開支來看，這種活動一般都是免費，讀者不需要付錢。這種情況下，給作者或嘉賓的報酬必須由出版社負擔，因為活動一般都是為了自家圖書的推廣。又或者，是向讀者收比較便宜的參加費，如五百日圓左右，若參加人數達到三十人，便有一萬五千日圓，把這個收入統統交給作者。書店從活動獲取的收入還是要看能賣出多少書。這種情況下，書店確實會很累。

我們的做法從基本概念上就不一樣。我們店鋪的布置也是為活動安排好的，活動區域大約占一半的店面，平常是擺了兩個大桌和椅子，辦活動前挪開即可。這樣可以減少員工的負擔。每場活動都有參加費，一般來說是一千五百日圓，另外請讀者購買我們的飲料（五百日圓／杯）。若參加人數達到三十，B&B的收入則是(1500＋500)×30。活動開支，包括給作者的報酬都由我們負擔，而不是出版社。參加人數若不夠，這算是我們的虧損，但若人數足夠，我們就能夠獲得收益。

吉井：活動的計畫、安排、推廣和當天的各種工作，是由貴店店員負責嗎？

內沼：是的。本屋B&B的全職店員，含店長寺島女士在內只有兩個，其他七、八個員工都是兼職的，包括專為活動雇來的三個員工。不過我們的活動並不是全交給這三位。關於活動內容的探討，全職和兼職的這三位員工都會參加，其他人也會提出活動案。我最後看他們的方案點頭或搖頭即可。其實提出的活動案子有得是，大家是絞盡腦汁爭奪每一天的活動時間。

吉井：貴店幾乎所有的員工都會參加活動的準備和實施，那麼專為活動而雇用的三位，是做什麼呢？

內沼：這三個人每週來上班兩三次，每個人負責每月十次左右的活動安排。雖然其他員工都會來幫忙，但B&B的活動還是主要由這三個人運作。活動的立案、跟出版社或作者的聯繫、計算活動用成本、接待作者和讀者、最後把報酬付給作者，這些事宜統統交給這三個員工。這些業務聽起來很繁瑣，但你一旦理解整個流程，就沒有什麼特別難的。所以，其實現在其他員工也都會了。這三個人和其他員工的差別只在於，後者的工作重心還是在於圖書，如果他們要負責活動的計畫和營運，我會發額外的工資。

因為我們有時候會邀請有名的作者、音樂人或編輯，很多人以為這只是靠我和共同經營者嶋先生的關係，實際上並不是如此。我們的活動還是新刊推廣為主，而出新刊這個時段，出版社最積極為作者辦活動，所以若能夠抓緊這段時間直接和出版社聯繫，哪怕是我們為作者提供的報酬只有一萬日圓，他們一般還是很願意為你安排。

吉井：別的地方，如商業中心的活動空間，都有可能舉辦活動。尤其是貴店所在的下北澤，酒吧或咖啡館都會辦活動，不擔心和這些地方的競爭嗎？

內沼：不會。書店，才是重點。比如你提起的活動空間，它是空蕩蕩的一個房間或區域，其實這種地方，出版社不會覺得適合辦新刊推廣活動。本屋B&B平時有書、有和書相關的人潮，還有過去活動的累積，這樣的場所才有磁場，他們更願意選擇這種地方。

我們每天辦活動，有些客人剛開始是為了一次自己喜歡的作者的活動而來店，但後來他們發現B&B發出的信息很多，覺得隨便來B&B也能接觸好玩的東西，就這樣成為了我們書店和活動的常客。所以堅持「每天」是一個關鍵。對書店店員來說，自己負責的活動越多，對活動流程越熟悉，主持技巧也越熟練。活動，對客人、出版社和作者來說，也許是非日常的業務，但我們主辦方必須把它當作日常業務來處理，不能讓客人感覺到我們對辦活動很生疏，否則會影響到整個活動給客人的感覺和吸引力。若這次活動很成功，出版社和編輯下一次出其他新刊的時候，也會願意在本屋B&B辦活動。

吉井：能告訴我些過去比較成功的活動例子嗎？

內沼：挺多的，舉個例子吧，像「某職業的第××年晚會」，比如「廣告文案人第三年晚會」，請在廣告代理店負責撰寫廣告文案已經三年的幾個人來進行對談。這些人並不是名人，也沒寫過書，但每次都有很多人來參加。

這幾個人只有一個共同點，就是「寫過三年廣告文案」。他們在台上談「幹了三年廣告文案的人共同的煩惱」什麼的，想進入廣告行業的大學生、剛進入廣告業的社會人、和文案創意人一起工作的公關人或和他們一樣寫了三年的廣告文案的人，都會感興趣。聽起來很簡單吧，辦活動不是特別難，就找出一個共同點，並把它視覺化，就會成為一種有魅力的內容。

吉井：我看您這邊，還有一年一次舉辦的「編輯斯巴達私塾」。以著名編輯菅付雅信先生[1]為中心，每次邀請不同媒體的重量級編輯來傳授編輯的奧秘，二十四堂課，費用大約十三萬日圓，也不便宜呢，可每次都額滿。

內沼：這不是聽著玩的課，菅付老師要求很嚴，每次給學生的作業都很多。二十四堂課中，菅付老師負責講其中八次，剩下十六堂課他還會邀請其他講師，都是日本頂級的媒體人，如

---

1 菅付雅信（Sugatsuke Masanobu），日本著名編輯，一九六四年生，曾任《月刊Kadokawa》、《CUT》、《ESQUIRE日本版》編輯，後獨立執業，目前的編輯範圍不限於圖書，還包括網站、廣告和展覽。擔任朝日出版社的單行本系列「ideaink」（二〇一二年創立）、電通「Dentsu design talk」系列、平凡社的現代藝術口袋文庫系列「Vagabonds Standart」主編。憑藉英國攝影師Mark Borthwick攝影作品集《Synthetic Voices》獲紐約藝術指導俱樂部（New York Art Directors Club）圖書設計銀獎。

《生活手帖》前任主編松浦彌太郎、《BRUTUS》主編西田善太、LINE高級管理人員管田端信太郎、NHK總製片人河瀨大作、講談社現代新書的編輯川治豐成、電通的著名廣告製作人高崎卓馬。

每位講師給學生的課題不同，比如西田先生會讓你想出《BRUTUS》每年舉辦的圖書特輯的題目、封面設計和內容結構；松浦先生要你提出繼承《生活手帖》思想的新的網路收費內容平台方案；川治先生希望與你探討五十年後也有人會看的圖書應該是什麼樣的；田端先生則讓你開發出新的服務，利用LINE形成雜誌編輯部和讀者之間的互動。

這些課題都是提前兩週或一個月公布的，學生按講師要求做一個選題報告，並交給講師。講師開課前選前十位的選題報告，這十個學生上課當天有機會在大家面前進行三分鐘的presentation。講師按發表的內容和效果進行批評或鼓勵，所有學生可以目睹媒體界頂級人物如何看待每一份選題報告，這是很難得的機會，也是很好的訓練。若沒有擠進前十名也沒關係，反正每個學生的選題報告講師都會過目、進行評論或給予建議。學生迴響很好，不少人都受到「打擊」，有些人因此奮起，當然還有些人因為打擊太大，乾脆不來了。說是學生，其實大部分的參與者也是雜誌或圖書編輯，課堂上學到的內容可以馬上利用到自己的日常工作裡。

「編輯斯巴達私塾」是例外啦，每天舉辦的活動不會那麼嚴格。當然，也不是每一次活動都很成功。二〇一二年創辦到現在，本屋B&B辦過的活動累積下來輕鬆超過一千場，從這些經驗中我們大概瞭解到適合B＆B的活動會是什麼樣子的。活動心得之一是，我們的客人比較喜歡的活動是偏「真面目（認真）」的，娛樂性太強的活動不太能夠吸引客人。大家還是希望從B＆B的活動中獲取一些對自己的職業生涯或人生規劃有用的知識。有名的人不一定能夠吸引很多客人，更重要的是活動名稱或活動介紹的寫法、足夠的活動預熱期以及作者或嘉賓本人在社交網路上能否幫我們推廣活動，等等。畢竟每場活動收一千五百日圓，每天細心研究如何讓客人更滿意，是必須的。

啤酒和家居

吉井：我想瞭解一下貴店其他重要因素，「書店」、「啤酒」和「家具」。

內沼：店名B＆B是book and beer的簡稱。共同經營者嶋先生和我都很喜歡喝啤酒，我們經常說，若有一個書店可以邊喝啤酒邊看書，那多好呀！我們還想著大家喝了酒也許更願意掏腰包買書，或「書和啤酒」很可能讓媒體更喜歡來報導。所以我們申請政府的餐飲許可，在收銀台旁邊附設啤酒機，開始為客人提供生啤。除了啤酒外，我們也提供咖啡、葡萄酒和軟飲。尤其是咖啡豆，我們是從中目黑的咖啡專賣店café fa.on進貨的。書店賣的飲料，大家很容易有個預想「略貴，而且味道不會怎樣」。這種期待之低，就是我們的機會。我們對啤酒的味道和鮮度、咖啡和葡萄酒的品質都很注意，能夠給大家一個驚喜。「有一家書店賣的咖啡，其實挺好喝的」，這種驚喜很有可能會成為自己和朋友之間的話題。

吉井：貴店的桌子和椅子，都滿可愛的。買一杯飲料，選一本書坐下來看看，感覺很舒服。

內沼：這些桌子，以及店裡所有的椅子和書架，都是我們的商品，由東京的家具店「KONTRAST」提供的北歐風二手家具。尤其是書架，在東京能夠把這麼多的種類並列在一起，應該只有我們店。而且我們店裡的書架都已經擺好書，所以大家容易想像，擺在自己家裡放上書的感覺如何。

吉井：若書架賣出去怎麼辦？裡面的書都要重新安置，是嗎？

內沼：是呀。（笑）客人若買走書架，我們營業時間結束後會把裡面的書都拿出來，同時請KONTRAST補貨。因為是二手家具，他們搬過來的書架不一定和原來的一樣，通常來說是很不一樣。所以我們的店員必須重新考慮如何擺書，但這也有個好處，能夠為整個店的環境帶來新鮮感。書店，其實是每天都有變化的，因為不同的書每天發出的信息都不一樣，書在變化，店也在變化。加上偶爾店面布置有變化，也挺好的。這種委託販賣方式的書架還有一個好處，就是我們不需要自己準備書架，還可以控制開店成本，賣出去便能拿到分成。

吉井：聽您這麼一說，感覺書店的概念比原來大了許多。而且您最近參與了布蘭登・洛珀執

導的美國紀錄片《一部關於咖啡的電影》（**A Film about Coffee**）的日本國內發行。這是您做為**Book Coordinator**的活動之一，還是屬於不同領域的嘗試？

內沼：我一直有個夢想，開一家電影院。發行影片和開書店，這兩者有很多共同之處。首先從出版業和電影業的現況來說吧，前者的情況是這樣，書店的店鋪數量和圖書銷售額銳減的同時，出版物的數量和書店平均的面積在增加。這意味著，很多書店靠多品種來維繫客人，出版社也不停地出新刊來周轉資金。電影界也挺像的，電影院本身的數量在減少的同時，在日本國內放映的電影數量增加，平均每家影院擁有的銀幕數量也在增加。

吉井：也可以說，小書店和小型影院正在消失，兩個行業都在走規模化的路線。

內沼：是的。還有，圖書的定價全國統一，一部電影的票價也是統一的，新片一千八百日圓。好像這點中國比較先進，聽說在中國，每家電影院的票價按他們的設備和地區等因素會有差別，觀眾自由選擇不同的電影院和票價。我覺得日本也應該這樣。

吉井：我看到在日本的網路群募平台上，《一部關於咖啡的電影》通過平台從一百一十八人處成功籌資超過一百五十萬日圓。

內沼：放電影需要各種成本，包括購買放映權、宣傳和宣傳內容製作等。觀眾購買的票價裡只有一部分是我們的收益。這個過程並不容易，但因為我們對影片的內容很感興趣，也相信值得為大家介紹，所以還是挺開心的，這點和書店經營也挺像的。這部電影後來成功在日本國內的電影院上映。

吉井：咖啡目前在中國也很紅。有關咖啡的圖書和周邊商品都很好賣，還有咖啡豆本身的銷量和街上的咖啡館數量，都上升得很快。

內沼：有意思。估計中國觀眾也會喜歡這部作品。我們宣傳這部作品的時候，和不少咖啡館合作，他們在自己的店裡貼海報什麼的，效果也很好。

書店要開在哪裡？

吉井：本屋B&B開設在東京下北澤，是有什麼特別的原因嗎？對很多東京人來說，下北澤給人的印象一直是劇團多、二手服裝店多，算是次文化的聖地之一。

內沼：說實話，沒有特別的原因。（笑）其實，我當時想把書店開在淺草。你想想看，在淺草沒有特別有名的書店。那邊的年輕人挺多的，而且做為東京著名觀光地，國內外的觀光客都很多，人潮絕對是足夠的。淺草那麼好玩的地方，到現在還是一個書店空地，我覺得是一個很好的機會。

開店之前，我把這個想法告訴了澀谷SPBS的福井盛太先生，他建議我不要選擇那邊。也沒有別的，因為淺草離我家有一點遠。我就住在世田谷區，到淺草確實有一段距離，要換乘地鐵什麼的。福井先生強烈建議說，要開書店，每天至少一次要親自到店看一看，哪怕是十分鐘也可以，總之一定要自己去看一看，照顧一下。

我覺得他說得也是對的，畢竟書店是資訊寶庫，它是活著的，需要細心的照顧和調整。和書店一樣，城市本身也會有變化，尤其是東京，這裡每天都會發生各種事，若想把書店的生存狀態和城市本身磨合得恰到好處，就不能全部都交給員工，也不能完全靠自己在紙上建立的經營模式。所以我就放棄了淺草的開店計畫，而選擇了離家走路不到十分鐘的這個地方。

吉井：那您現在每天都會出現在本屋B&B？

內沼：是的。有時候忙不過來，來了五分鐘就要走，但每天都會來，和店員打個招呼，看看書的銷量和書架上的擺書情況。另外，B&B的活動我經常會出現，和各個行業的人進行對談。

我剛說，選擇下北澤並沒有特別的原因，但我後來確實發現下北澤是一個好地方，挺適合開一家小書店的。第一，就像你說的，下北澤是一個年輕人的文化聖地。這裡歷史很長，並不是這幾年才開始的，所以住在這裡的「曾經的年輕人」，等於是現在年紀比較大的人就住在這裡，他們對文化和社會的變化都比較敏感。第二，人潮多。下北澤這個車站雖然不大，但有兩條電車路線的交叉點，到澀谷、新宿、吉祥寺等地方都有直達的電車路線。下北澤附近有東京大學教養部、青山學院大學、國學院大學等著名學校，學生也多。

吉井：本屋B&B是廣告創意機構博報堂kettle CEO嶋浩一郎先生和您共同經營，當初你們如何萌生開書店的念頭？

內沼：我並不是突然想到開書店的。我一直很喜歡音樂，升入大學後也繼續搞音樂活動。但後來就發現自己的音樂不太好聽，大概那時候開始，我把自己從「自我表現」轉向「傳達」這邊。大概也是那個時候開始，我覺得雜誌的編輯工作很有趣，和朋友發起小組開始自己編雜誌，很多細節我們花了太多時間，可沒出版，電腦硬碟卻壞掉了。那時候我們都傻呆了，因為花了那麼多時間的東西，一瞬間就消滅。隨後我把雜誌這事擱在旁邊，但還繼續做比較簡單的zine之類的。

當時我看了一本書給我印象很深刻，就是紀實作家佐野真一先生的《到底誰要殺「書」》（二〇〇一年，President社），那是他採訪出版界的暢銷書。我看了那本書之後覺得動腦筋賣書比寫書好玩。之後我的目標一直沒有改變，就往這個方向走。大學畢業前的就職活動期間，我是試過找出版社的工作，可我又想到，自己更需要的是整個出版界的潮流，而不是做某一本雜誌的編輯，所以最後選了專門舉辦國際展覽的外資公司，它負責舉辦每年的東京國際書展（TIBF）。

入職後才發現，我這個人並不適合做白領，勞動強度也很大，於是兩個月就

《到底誰要殺「書」》

辭職了，當時我是二十三歲吧。離職後，我還是想做點和書有關的事，就和大學的兩個好搭檔共同辦起一個賣二手書的小組「book pick orchestra」，主要業務是通過網站賣二手書，有時候還會到各種地方，包括夜總會、酒吧那些地方賣書。

二〇〇三年那時候，也有不少網站賣二手書，但大部分的網站不太能吸引人，也可以說賣家的目標也只是圈內的二手書愛好者。我當時的想法是，我們必須把書本身的魅力擴展到不看書的圈子裡，至少讓自己身邊的朋友覺得二手書是一件好玩的事。於是就在網站上進行關於一本二手書的對談，有時候把書拿到外面拍照，還做了視頻。賺的錢不多，跟朋友合租五萬五千日圓的一棟舊房子，我是做管理員，其他的房間當作開放空間，有的房間我放二手書當庫存，有的房間租給學生寫論文或搞藝術，一天收五百塊。當時還有一份兼職的工作，是在東京千駄木的書店「往來堂」做店員。

吉井：往來堂我去過幾次，外表看起來是一家非常普通的小書店，一進去就完蛋了，起碼一個小時出不來。書的分類和擺設，都能感覺到店主的細心安排。

內沼：往來堂店主笈入建志先生，我有時候在對談場合會見面呢。我現在能夠經營B&B這樣的新刊書店，也就是因為在那裡深度理解了書店的內部運作、日本出版業界的業務習慣以及小書店和周圍地區的關係。

創造書和人的偶遇，需要一種機緣

吉井：二〇〇三年創辦**book pick orchestra**，當時你們做了什麼呢？
內沼：它的基本理念是「創造出讓人和書偶遇的機會」。基於這個理念我們嘗試了不少事，比如「文庫本葉書（文庫本明信片）」。將二手的文庫本用牛皮紙包起來，正面印上寫地址和問候語的小空間。而後面印的是從這本文庫本選的一兩句話，客人僅憑這幾句來選購。

日本的文庫本大小是固定的，是105mm×148mm，剛好和明信片大小差不多。因為是二手書，「文庫本明信片」的價格可以調整到統一標準。客人就像選一張自己喜歡的明信片一樣，選一句自己喜歡的話即可。

「文庫本明信片」可以帶回家，再打開看裡面的文庫本到底是什麼樣的作品。或者貼上郵票後寄給朋友也不錯，過兩天打電話給對方問問裡面是什麼作品、對方喜不喜歡那個作品，就這樣通過文庫本可以創造一種新的溝通方式。

吉井：之前我在貴店**B & B**買過的文庫本明信片正是**book pick orchestra**推出的。選的一句挺有意思：「看來，中國人能夠接受沒有糖的生活，而一旦沒有肉，他們會覺得好像到了世界盡頭。」打開包裝一看，原來是邱永漢先生寫的《食在廣州》（一九九六年，中央公論社），這種偶遇讓人印象深刻。我在中國生活了十多年，確實感覺到在中國人生活中，肉占有的位置比較特別。我對這句話很有共鳴，看到這一句就毫不猶豫地買了。

內沼：創造一次書和人的偶遇，需要一種機緣。比較傳統的機緣是，你看到書店裡平鋪的封面，覺得很好看，或者是一個書店店員手寫的ＰＯＰ廣告。我們的想法就是要將這種機緣擴展到書店和圖書館的外面。

說到底，現在我們周圍的書和圖書相關的資訊實在太多。日本每年有八萬種新刊出來，你在電車上看到新刊廣告，到書店就看到店員用心手繪的ＰＯＰ，打開Twitter你的朋友又推薦一部小說，上課老師也給你一堆「必看」的專業書，書店平鋪的圖書封面全都很吸引人……除非你特別懂書或有明確的目的，否則到書店很容易陷入困境，不知道看什麼，最後站著翻了幾本雜誌就走掉。文庫本明信片的基本概念是將一本書相關的資訊重新整理出來，並集中在一兩個句子裡。

當然，只靠一兩句話來選的書，你讀了不一定覺得好看。但你想想看，關於一本書的資訊有多少，三百萬銷量的暢銷書，你不一定會喜歡；朋友強力推薦的一部小說，你也不一定會覺得有意思。那麼，若你覺得一本書裡的一兩句有意思，是不是值得看一看呢？如果從一本書中摘引的話很巧妙，這一句話，它本身會帶有一種吸引力，也能夠創造一次很有意思的機緣。書和人，人和人，都是這樣的。你的朋友給你介紹一個女孩子，哪怕她是朋友為你細心挑選的，你不一定就會喜歡她。但有天你在居酒屋一個人喝酒，旁邊隨便坐下來的女孩子你卻覺得有意思，莫名其妙就喜歡上了。機緣就這麼回事。說到底，Book Coordinator的工作就是絞盡腦汁做出這種機緣罷了。

這種文庫本明信片，我在小書《創造書的未來的職業，創造職業的未來的書》（二〇〇九年，朝日新聞出版）中介紹過，後來Village Vanguard[2]的店員跟我商量想做類似的活動，我們就一起推出了「覆面文庫本」，把一本文庫本包起來，客人靠店員提供的推薦語和文庫本的價格——因為Village Vanguard賣的都是新刊，每一本的價格都不一樣——來選購。這個活動挺受歡迎，持續了一年多。二〇一二年，紀伊國屋書店舉辦「書的印子」活動，把文庫本都包起來，僅介紹開頭，也就是每位作者投入最多心思的部分。後來我有機會和該書店的負責人對談，對方告訴我那場活動就是從我們的文庫本明信片獲得靈感的。把過多的資訊重新整理，再將提煉的一小部分展示出來，這個做法能應用到很多地方。

吉井：您二〇〇六年離開book pick orchestra，隨後另外創立「Numabooks」，並繼續做Book Coordinator的工作。和您的工作內容相似的Book Director幅先生沒有自己的書店，那您開一家書店的機緣是什麼呢？

內沼：首先說一下Book Coordinator這個說法吧。這是我自己想出來的職業描述，之前沒有。我剛開始自我介紹的時候說自己是「書店」，但這麼一說，對方以為我是書店店員，是嗎？

2 日本連鎖書店兼雜貨店，一九八六年創立於名古屋，一九九八年於下北澤開設東京第一家分店，截至二〇一六年總店數接近四百家。

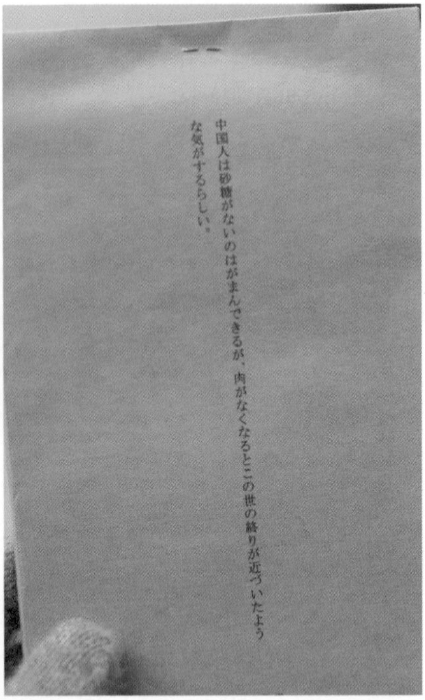

文庫本明信片裡的書《食在廣州》。

其實我的工作內容和一般書店店員的差別很大。我開始用Book Coordinator這個稱謂之前，有人已經讓我在時裝店擺書，後來選書或其他相關業務多起來，所以我把book pick orchestra代表的位子讓給夥伴。就是這個時候，我想要給自己的工作一個固定的名字，要讓大家明白我是幹什麼的。我的大學專業是品牌管理，所以當然對自己的「self-branding（個人品牌行銷）」比較在乎。最後，就這樣想出來的是這個稱謂。這個英文的稱謂剛開始自己覺得心裡怪癢癢的，但是因為是非常新的title，所以這個工作內容自己可以掌握。其實，「幫人選書」和「創造書和人偶遇的機會」，這兩種業務性質很不一樣，但我可以自己說這都是我——Book Coordinator的業務範圍。這個講法很方便，可以讓大家明白我的工作是和書有關的，而且我自己可以擴展業務內容。

創立Numabooks的前後，我的工作一直沒有太大的變化，都是圍繞著書。幫時裝店、家具店或雜貨店這類書店以外的店鋪賣書，在酒店或辦公室的公用空間設置讀書空間，與電子書相關企業、圖書館、出版社和「取次」等合作，等等。二〇一〇年是日本所謂的「電子書元年」，大概那時候開始，我的業務裡和電子書有關的內容也多起來，比如電信公司KDDI的電子書銷售平台

本屋B&B策劃製作的獨立出版物《關於下北澤》，由吉本芭娜娜執筆，一本500日圓，共10本，已完結。

「LISMO Book Store」或「Sony Reader Store」[3]。在這過程中我認識了博報堂Kettle的嶋浩一郎先生，他負責KDDI電子內容服務的廣告。還有一次二〇一一年的《BRUTUS》的圖書特輯「愛本屋」，我們共同負責特輯編輯，走遍了日本全國的書店。

我們經過這些接觸，就有了共識：大書店、小書店、獨立書店、網路書店，這些都是社會需要的，最重要的是要保持這些書店的多樣性，能夠保留我們按自己的目的和心情自由選擇的空間。同時，我們也很快就聊到共同的憂慮：圖書銷量銳減的大環境下，小書店正在快速消失。大家還是喜歡看書的，我們深信，只要能夠找到合適的經營模式，小書店也能夠生存下來。不少媒體人強調說，電子書來襲讓傳統出版業面臨危機，書店也因此踏上被淘汰的命運。很糟糕的是，出版界的人都沒有動腦筋，把責任都推給「不看書的年輕人」和書店，就這麼認命了。我就覺得這是很大的誤解，也許書的存在方式和書店的經營模式會有變化，但書的未來是光明的。為了人們生活更加豐富，我們一直會需要書和書店。嶋先生跟我提起開一家小書店事宜，大概也就是二〇一一年的時候。我很快就答應了，因為這是一個很好的機會，我要證明這個想法沒有錯。

吉井：本屋B&B從開店起到現在一直實現盈利，這已經說明書本身的未來還是有的。剛才

3 均為二〇一〇年開始的線上書店服務平台，支援免費書籍下載和付費內容。前者「LISMO Book Store」已於二〇一六年四月三十日終止服務。

您說的「合適的經營模式」指的是書、家具、啤酒和活動，這樣子的多元經營模式嗎？

內沼：是的。我們的目標是開一家小而美的書店。只賣店主和店員精選的、值得賣給客人的書，同時還可以獲利的書店。不過，很多小而美的書店進入了一個陷阱：為選書花太多力氣。你想想看，店員比其他書店花了三倍的時間選書，也不一定就能夠獲得相應的（三倍）收入，這是不可能的。若是其他的商品，我們可能把它的價格拉高一點什麼的，但書的毛利空間是固定的，原則上是22%，進貨和賣價也沒有調整空間。所以我們把一部分的力氣花在書店本身的空間裡，把空間做成足夠吸引人和能產生收入的地方。這就是我們辦活動的基本概念。

我並不是想開一家酒吧或一個商業活動空間。我想賣書，而為了賣書，以後的書店必須有這種多元型的生存模式。

吉井：對您來說，「值得賣給客人的書」會是什麼樣子的呢？

內沼：就像我剛剛跟你說的，現在日本每年有八萬種新刊出來。市場上的書還不止這些，加上過去出版的書，這數量是挺可怕的。很遺憾，這麼多的書當中有一部分不是特別理想，做得不夠細心。我選書的時候，會比較注意書的內容和領域的多樣性，不能有太大的偏向。因為我想通過B&B讓大家認識到世界有多大，多麼不一樣。本屋B&B的面積是大約三十坪，但你逛一圈就能感覺到這裡和外面的龐大世界是有一種通道的。這是書和書店有意思的地方，只有三十頁的書告訴你的世界，不一定比一千頁的書擁有的世界小。B＆B除了新刊和雜誌外，還有不少zine和個人出版的little press，其銷量一直在上升。大家來B＆B，多多少少也就是為了找到新的東西和以前不知道的世界。我經常和大家說，好的書店，就是能夠讓毫無目的地進來的人買書的店。

吉井：這點我覺得貴店已經成功了。上次我來B＆B，本來只是想看一看，後來不知不覺買了五千多元的書和雜誌。對了，平時您怎麼看書呢？

內沼：看書是每天都要看的。上午和睡前都會看書，還有電車、計程車上，只要有時間我會看書。

至於我喜歡看的是什麼書？不好意思，這我不能回答。是這樣的，因為我的工作是跟書有關的，編輯呀、設計師呀，不同領域的人都會來跟我商量和書有關的業務。那麼，若我說出自己喜歡某一個領域的書或某一位作家，那麼外面的人難免會對我有一個固定的看法、印象。打個比方，我說我喜歡看美國現代文學，那以後很少有人委託我法國文學相關的業務。這對我的工作不利，因為一個固定的看法會縮小我的工作範圍。所以我必須把自己向每一個圖書的方位開放。不過，悄悄地告訴你，我最近看的書都是「要看」的書，也就是說，工作上必須看的書。我也是滿拚的。（笑）

要看清，是否被社會需要

吉井：我在中國遇到不少愛書人士，看的書非常多，也懂得選書。若他們要成為像您一樣的專業圖書服務者，或要開一家像B&B那樣的小書店，您能給他們什麼建議嗎？

內沼：建議大家先從身邊的、自己最喜歡的小事情來開始。期望圖書服務業務馬上賺錢是不容易的，所以大家一開始也不要太在乎能否賺錢這點。

比如，二〇〇九年我之前在青山的咖啡館Spiral Cafe辦了一次「文庫本套餐」活動。是我自己想出這一個方案，主動和對方商量能否在店裡試著提供這個套餐看一看。這個套餐，和咖啡蛋糕套餐差不多，只是把蛋糕換成一本價格和蛋糕差不多的文庫本。每個月提供五種文庫本，客人點這個套餐的同時告訴店員選哪一本文庫本。

這個方案我是不收錢的，只是覺得好玩才做的，咖啡館也覺得不錯，就試一試。結果客人反應都很不錯，還有很多媒體來報導。活動結束後咖啡館的人找我說，還想做一次，而且這次是有預算的。就這樣，你想做的事情是否被社會需要，這剛開始不會特別清楚。所以你得先花點力氣，甚至用些自己的錢，做一下自己想做的事。如果那剛好是社會或周圍的人想要的或大家覺得好玩的，那麼你做的那件事就能慢慢變成你的工作。

至於書店，我剛也說過，書店就是讓一個人和一本書偶然相遇的場所。從這個角度來看，你一個人，從今天就可以開始是「書店」。在網上連續發表你的書評也好，把你喜歡的書放在你家附近的咖啡館也好，陪你的孩子睡前一起看繪本也可以，做久了，自然會有一種影響力。我也是這樣累積下經驗的，在書店邊打工邊嘗試和圖書相關的各種服務。所以我的建議就是，先不要投太大的資金，一邊上班一邊嘗試各種能夠讓你開心的圖書服務，尋找屬於你自己的「書店」模式會是什麼樣，並慢慢培養它。「書店」可以成為你的自媒體，你就是把周圍的人和書本上的智慧連接起來的媒介。這樣看來，「書店」的未來真的有意思，你不覺得嗎？

二〇〇九年四月Spiral Café「文庫本套餐」的書單如下：武田百合子《語言的餐桌》、いしいしんじ《踩麥》、G. K.切斯特頓《代號星期四》、飽希斯・維昂《摘心器》、小野洋子《葡萄柚》。價格一千兩百日圓起。

採訪結束後，內沼先生和我在B&B店面裡繼續聊著，恰好看到都築響一的新作《圈外編輯》。我很喜歡這本書，內沼先生點頭稱是「確實是好書」；後來，內沼先生為這本書寫了書評。

(1) 2015年(平成27年) 4月16日(木) 往来っ子新聞 第132号

往来っ子新聞

栄養、バランス、いろどり、ボリュームもちろん味。いろいろ考えて箱に詰める。弁当はクリエイティブ!!

メールマガジン ももんが通信 往来堂サイト左下よりお申し込みくださいませ

往来堂書店 〒113-0022 東京都文京区千駄木2-47-11 10:00-23:00 電話&FAX 03-5685-0807 maido@ohraido.com ohraido.com 発行人 笈入建志

広告 募集中!! maido@ohraido.com 安イヨ!!

中央公論新社創業一三〇年記念出版 谷崎潤一郎全集 決定版 全26巻 流麗な文章が生み出す、豪奢にして繊細な作品世界 2015年5月10日刊行開始 ご予約ください!! パンフレットあります。 TANIZAKI 1886-1965

谷崎ほど「文豪」という言葉がぴったりな人物はいない。幼少期からのあらゆる見聞、感覚、交遊、夢や妄想までもが見事に文学へと昇華している。倒錯した快楽の追求、異常なまでの女性美への執着(をこえた服従)、それらは時に無思想と批判されることもあったが、裏を返せば世俗の思潮から超越した真の文章芸術家の証といっても過言ではないだろう。このたび中央公論新社から全二十六巻の全集が刊行されることになった。三度の飯より文学を主義とする手前、申し込みかどうかいま真剣に悩んでいる。(異)

売れてマス!! 東京人 東京35区の境界線を歩く

東京35区って? 23区じゃないの? と思った方もあるかな。人口の増加に伴って周辺の郡を加えて35区が決められたのが昭和7年。その時世田谷区は郡部ではなかった村で、たんだって! こういう話をしだすと住民の方々の隣の区へのライバル心が目覚めてしまって収拾がつかなくなりますね。その後戦争で都心部の人口が激減すると22区へ再編、練馬区が板橋区から独立して23区となったのが昭和22年。この時もいろいろ揉めたんじゃないかな。神田区と麹町区をいっしょにするなんて乱暴ですよ。気質がちがうもん。区境の由来は川や暗渠や古道、大名屋敷などさまざま。散策に時間旅行という新たな次元を加えるとまた歩きがさらに面白くなること請け合い。雑誌だから手軽だしカラー写真も満載。東京を愛する人、これはマストバイ。保存版です。(笈) 都市出版刊 930円(税込)

売れてるヨ!! 一家に一冊。 お弁当は芸術

刊行記念イベント @古書ほうろう 4/21(火) 19:00～ ¥1,000.― 放送書房 冨永浩通さんとのトーク

まさかの新作!! 円紫さんと私シリーズ 「太宰治の辞書」 北村薫 新潮社

おべんとうの時間(3) 阿部了 写真 木楽舎

読書の友達 旅ベーグル www.tabibagel.net www.negla.net

独立系小商店は日本の地域社会の財産です。町にちらばったそれらは、暮らしに彩りを与え、人と人とのつながりを生みます。

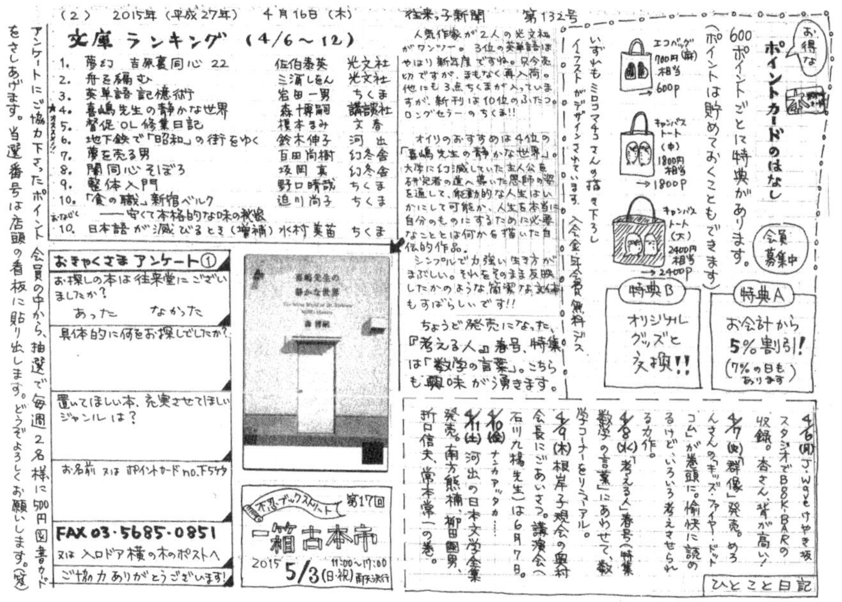
(2) 2015年(平成27年) 4月16日(木) 往来っ子新聞 第132号

文庫ランキング (4/6～12)

1.	夢幻 吉原裏同心 22	佐伯泰英	光文社
2.	舟を編む	三浦しをん	光文社
3.	英単語記憶術	岩田一男	ちくま
4.	喜嶋先生の静かな世界	森博嗣	講談社
5.	督促OL修業日記	榎本まみ	文春
6.	地下鉄で「昭和」の街をゆく	鈴木伸子	河出
7.	夢を売る男	百田尚樹	幻冬舎
8.	闇同心そぼろ	坂岡真	幻冬舎
9.	整体入門	野口晴哉	ちくま
10.	「食の職」新宿ベルク ――安くて本格的な味の秘密	迫川尚子	ちくま
おなじく10.	日本語が滅びるとき(増補)	水村美苗	ちくま

人気作家が2人の光文社がワンツー。3位の英単語はやはり新年度ですね。品切れですが、まもなく再入荷。他にも3点ちくまが入っていますが、新刊は10位のふたつ。ロングセラーのちくま!!

オイリのおすすめは4位の「喜嶋先生の静かな世界」。大学に幻滅していた主人公を研究者の道へ導いた恩師の姿を通して、能動的な人生はいかにして可能か、人生で本当に自分のものにするために必要なこととは何かを描いた自伝的作品。シンプルで力強い生き方がまぶしい。それを見たまま反映したかのような簡潔な文体もすばらしいです!!

ちょうど発売になった『考える人』春号、特集は「数学の言葉」。こちらも興味が湧きます。

おきゃくさまアンケート①

お探しの本は往来堂にございましたか? あった なかった

具体的に何をお探しでしたか?

置いてほしい本、充実させてほしいジャンルは?

お名前 又は ポイントカードno.下5ケタ

FAX 03-5685-0851 又は 入口ドア横の木のポストへ

ご協力ありがとうございます!

アンケートにご協力下さったポイント会員の中から、抽選で毎週2名様に500円図書カードをさしあげます。当選番号は店頭の看板に貼り出します。どうぞよろしくお願いします。(寛)

不忍ブックストリート 第17回 一箱古本市 2015 5/3(日・祝) 11:00～17:00 雨天決行

いずれもミロコマチコさんの描き下ろしイラストがデザインされています。入会金・年会費無料デス

エコバッグ(布) 700円相当 → 600P
キャンバストート(中) 1800円相当 → 1800P
キャンバストート(大) 2400円相当 → 2400P

ポイントカードのはなし

600ポイントごとに特典があります。(ポイントは貯めておくこともできます)

会員募集中

特典A お会計から5%割引! (7%の日もあります)

特典B オリジナルグッズと交換!!

ひとこと日記

4/6(月) J-WAVEとけやき坂スタジオでB&B BARの収録。杏さん、背が高い!

4/7(火) 「群像」発売。めろんさんの「キッズ・ファイヤー・ドットコム」が巻頭に。愉快に読めるけど、いろいろ考えさせられる力作。

4/8(水) 「考える人」春号(特集数学の言葉)にあわせて、数学コーナーをリニューアル。

4/9(木) 根岸子規会の奥村会長にごあいさつ。講演会(石川九楊先生)は6月7日。

4/10(金) ナンカアッタか…

4/11(土) 河出の日本文学全集発売。南方熊楠、柳田國男、折口信夫、常本常一の巻。

往來堂店主和店員製作的免費報。提供新刊資訊、推薦書單、積分卡的禮品兌換說明、店員日記。包括周圍小店的廣告在內全都是手寫的，非常溫馨，信息量也很大。本屋B&B的內沼先生之前在這裡打工。往來堂是按主題「編輯」相關圖書而成「文脈書架」的鼻祖。內沼先生說，在往來堂打工的經驗對他的幫助極大。

10
模索舍

榎本智至（Enomoto Satoshi）

大學時參與學生運動，畢業後擔任一家公司的日本傳統工藝品「西陣織」銷售員。辭職後的2009年成為模索舍舍員。現在與神山進（Kamiyama Susumu）兩人共同經營模索舍。

模索舍
東京都新宿區新宿2-4-9
週一—週六11:00-21:00，
週日及國定假日12:00-20:00
（無休，但外出舉辦活動或舍員參加遊行時，會提早打烊）
03-3352-3557
www.mosakusha.com

模索舍外面掛著的各種海報及宣傳單頁之多讓人有一種生人勿近之感，可是呢——

新宿二丁目通往新宿御苑的一條小街。仔細看，左手邊能看到模索舍的木門。綠葉茂盛的新宿御苑後面能望見高聳的東京都廳。

當年的學生運動家大木晴子已經變成清瘦、溫柔的老太太，但還是堅持每週來新宿西口廣場表達對安保法案、沖繩美軍基地的抗議。

模索舍所在地「新宿二丁目」曾經是公認的「赤線地帶」（紅燈區），1958年施行「賣春防止法」後這裡的不少店鋪都空下來，逐漸興起同志酒吧和俱樂部。從這裡往新宿站走幾步就有老牌百貨公司伊勢丹、高島屋和丸井，也有紀伊國屋書店和專門表演落語的說書場「末廣亭」。這種文化的混搭是新宿獨特的魅力。

新宿西口廣場。

模索舍
荒地般的自由、寂寞和寬容

獨立書店模索舍（Mosakusha）是有四十五年歷史的老鋪，也是我最有感情的一家獨立書店。甚至可以說，我的部分性格是由它提供的文化因素形成的。

每次回國，我都會跑過去看一眼這家獨立書店。雖然模索舍的舍員榎本先生每次都跟我說「不行了」，所謂的舍員也只剩下他和另外一位神山先生，但我還是相信並衷心希望下一次回國的時候還會看到它。這應該不僅是我個人的傷感表達，青年漫畫家川勝德重曾跟我說：「要買稍微貴一點的書，我都會在模索舍購買。感覺這家書店快不行，我看不下去了。上次買了日本大學的『全共鬥』寫真集，將近五千日圓的價格對我來說是昂貴的，但還是掏了腰包。現在日本有很多select shop模式的書店，大部分都為了生存變得過於時尚。模索舍算是最早實現select shop概念的一家，而它能夠保持獨特的風格，真不容易。」

從新宿站出來，經過東口商店街，拐彎再經過世界堂[1]。繼續前進，到新宿二丁目的十字路口就能看到一棟雜居樓，模索舍就開在它的一樓，白色的外牆，距上次來也就隔了幾個月，感覺又脫落了一些油漆。屋簷下，有一排掛著的各種海

1 創辦於昭和十五年（一九四〇年）畫材專營老店，也是文具愛好者的巡禮場所之一。

模索舍擁有一批自有特色和想法的顧客。出版獨立雜誌「Art Times」的大島幹雄曾經透露，該雜誌在別的書店一本都賣不出，而在模索舍的銷量「驚人」，有次舍員主動訂貨40本，沒過三個月又訂了20本。

報，不知道有多少人會來這裡看這些海報：話劇、小型音樂演出、詩歌朗誦會，還有馬戲團公演、落語同好會、沖繩方言講座等，舉辦地點於東京或附近城市，甚至連大阪、神戶這些離模索舍很遠地方的都有。看到這熟悉的風景，我就鬆了一口氣，拉開木門進店。

若不知道它的歷史，你會以為模索舍是一家屬於次文化（sub-culture）的小書店。剛開始我對它的印象也是如此。記得第一次來模索舍是一九九〇年代，當時我上女子高中，有一個閨蜜叫千英，她迷上了所謂的次文化。當時腐女這一詞還沒被發明，但千英應該屬於這類女子。大概是高中二年級的一個週末，她要我一起去一家「在新宿的書店」。去新宿的交通費對一個高中生來說並不便宜，我說為何要陪同，千英回道：「那家書店……我一個人不敢進去。」

「那就不用去那麼遠嘛，在學校附近買就好。」我輕鬆給她個建議。

「不行，我要的雜誌只能在那裡買到。」短頭髮、愛笑的千英，這次臉上充滿著一種決心，認真地告訴我。

就這樣，千英和我第一次踏進模索舍的門。進去之前我們還猶豫了一會兒，因為從外面看不清店是否開著。進去之後的印象現在也有點模糊了，只記得有很多沒看到過的雜誌，印刷品質和排版設計不怎麼吸引人，至少不是女高中生會喜歡的kawaii風格，我沒買東西。千英順利找到自己想要的《薔薇族》，是一九七〇年代創刊的同志雜誌。後來我才知道模索舍是該刊在東京唯一的委託銷售店，之前我都不知道雜誌會有這種銷售方式。順便提一句，

《薔薇族》如今已迎來四百多期，看來日本次文化的生命力極強。

言歸正傳，現在的模索舍也確實有種次文化資訊中心的作用，但其實它的誕生和日本學生運動關係密切，還有一段時間曾被認為是「過激左翼派」場所。日本一九六〇年代安保鬥爭後，對抗「mass communication（大眾傳播）」的民間「mini communication（小眾傳播）」發行迎來了高潮，模索舍在其中占有重要的地位，也擔任了市民運動相關的資訊交換中心。

站在十幾坪的店面裡，我們仍能感覺到當時濃厚、獨特的氛圍。不少刊物幾乎都是不適合一般商業模式或根本不考慮賣出並獲利的，因此在其他書店裡很少能看到。踏進店門，收銀台前左手邊的角落是最能呈現該書店特色的「新左翼系」黨派機關報、右翼團體的小冊子、公害或人權有關的市民運動小冊子、被判死刑囚犯的支持報告、日本邊緣社會「部落問題」的研究書。離店門最近的書架兩側都被比較軟性的次文化系刊物占領：曾經為我和模索舍牽線的同志主題同人誌、露宿指南書、臺日混血兒的臺灣旅遊記、年輕女子「援助交際」的體驗紀錄等等。不管是新刊書店還是二手書店，其他小書店多多少少會帶有「店主精選」的統一感，而模索舍來者不拒的宗旨形成了書店裡的混沌狀態，自然也招來了不同年齡和社會階層的顧客。除了年輕人和曾經歷過學生運動的歐吉桑，「公安」也是這裡的重要顧客，每月都來購買各黨派的機關報。

我在模索舍看到的是人們的欲望、希望、渴望的原型，也是原石。那些粗糙的外觀（有些「書」是作者自己複印並用釘書機訂的）、不成熟的語言與插圖（高中生辦的同人志那種）、言論激烈的討論（極右或極左等等）……模索舍裡滿是理想、憤怒、人情的暴風雨，難怪這裡找不到小清新風格的coffee table book。

踏進模索舍，舍員不會跟你說「irasshaimase（歡迎光臨）」。店裡看書、選書，店員不會管你，反正他總是忙別的事，不時有人來找他們。你離開時也不會說什麼。人來不拒、去者不追，可能在這裡我找不到想要的書，但你總會感覺到，荒地般的自由和它的寂寞、寬容。

兩位舍員對經營情況並不樂觀。模索舍能夠生存下去，意味著人們還樂於聽別人不同的想法、認可思想的多樣性。2020年東京即將迎來二次承辦奧運會，希望到時候模索舍也能迎來開業50週年。

店前的本田Super Cub摩托車是舍員的。和模索舍有來往的出版社，有的在本鄉（位於東京都文京區）或在神保町，離新宿並不遠，舍員可騎摩托車到出版社直接進貨或退貨。

「正在營業中。大家不要害怕，請隨便進來看一看。」模索舍也在努力親近普通讀者。

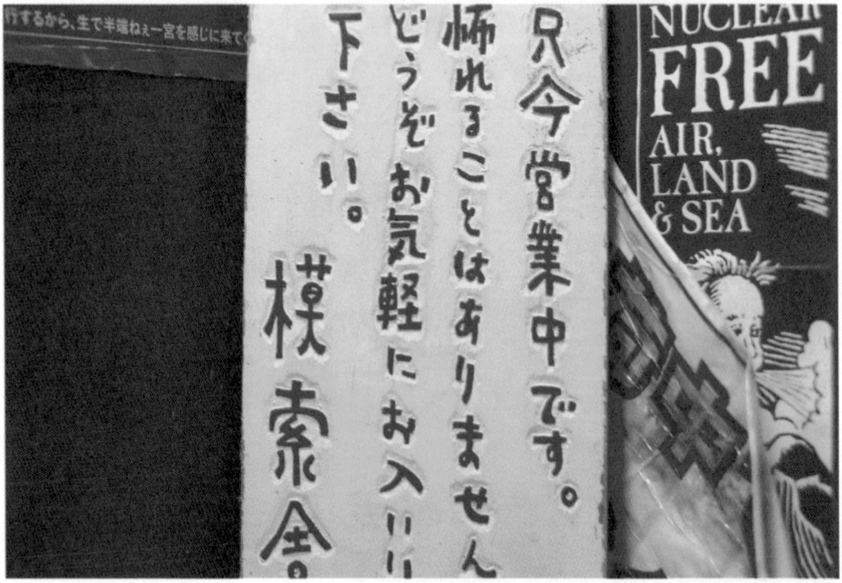

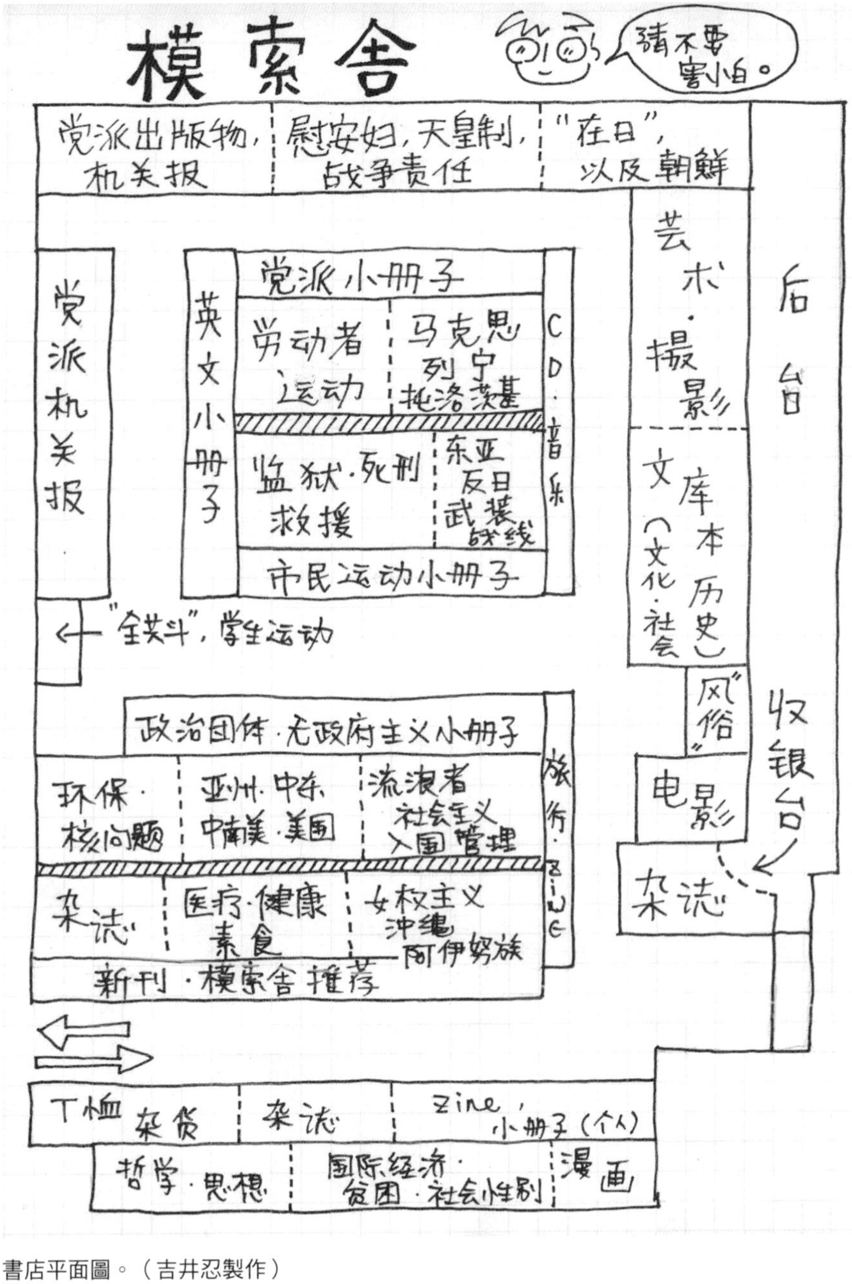
模索舍
請不要害怕。
党派出版物，机关报
慰安妇，天皇制，战争责任
"在日"，以及朝鲜
艺术·摄影
后台
党派小册子
英文小册子
劳动者运动
马克思 列宁 托洛茨基
CD·音乐
党派机关报
监狱·死刑救援
东亚反日武装战线
文库本（文化·社会历史）
市民运动小册子
"全共斗"，学生运动
风俗
收银台
政治团体·无政府主义小册子
旅行·ZINE
环保·核问题
亚洲·中东 中南美·美国
流浪者 社会主义 入国管理
电影
杂志
杂志
医疗·健康 素食
女权主义 冲绳 阿伊努族
新刊·模索舍推荐
T恤 杂货
杂志
zine，小册子（个人）
哲学·思想
国际经济·贫困·社会性别
漫画

書店平面圖。（吉井忍製作）

川勝德重筆下的模索舍與實況對比。

收銀機上貼著一張紙，舍員手寫說明：「在這裡買書，拿收據到二樓咖哩店，可以免費加料。」連這一點川勝德重也認真畫了出來。

進門右手是「mini-commi」。

模索舍的漫畫書架，似乎也挺不一樣。

炎夏也不敢開空調，開著木門透透風。

日本1960年代地下搖滾元祖「頭腦警察」的紀錄片海報。舍員回憶，2009年11月上映前，導演瀨瀨敬久先生一個人來店並請舍員放些傳單。模索舍當時有銷售「頭腦警察」的光碟、錄影帶和相關書籍，後來也主動銷售這部紀錄片的宣傳冊和電影票。

還有販售臺灣製作的CD。

筆者在模索舍購買的圖書和海報，希望他們能繼續堅持下去。

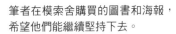

日本也有「敏感」話題：核電站、慰安婦、色情……有些作品會被阻止展示。《表現的不自由展》開列了這些作品的清單。

刺青師凡天太郎的劇畫作品《美麗的復仇》2014年復刻版，原作於1968年在《週刊明星》（集英社）連載。

新宿的出版社「Akane圖書販賣」的戰後60年企劃、齋藤一郎著作集（共15種）。

介紹東京咖哩店的zine和深度介紹毒蘑菇的新刊《關於蛤蟆菌》並肩擺放。

模索舍店內約有800種的「表現物」。

水俣、核電、環境，這些標識一般小書店可不會有。

日本內閣政府2014年的調查顯示，八成以上的受訪者認可死刑制度。最近模索舍進了一批由42名死刑犯在監獄裡繪製的畫集《極限藝術：死刑犯的繪畫》，「壞人」畫出的藝術讓人顛覆所謂的常識。

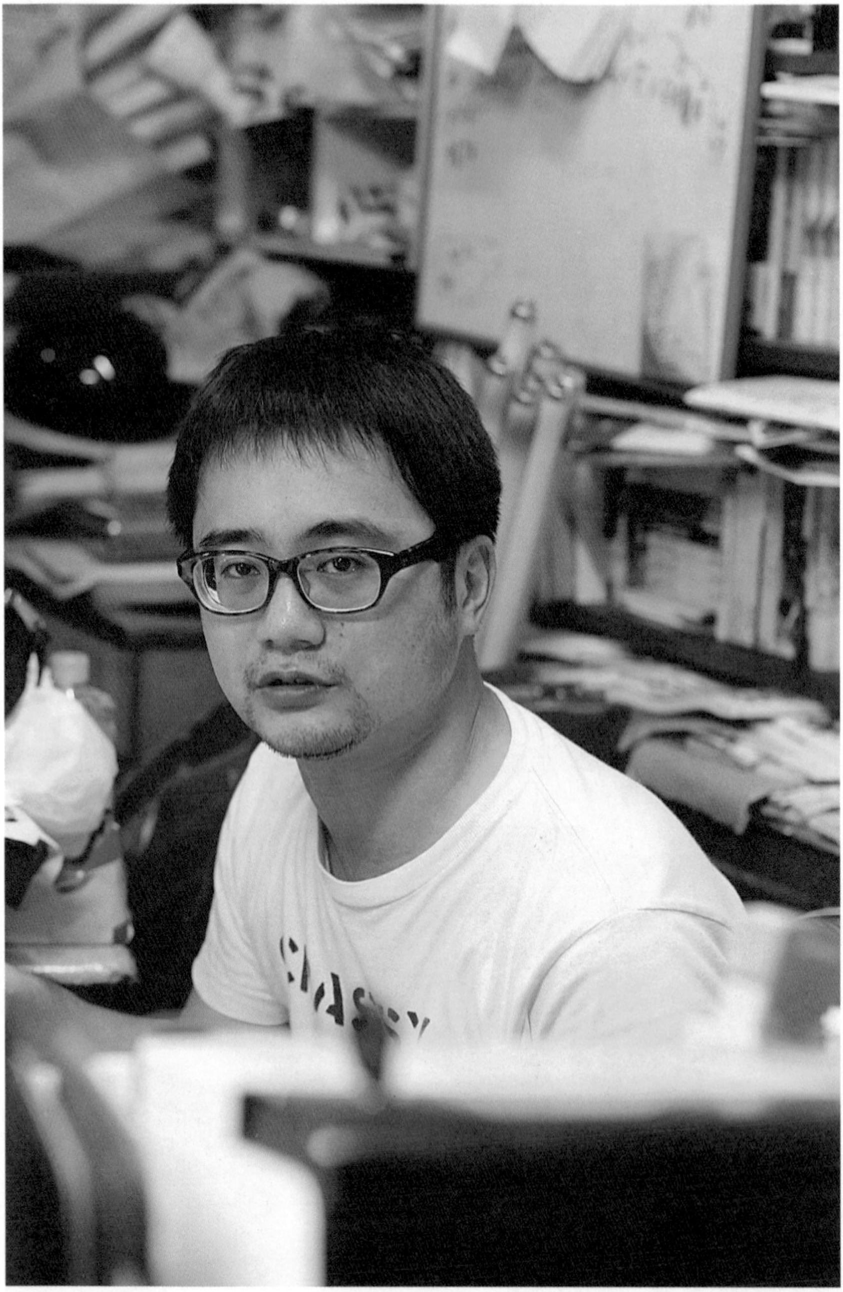

榎本先生負責對外，接受採訪、組織活動基本由他負責。雖然他經常抱怨神山舍員「不會做事」，但我好多次聽到兩位舍員認真討論下一批進貨的圖書種類，看來他倆還滿合，對書店的熱情都是滿滿的。

門口到收銀台的兩側介紹新刊和舍員的重點推薦書，內容不一定和政治有關。這裡看起來比較亂，但內容不停地換新，能看出舍員的細心和熱忱。

專訪模索舍舍員
榎本智至、神山進

採訪時間：二〇一五年多次

大家只要想「表現」，
什麼東西都可以拿來在這裡銷售。

最大客戶是公安

榎本智至（以下簡稱榎本）：你來了。外面好熱呢。

吉井忍（以下簡稱吉井）：其實裡面也不怎麼涼快。沒開空調嗎？

榎本：不敢開，店裡的空調太舊，耗電量驚人，我怕下個月的電費我們付不起。

吉井：二〇一〇年四十週年時，貴店在部落格上透露經營實際情況，甚至說已經到了「未來幾個月都不確定」的狀態。現在是否有所改善？

具有歷史感的招牌：「我們經手小眾刊物、自主出版物。」

榎本：幾乎沒有，很難。現在的出版界情況你也知道，而且我們這個店面不是自己的，租金很高。這說起來屬於資本主義的必然後果。

我們書店過去經常換人，所以沒想到買下店面的事。現在我們每月還得繼續付房租，金額不菲。若把過去的租金加起來，早夠買這塊地了，太不合理了。今天到這個時候（下午兩點半）營業額只有一八五〇日圓，這怎麼活呀。

吉井：那怎麼辦？對了，我今天早上在報紙上看到一本書的廣告，奧浩平《青春的墓標》[1]復刻版（二〇一五年，社會評論社），這本書有嗎？

榎本：（指著店門旁邊平擺的一堆書）有，剛進貨。原來你喜歡他？

吉井：對他的瞭解不多，但他是對《二十歲的原點》作者高野悅子影響最大的學生運動家，所以比較感興趣。《二十歲的原點》的文庫本，我在大學期間一直放在牛仔褲後面的口袋裡，看了好幾遍。

榎本：今天我打算早點打烊。

吉井：什麼意思？您晚上有事嗎？

1 奧浩平（Oku Kōhei），日本學生運動家，一九四三年生於東京，二十一歲時服安眠藥自殺。《青春的墓標》是其日記和革命運動回憶錄的文稿整理。

榎本：（歎息）你說要看《青春的墓標》，難道還不知道今天（二〇一五年七月十六日）有遊行？國會眾議院剛通過了安保法案。晚上在國會那邊有遊行呢，我也要去看看。

吉井：我也不贊成，有這麼多的反對意見，執意強行通過是有點過分。但遊行有用嗎？眾議院都表決通過了，參議院也基本沒戲唱。

榎本：你說得也是，但總得有一個表態吧。沒事，你就繼續採訪吧。要問什麼呢？

吉井：先想問一下您的經歷。

榎本：我過去當上班族，大學畢業後有一段時間賣西陣織[2]。因為在大學的時候參加過學生運動，也很喜歡sub-culture，喜歡聽灰野敬二[3]、酸母寺樂隊（Acid Mothers Temple）等音樂，所以也會經常來這裡看書、買書，算常客啦。大概五年前，聽說這裡有人要辭職，我就開始來上班。現在和另外一位神山進一起經營書店。以前還有個女孩子，但她已經辭職了。

吉井：二位中誰是店主？

2 西陣織（Nishijin-ori），京都市西陣一帶生產的織物，為日本國寶級的傳統工藝品。

3 灰野敬二（Haino Keiji），日本音樂創作人、實驗吉他手兼打擊樂手。一九五二年生於千葉縣，被認為是日本迷幻音樂的核心人物之一。

榎本：沒有所謂的店長，我們的身分是平等的。模索舍從二〇一〇年開始把經營模式改為「合同會社」，它的意思是現在的模索舍構成人員——我們稱之為「舍員」，分擔有限責任。現在的構成人員就是我們兩個，我是七〇後，他是六〇後，也算是模索舍歷史中最少的經營人數。

吉井：貴店在新宿成為一種「名物」，同時被稱為「左翼」或「新左翼」。客人也是比較有特色的人群嗎？

榎本：提起「左翼」這個詞，我得先跟你解釋一下。左翼和新左翼是不一樣的，左翼就是共產黨系，一些政治團體的機關報有固定的購買人群。新左翼指的是社民黨系的所謂「New Left」，源自一九六〇年代由學生和青年勞動者構成的政治運動。我們店裡有不少左翼的機關報，每個月一次「思想警察」來店各購買十多份，為的是掌握這些人的動向。有些左翼報紙在東京已經很難找了，要看只能訂閱或來我們這裡購買。比如「日本革命的共產主義者同盟革命的馬克思主義派」的《解放》月刊，或者「革命的勞動者協會（社會黨・社清同解放派）」每月出兩期的報紙，也是叫《解放》。過兩天他們最新的刊物就到貨，公安他們也知道這個，差不多的時候就來店購買這些。他們算是我們最大的客戶啦。

吉井：我都不知道日本也有思想警察。

榎本：有。你這都不知道啊……一九九五年奧姆真理教事件發生時，最忙碌的就是他們呢。說到思想控制，這是現代日本的一個問題。最近也有過報導，「爆笑問題」事先準備的政治家相關內容未被NHK採用，都不能播放。[4]這是自我審查，也是思想控制。

不過，不管是左翼還是新左翼，成員的高齡化也滿明顯的。現在我們店裡比較好賣的mini-commi[5]不一定帶有政治色彩，而比較傾向於地下和非主流文化，也就是說比較maniac的，帶有獨特色彩那種。哦，也不一定，生活系的也還有一定的銷量。

我想強調，其實我們不希望大家認為模索舍是社會運動者的據點，其實不是這樣。我們確實是有點個性的書店，但沒那麼可怕。客人也有各種各樣的，年輕的、中年上班族，都有。這附近有新宿御苑[6]，年輕人去散散步，順便來店的比較多。年紀大一點的話，還是過去參加學生運動的人比較多吧。所以在我們這裡，「共鬥時代」的回憶錄也賣得不錯。比如日本新左翼「中核派」[7]機關報《前進》前任編輯寫的回憶錄《瘋狂和煩惱──《前進》編輯局員的事件簿》，我們二〇一〇年第一次進貨馬上賣出一百冊，後來總共賣了有兩三百冊

4 據報導，搞笑藝人組合「爆笑問題」出演NHK節目「新年搞笑東西曲藝場二〇一五」，播出前兩人就段子內容與節目職員進行溝通，被告知關於政治家的話題全部不能播放。

5 mini-commi，指自主製作雜誌，與zine不同的是含有政治批判的意味，流行於二十世紀六、七〇年代。

6 原為江戶時代武家居住地，明治三十九年（一九〇六年）成為皇室庭院，「二戰」後向一般市民開放，現為環境省管轄的國民公園。

7 中核派，日本新左翼黨派之一「革命的共產主義者同盟全國委員會」的通稱。

經常有非商業性電影導演、話劇團、學生小組來找模索舍，請舍員幫忙，在店裡放活動傳單。舍員一般瞄一眼就說「好的」。

吧，以mini-commi的銷售標準來看，是相當不錯的。估計日本全國只有我們店才有銷售，現在已賣完了。

有的客人來這裡，也就是為了回憶。有幾位熱血歐吉桑來這裡不怎麼買東西，就跟我們聊一堆參加運動時代的「英勇傳」。哦，對了，最近這附近的外國人激增，有中國觀光客，也有歐美的。這條街本來人就不多，但有時候卻能看到外國人經過。我們店的外國客人也稍微多了起來，我以為都只是偶然經過而已，但跟一些客人簡單交流後才知道，有的客人是特意來訪的。

吉井：您剛說生活系的自主出版也賣得不錯，具體內容能給我介紹一下嗎？

榎本：也並不是小清新那種，我們這裡的「生活系」是指草根生活味，如《清酒和陪酒小菜》、《精神病新聞》之類的。最近比較好賣的是介紹東京各地咖哩餐廳的《Curry Note》（二一〇日圓），還有mini-commi作者協力而成的《捧場模索舍》（二〇〇圓）。我以前比較喜歡《野宿野郎》，它跟你分享在國內和海外的露宿經驗，比如車站、機場或廁所等等，屬於「脫力實驗系」。作者是八〇後女子，現在停掉了，但她還繼續更新部落格、寫作。你別小看這些小冊子，若內容足夠好玩，做得認真，還是有人願意買的，而且賣得挺好。

用表現物反抗社會

吉井：貴店的暢銷書和別的書店肯定不一樣，至今最好賣的是？

榎本：賣得最好的，可能是《救援筆記——被逮捕前必讀》吧，是東京新橋的「救援聯絡中心」發行的小冊子，五百日圓一本，介紹被逮捕時如何應對、在拘留所的生活、「緘默權」[8]的重要性、警察的追究、調查方法、家人如何對待等等，看了這本書至少心裡可以有點準備，萬一被逮捕也不會心慌意亂。這種書沒有「取次」會代理，一般書店不會有。若你需要，必須到我們這樣的書店或直接向出版方要求郵購。也許大家覺得這種書和自己沒關係，但是，我們住在這樣的大城市，難免偶遇警察的「職務質問」，面對警察如何回答問題方可盡速被釋放，這樣的小提醒也是需要的吧。

吉井：確實，我過去在東京生活，晚上很晚騎自行車回家，常常被員警叫住查問，比如這輛車是什麼時候買的、有沒有做防盜登記、怎麼這麼晚出來騎車等等，還是挺緊張的。其實這本書應該不是一般的圖書，應該叫做mini-commi吧？

榎本：是的。我得解釋一下，模索舍是屬於mini-commi書店，也可以稱為自主製作刊物書店，我們這裡經手的mini-commi總共加起來就有八百種左右吧，《救援筆記》也算是mini-

8 日本憲法第三十八條保障的，不管是對自己有利或不利，個人所有保持沉默的權利。

commi的一種。我們店裡還有一些新刊，有的通過「取次」進貨，還有部分新刊圖書是我們和出版社直接聯繫、進貨的。

吉井：那mini-commi和zine有何差別？中國也有不少年輕人做自製刊物，那些刊物明顯屬於zine，照片拍得很好看，價格也相對來說比較貴。是不是mini-commi和zine的差別在於它的時尚性？

榎本：看起來差不多，也可以說只是叫法不同。mini-commi是和製英語[9] mini-communication的簡稱，也就是說為了對抗所謂的大眾媒體、mass communication而出版的少量、自主出版刊物。雖然是mini，但它的主要目的是communication，想把自己的主張傳達給更多的人。其實mini-commi這說法有些過時了，這個詞用得最多的是學生運動那時候，當時學生為了獲取運動經費，自己印刊物也就是mini-commi來賣給人家。zine這個詞來自magazine，以我的看法，它是比較內向的，在一個圈子裡秀秀自己喜愛的某種東西，就滿足了。

我給你看一下mini-commi到底是什麼東西，比如這個。（拿起《君之代[10]處分》）它是

9 日語詞彙的一種，利用英語單詞組合成英語本身沒有的新詞義。

10 〈君が代〉（君之代）自明治以來一直在各種正式、非正式活動上被當作事實上的日本國歌演奏，戰後民主思想抬頭，有些人認為這首歌帶有崇拜天皇以及帝國主義色彩而予以抵制。一九五八年，日本文部省在「學習指導綱要」中規定，小學在節日等活動中應齊唱〈君之代〉。一九七四年，時任首相的田中角榮曾提出要以法律形式把〈君之代〉確定為日本國歌。但教育界一直有一定程度的反對聲浪，有些教師因為在典禮上拒絕唱歌，導致被停職、解雇。一九九九年八月，日本國會眾參兩院通過「國旗國歌法」，將「日章旗」和〈君之代〉分別定為日本的國旗和國歌。

《救援筆記——被逮捕前必讀》

八〇年代創刊的mini-commi，二〇一三年停刊。他們應該還在繼續活動，但隨著時代變化，發行這樣的小冊子不太划算了。做這種小冊子其實滿費時間的，寫稿、列印、裝訂、出貨、收款等。當然，通過這些任務可以獲得一種共同感，但現在發布資訊的管道比過去多太多，那麼現在他們可以把一些力量轉到別的領域，比如共同經營一個空間，辦線下活動等等。

吉井：現在大家大多把自主出版刊物都叫做zine，但貴店還是堅持mini-commi這個說法，而且店裡有八百多種mini-commi。這應該和貴店誕生於那時候有關吧？

榎本：那是。模索舍創立於四十五年前，以學生運動為背景而誕生。模索舍創辦人之一，也算是中心人物的五味正彥[11]先生，六〇年代參加早稻田大學的學生運動。學生他們自己做一些刊物賣給大家，做為運動經費，但跑了好幾家書店都遭遇拒絕。當時有無數的運動小組都遇到類似的問題，因此五味先生覺得需要一個屬於自己的地方，能夠自由表現自我、不管寫什麼都會接受的一個書店，隨後大約五十個學生運動家湊錢辦起這家店。

剛開始的時候，這裡並不是純正的書店，店面一半是交流所，能坐下來看書、戀愛、討論社會與政治的咖啡館。現在很多書店附設咖啡館，把自己叫做Book & Café什麼的，其實我

11 五味正彥（Gomi Masahiko），一九四六年生於東京，畢業於早稻田大學。從一九六七年開始參加「大學鬥爭」和越南反戰運動，後成為「越南反戰學生聯絡會議」的核心成員，一九七〇年十月和其他運動成員創辦模索舍，二〇一三年去世。

《君之代處分》（2013年末停刊）

們早就試過這種模式。當時交流所部分的店名叫「Snack ShikoShiko」[12]。從店名也可以看出，風格不怎麼時尚，就是沒有女友的青年們白天喝咖啡、晚上喝酒的地方，有的沒完沒了地聊，有的默默地賣詩集，感覺很地下。另外一半則是賣書，店面叫「資訊中心模索舍」，做為各種運動的資訊基地，不同運動團體在這裡銷售mini-commi並獲取資金。後來他們發現交流所一點都不賺錢，因為大家點一杯一百日圓的咖啡坐下好幾個小時，客流和收入都有限。所以到一九七二年他們把交流所關掉，兩個空間合併成書店。現在的店鋪和那時候相比基本沒有什麼變化。

至於模索舍的名字，剛開始的暫定店名為「ズッコケ書房（莽撞書房）」，但後來有一個學生提起抗議，掛著這樣的名字，不能獲得出版者的信任。確實，「莽撞書房」這個名字我也不太能接受。店名候補則是「摸索舍」，但無黨派學生的刊物中有《摸索》，所以把「摸」換成「模」。

吉井：聽您說明，似乎都能感受到當時的社會氛圍，還有建立模索舍的青年們帶有的氣概。這樣社會派的書店在新宿，聽說也有必要的原因？

榎本：那時候新宿是一種icon（崇拜對象），學生運動的核心地點。我們這樣的書店，開在新宿再合適不過了。一九六九年的春天到夏天，每週六新宿站的西口地下廣場都會出現「歌

《1969——新宿西口地下廣場》

12 日文ShikoShiko有各種含義，一般形容咀嚼時有韌性的食物口感或形容保持低調並持續一種活動的狀態，也是形容男性自慰的擬聲詞。

聲和討論空間」，規模有數千人，最多的時候有七千。這裡有一本書《1969——新宿西口地下廣場》（二〇一四年，新宿書房），附帶DVD，有點貴，但你可以看一看。

吉井：謝謝，我待會兒一併結算，也算是對你們的支持。

榎本：在這裡曾經辦過一些展覽，也滿有內容的。比如和古巴大使館合作的切・格瓦拉海報展、和日中友好協會合作的南京大屠殺展、和越南解放戰線合作的越南兒童繪畫展等等，估計這些展覽在當時的日本都是首次舉辦。

剛開始是為了學生運動資金，後來模索舍的存在變得更抽象，是為了「表現」。模索舍伴隨著經濟成長中的日本社會在改變，開支變得稍微寬鬆時大家有了一點心理空間，不想一直被mass communication牽著鼻子走，想要屬於自己的表現物。做出來的「表現物」給別人看才有意義嘛，模索舍剛好幫得上大家，將這些表現物傳達給其他人。

吉井：現在的社會情況和當時不一樣，比如各種團體活動情況可以通過網路得知。但我看貴店的書架上還有這麼多人在做小冊子，我覺得這是一種很有意思的情況。

榎本：是有意思。人的一種本能吧，自己動手做這些東西，帶有一種純正的快樂。現在太多人用Twitter，很多人已經開始疲倦。一個人做、一個人發行的這種刊物，可能讓人感覺安穩一點吧。

創業精神是不審查

吉井：不管是mini-commi還是zine，據說貴店都是保持無審查精神，有人拿自主出版刊物想委託貴店銷售，您基本不會拒絕的。這個精神到底從哪裡開始的呢？

榎本：我們店的主旨是支持表現和保持言論活動的多樣性。有了這方面的保障，才有健全的社會。我們過去發生過這樣的事情：

模索舍創辦人之一五味正彥，一九七二年被牽連到「模索舍・四疊半裁判」。雜誌《面白半分》[13]時任主編野坂昭如[14]和出版方社長佐藤嘉尚以「猥褻文書」名義被起訴，原因在於該雜誌刊登了永井荷風的春本《四疊半隔扇襯紙》（四畳半襖の下張）。就是因為這件事，模索舍店裡銷售的該雜誌都被警方沒收。

模索舍認為這是利用「撲滅色情刊物」名義進行的思想鎮壓，裁判過程中一直支持被告方，但是被告方在一審、二審中都被審判有罪（罰款金額為主編十萬日圓、社長十五萬日圓），最高法院也駁回了被告人的上訴。此後模索舍展現出反骨精神，更加重視自己的「無

13《面白半分》，一九七二年創刊的月刊雜誌，主旨為「有意思而沒用的雜誌」。大約每半年換主編，從第一任主編吉行淳之介起，野阪昭如、開高健、金子光晴、遠藤周作、筒井康隆等著名作家曾任主編。出版方「株式會社面白半分」於一九八〇年因負債過多倒閉，《面白半分》就此停刊。

14野坂昭如（Nosaka Akiyuki），日本著名作家，一九三〇年出生於神奈川縣鎌倉市，曾獲直木獎，代表作有《螢火蟲之墓》，二〇一五年十二月因病去世。

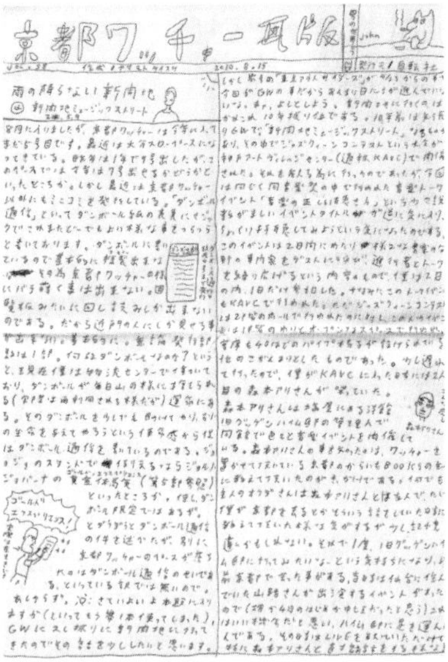

居住京都的山本圭介手寫的《京都Watcher瓦版》，A4大小紙張正反面寫滿關於京都的日常。作者後來搬到兵庫縣，但這免費刊物繼續出刊，已有10年歷史，目前出到89期。

早稲田文學編輯室出版的《WB》。2005年創刊，目前出到31期。

泛黃的《反帝反日通信》。這並不是復刻版，1980年一版一刷，在模索舍一待36年。

中島武明執筆、編輯的免費刊《Fuppa》，也是有年分的刊物，不定期發行，最新的57期發表於2015年10月。內容偏文藝，包括電影和圖書評論等。

審查」標準，大家只要想「表現」，什麼東西都可以拿來在這裡銷售。不過並不是真的什麼都可以，易腐物品等不太容易保管的東西，我們只能謝絕。我是聽說，以前模索舍拒絕過一個表現物，就是浸泡在福馬林裡、來源不明的標本。

吉井：無審查精神聽起來挺有趣的，其他地方很少聽到。執行起來有困難嗎？

榎本：會有點辛苦。我們在書店看到的書，一般都是通過「取次」而送到全國各地。這樣的書，已經歷出版社和「取次」的篩選，這個過程中其實有不少「表現物」落選。換句話來說，若只靠「取次」進貨，每個書店會變成都差不多的樣子。

我們目前進貨管道中，通過「取次」的並不多。多半情況就是和「版元（出版社）」的直接合作，合作對象至少有一千家吧，管理起來很麻煩的。進貨過程我們盡量不篩選，不考慮印數、作者是誰，包括他的思想和立場、封面好不好看以及能否賣出去，這都沒有關係，內容也不審查。也可以說，我們要做的是和大型「取次」不一樣的，另外一種推廣圖書的路線。

不過，這麼說起來，也許有人覺得我們的書店很有特色。但我個人不太喜歡經常被雜誌介紹的那些時尚特色書店，我們的目標不是那種。

吉井：只要是表現物，什麼都接受。這是貴店的主旨。真的什麼都能接受嗎？如果我今天拿

各種左翼和新左翼的「mini-commi」。

在日韓裔團體、日本共產黨（左翼、親中系）等團體的機關報。機關報的價格為300日圓左右。

模索舍的硬性特色：各類政治團體的機關報。

收銀台前方掛則的小型zine。我最喜歡在這裡淘寶，它們的結構都比較簡單，但仔細研究能看出作者探索生活樂趣的心態。

獨立刊物《最後的場所》由思想家菅原則生的文章編輯而成。《最後的場所》已停刊30年，2015年忽然復刊為《續・最後的場所》。復刊第1號內容涉及電影《畢業生》、吉本隆明等。

來自己做的**mini-commi**，您能幫我放在店裡賣嗎？

榎本：需要一定的水準，內容水準太低就不太能接受。若純屬色情或hate speech的表現物我也不歡迎。不過，目前為止，沒人拿來這些刊物。另外，二次創作或BL系作品感覺和我們的店不太搭配，大家也知道這點，很少有人拿來這方面的作品。還有，小說一般都不好賣。所以有人拿來小說，我都會告訴對方不能期待好的結果。

總的來說，大部分的表現物都是可以接受的，也不限於圖書形式，比如明信片、光碟（CD）或T恤都可以接受。我們希望與作者攜手開拓一種人和資訊交流的地方。作者提供表現物的流程也不怎麼複雜：出版物上面寫「發行者名稱」、「聯繫方式」和「價格」，你用鋼筆直接寫在上面也行。同時要向我們提交交貨清單，因為我們店面空間有限，交貨數由我們決定。作者分成是七，我們拿三，算是委託販賣，過了三個月結算，交貨和退貨所需物流費由作者負擔。

神山進（以下簡稱神山）：（忽然從外面進來）我跟你說，書店這種售書形式，在日本已經算是過時的。現在的書店，它的經營模式是在出版界相當活躍的時候建立的，也就是說，漫畫雜誌《週刊少年JUMP》每週能賣出六百萬冊、《讀賣新聞》訂閱量高達一千萬份那樣的時代。

榎本：現在的出版界情況你也知道，店面租金也高。這樣的經營模式說實話，比較浪費，已經跟不上時代了。維持店面也已經花了不少力氣，還能有利潤嗎？

神山：其實Live house也有類似的情況，維持演出場所的成本很高。反觀，一年舉辦幾次的音樂節的收益高，人來得也多，挺賺錢的。

賣書也有類似的方法。比如，每年舉辦的Comic Market。每年只有幾天的舉辦日期，所以給人一種非日常感，大家都願意掏腰包。人也來得多，十萬也不成問題吧。賣書的人，都是自己背著書來擺攤的，有些人來一次就能賣掉一兩百冊，就靠這個吃飯呢。來幾天，拚命賣書，也是挺有效率的買賣方式，至少比書店的利潤多很多。

盜版無罪？

吉井：許多**mini-commi**裡的內容在著名的雜誌上都看不到，還是挺有意思的。我有點想在中國自己做一個。

榎本：對了，你說在中國出版過電子書，是嗎？

吉井：是的，雖然有盜版問題。我覺得中國的電子書普及度已經超過日本了。

神山：盜版（海賊版）是一種反抗，是面向資本主義和它主導的money game的反擊。知識、土地和技術的累積就是資本主義這個巨大系統的基礎。戰後日本經歷的過程，就是被美國化的過程，所以已經相當被它洗腦，也有了自己的倫理感，所以很容易被拉到這個money game

的競爭狀態中。我認為中國人的想法就是用電子方式做盜版最有效率。沒有罪惡感，有時候能成為一種突破力。

吉井：啊，有這種想法呀。我時常發現中國讀者把我的電子書內容放在雲端硬碟裡，並與別人「分享」，很多網友下載並留言、感謝樓主的「無私」。我看這些帖子很無奈，但是，你的看法和他們的表態有點相似的地方。

神山：你的感受是理所當然的，我也覺得作者應該獲得相應的報酬。但賺夠了錢，人們應該懂得分享。比如宮崎駿，他不是特別在乎海外市場，因為他賺夠了錢。他曾經說過他只在乎日本國內市場，對他來說海外市場是次要的。[15]

吉井：這和盜版又是另外問題吧。但您剛說的內容確實這對我來說很新鮮。

神山：哪裡。但我是認真的，現在《ONE PIECE》為什麼這麼受歡迎，也許也有點關係。海賊是一種關鍵字，是對過多資本的反抗，也是更有效率的生存方式。

15 宮崎駿回答匈牙利記者問題（「創作時是否意識到日本觀眾和海外觀眾的差異？」）時曾說：「其實我也不太清楚。我是為了眼前的孩子們做電影。有時候忘記孩子們的存在，而不小心給中年人做電影。但是，我認為我們能靠動漫作品生活，就是因為日本的人口超過了一億。就是說，日本國內的市場有力量能夠養活我的工作室，而對我來說（作品的）國際化只是一種年終獎金。對我們來說，需要考慮的是日本社會，日本的孩子，我眼前的孩子。明確了這個立場以後，若能夠獲得通用到世界的某種普遍性，那可好了，太棒了。」（吉卜力工作室雜誌《熱風》，二〇〇九年一月號，第六十一頁，吉井忍譯）

說到版權，不要忘記迪士尼公司的版權延長。他們怎麼也不肯把版權這個經濟來源放過。還有iPhone。你有iPhone嗎？哈，我也沒有。但這麼多人喜歡用iPhone，等於是大家變成iPhone和蘋果公司的奴隸。大家花一筆錢買iPhone，拚命為Facebook或Twitter更新動態，這等於是免費勞動，並幫助他們賺更多的錢。對這種情況，我們多多少少需要反思。盜版和無版權這個想法，是在這種反思的延長線上。

吉井：中國的革命思想曾經給日本學生運動不少影響。從這個觀點來看，貴店和中國是有點關係的。

榎本：也可以這麼說吧。從辛亥革命開始，中國大陸一直給日本青年帶來很有衝擊力的資訊。接下來是新中國成立的一九四九年，一九六六年的「文化大革命」等等。尤其是一九四九年的鼎革，這巨大的變化有助於培養戰後第一批中國研究者，他們發現前輩的中國研究者對中國的認識要改變，同時努力形成對中國的新的看法。戰後很長一段時間，日本知識分子挺關心中國的動態，有些學生也嚮往中國的熱情，認真學習中國的思想。

對了，我的朋友在這附近辦一家二手書店，店主是一個年輕人，也有不少中國朋友。下次我給你介紹介紹。現在的兩國關係是冷冰冰的，但我們民間還是可以保持冷靜，繼續交流。

吉井：挺好的，我也希望如此。貴店目前有什麼未來的發展計畫嗎？比如定期舉辦活動？

榎本：目前的核心問題在於堅持。對我們的店，很多人擁有特殊的回憶，而且類似的地方在日本也不多。但是，過去的主要收入來源，比如政治團體的機關報銷售，一年不如一年。我們還在摸索未來的方向。

活動在幾年前就開始了，原來幾乎是每一兩個月辦一次活動，但目前就是幾個月一次。上週剛辦過關於盂蘭盆節舞蹈主題的活動，在附近咖啡館有人給你介紹日本各地的盂蘭盆節舞蹈，大家在場可以一起跳舞。主持人是mini-commi作者，他們最近出了一本關於盆舞的書。就這樣，我們辦的活動不一定很「左」，作者有意辦活動，我們基本都可以接受。這些活動的意義在於展示我們的存在感，要讓大家知道我們還活著，有力氣出來辦活動。

吉井：挺好的。下次有機會我一定會參加貴店活動。

榎本：我們正在計畫一個活動，是都築響一的新書出版紀念交流會，到時候你查一下我們的官網。好啦，我要準備打烊了。

吉井：謝謝您。可惜我今天有約，去不了遊行。

榎本：國會那邊的遊行這幾天都有，有時間就來捧場吧。

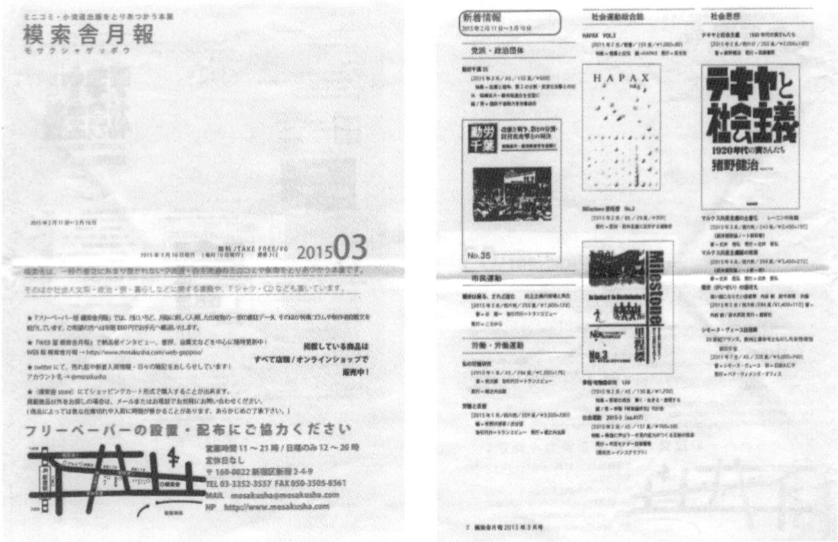

模索舍自製的《模索舍月報》（免費），刊載有模索舍進貨的新刊資訊。

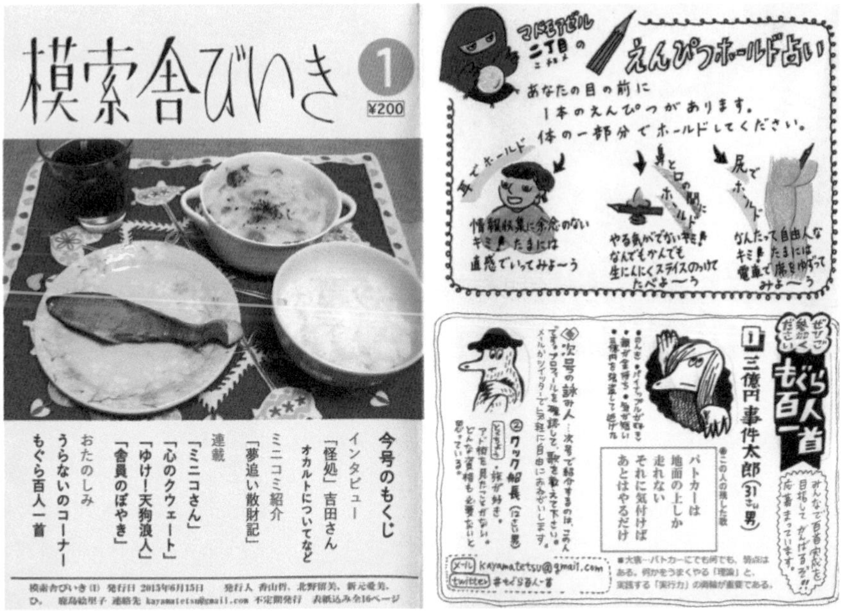

《捧場模索舍》，喜歡模索舍的顧客以及一位「舍員」為了搶救模索舍經濟危機，協力製作的出版物（雖然是杯水車薪）。

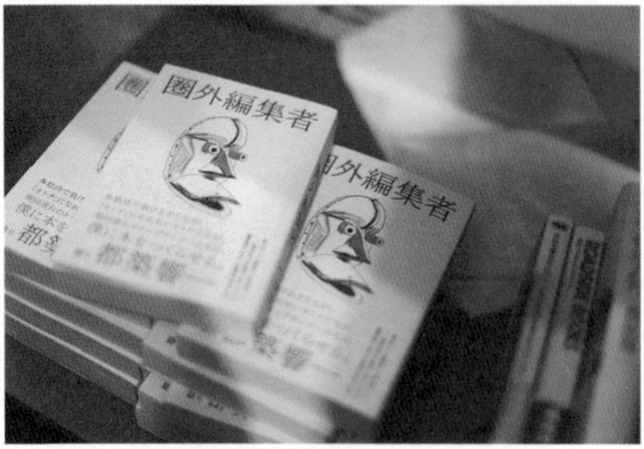

都築先生的新作《圈外編輯》。

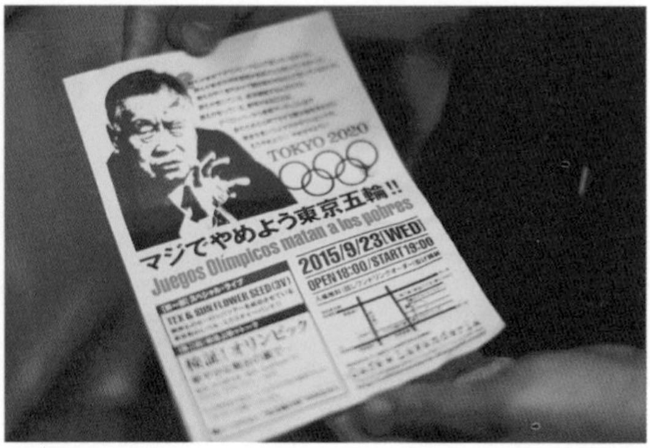

都築先生的新書活動在新宿二丁目的一家咖啡館舉辦。店主塞給我幾張活動宣傳單「認真考慮停辦東京奧運會討論會」，說：「關注活動的人多，可活動當天就只有幾個人，搞不懂。反正活動結束了，你拿幾張做筆記用吧。」

30個名額滿額，活動結束後大家離場時都投了幣。

活動中，模索舍舍員榎本擔任主持。

番外

小型活動與「投擲錢幣」

模索舍主辦的活動並不多，也不一定及時在官網上出現。若大家有機會到模索舍，可以向舍員直接問問最近會有什麼活動。他們的活動收費方式叫「投げ銭（投擲錢幣）」：沒有固定的收費標準，但活動結束後，趁作者忙於為大家簽名的空隙，店員拿著一個盒子在門口守候著，等大家來投幣。這樣能抓住要離場的每位客人，同時能夠迴避作者看到大家投幣的尷尬情景。

這種收費方式，一般在爵士酒吧等場所比較常見。那麼，到底多少錢比較合適？我一般會把一千日圓紙幣塞進盒子，若對活動內容特別感激，就再加一兩張。據我的觀察，其他觀眾的標準應該也差不多。另外，若活動場地有賣飲料的，還是得至少點一兩杯，啤酒或軟性飲料收費在東京一般為五百日圓上下。若是書店主辦的新書出版紀念會，當場購書一般都可獲得作者簽名。這樣算下來，這樣的活動參加費用和其他固定收費的活動差不多，大約三千多日圓。書店從圖書銷售中獲得利益，而投幣方式獲得的錢一般都會做為作者的車馬費。

11
BOOK TRUCK

三田修平（Mita Shūhei）

1982年生於神奈川縣橫濱市。曾就職於「TSUTAYA TOKYO ROPPONGI（蔦屋東京六本木）」、擔任SPBS創店店長。2012年創辦移動本屋「BOOK TRUCK」，除了活動於東京和橫濱外，也在長野縣、福島縣等地擺攤賣書。2015年於橫濱開辦實體本屋「三田商店」。

BOOK TRUCK
出店資訊請參考
ja-jp.facebook.com/Booktruck
三田商店
神奈川縣橫濱市西區久保町19-2小林大廈102
12:00-19:00，週一休息，或有變動，開店資訊請參考
www.facebook.com/mitashoten

「有書的車」曾是我童年的夢，如今三田修平開著移動本屋為更多人送去歡樂。
（三田修平提供）

BOOK TRUCK
主動選場地、選客人的書店

我剛上幼稚園的時候，父母帶我搬進東京的新興住宅區。估計不少讀者看過吉卜力工作室出品的《歡喜碰碰狸》：一群住在多摩丘陵森林的狸貓，想利用幻術嚇唬人類，藉此使建築工程擱置的故事。說來有點過意不去，我們一家人搬去的地方，就是多摩丘陵。小時候的幾次週末，父親開車載我回家的路上，確實看到過狸貓。

社區是新建的，我們剛搬進去時設施不夠完善，後來我看遍書的兒童圖書室，是幾年後才置辦齊整的。我從小喜歡看書，還沒有圖書室的時候，母親就會帶我到附近的小書店讓我選繪本。父母年輕時收入不低也不高，而且剛買房，母親出門時經常叮囑我只許買一本，害我在書店裡沉吟許久。那段時間，我很期待一輛車的出現，就是市立圖書館派來的「移動圖書館」。

它在市內巡迴的週期我不是很明白，對那時的我來說，那輛車簡直是在公園裡忽然出現的「夢之車」。小孩一個人上去也沒人阻撓，車裡面裝滿繪本和兒童書。對小朋友來說，車身圓呼呼本身就很好玩，有些男孩即使對書不怎麼感興趣，也還是會爬上來，車裡熱鬧得很。我頂討厭那些野蠻、粗魯還叫我「小豬」的男孩子，不過那些男孩通常沒什麼耐心，過一會兒就會去別的地方玩，我只要忍耐一會兒他們就會消失的。車上的繪本可以選三、四本，選好後拿給母親，她從車外掏出借閱卡幫我借書。開車來的圖書館阿姨把繪本放進藍色的袋子裡，笑咪咪地讓我提著：「你喜歡看書啊，乖！」

有時候，我會問母親「那個有書的車」下一次什麼時候來，母親會告訴我「應該很快的，下次我們去公園的時候找找看」。當時我年齡太小，也許她知道我沒有時間觀念，覺得說具體日期也沒用，又或許她也真的不知道車什麼時候會來。不知道下次什麼時候能見到的「夢之車」，在我心裡更添了一份神秘感，它的到來就是個驚喜。再後來，社區有了兒童圖書室，我也上了小學，學校和社區的圖書室已經足夠滿足我的讀書需求，我漸漸就把「夢之車」忘記了。沒等我上初中，「夢之車」徹底消失了。

這回我來到東京繁華的表參道，這一帶是採訪對象三田修平先生通知我BOOK TRUCK會出沒的地點。我不是第一次見三田先生，二〇〇九年時他在澀谷的SPBS當店長，我曾經採訪過他。我還記得當時他在收銀台後面，兩個人站著聊天加採訪的情景。沒過幾年，三田先生離開澀谷這家著名獨立書店店長的位置，創辦了移動本屋「BOOK TRUCK」。

BOOK TRUCK的經營模式比較簡單：車上載著二手書，自己開車四處奔馳，聽起來似乎就是繪本裡的故事一樣。我一說出這個印象，三田先生苦著臉：「不不，好累哦。」據他說，他辭職、籌備這樣一家書店的時候，不少業內朋友以為他瘋了。移動本屋相關業務的「接近百分之百」由他一個人完成，開車、選書、擺書、銷售，聽起來好玩，實際上工作量大得不得了。而且移動中的本屋，得讓讀者找到它，還得更新Facebook預告近期出沒地點的

第一代BOOK TRUCK。（三田修平提供）

現在的BOOK TRUCK。（三田修平提供）

安排。開車賣書聽著自由，但「裝滿書的車比較耗油，走太遠不划算」，所以出沒地點基本只在東京及周圍地區。大家若在東京待一兩個禮拜，總會有機會遇見它。

三田先生的經歷很豐富，大學畢業後在東京換了不少工作，但這並不是盲目的跳槽。他的工作選擇有一個共同點，就是品味時尚而精細。畢業後的第一份工作是書店店員，在六本木Hills的蔦屋六本木店，這是蔦屋書店和星巴克咖啡在日本首次合作開辦的Book & Café，裡面的星巴克由蔦屋書店負責經營。在蔦屋工作兩年後，三田先生轉到位於東京青山的時尚家居精品店「CIBONE Aoyama」，任職於圖書部門。大約一年後，二〇〇八年澀谷的SPBS開店之際，三田先生當上了首任店長，直到二〇一二年。現在的他，除了移動本屋外還經營著實體本屋「三田商店」，還經常為咖啡館或精品店擔任選書顧問。

歷任精品店服務員和店長的三田先生，散發著一種時尚男的氣質，輕鬆的態度中隱藏著敏銳的眼光，說話時笑容並不多。這正是像我這樣的宅女最不擅長採訪的對象。記得過去在SPBS站著採訪時，我就有點聊不出話題，採訪不到半個小時就匆匆結束。如今的他，感覺比過去溫柔了許多。他在車旁見到我主動打招呼，沒等我們坐下來就聊起今天的活動、自己的宅男時代、昨天吃的午餐和文藝界的八卦。也許因為我也變了，但三田先生在這幾年裡接受了不少採訪，也開過多次講座，他說起話來確實流利了不少。看著他本身的變化和移動本屋業務的發展，我感到一種正面的力量。

TRUE PORTLAND
NORAH
NORAH

CORVETTE!

CLOSED
WEE
COLL
THIS
WA

BOOK TRUCK主要活動範圍在東京，但有時也受邀到日本各地參加活動：長野縣的湖邊、山形縣森林裡的圖書節，海邊的音樂節……開車上路讓三田先生展開無數的可能性。

「爸爸，我可以進去嗎？」小朋友一般都比較主動，會拉著家長的手上車看書。（三田修平提供）

三田先生按每個地方的活動性質調換車上的書。《生活手帖》和《ku:nel》算是基本款，每次在書架上都能看到幾本過期刊物。

「不過，若遇到自己很喜歡的幾本書，不管是什麼樣的活動我都會帶上向客人推薦。也有這樣的時候。」

其實車廂的高度和格局，最適合小朋友看書。（三田修平提供）

專訪BOOK TRUCK店主
三田修平

採訪時間：二〇一五年七月、十一月

書店是一種人和書偶遇的場所，
我的書店出現的地方越多、越有變化，
通過這個場所能夠遇到自己的一本書的人就會更多。

變得「健康」的社會

三田修平（以下簡稱三田）：好久不見啊，上次見到你是什麼時候？

吉井忍（以下簡稱吉井）：是您還在SPBS的時候，現在已經五、六年了。

三田：嗯，好像是的。今天謝謝你來這裡。哎，天氣真熱，但總比下雨好一些。昨天我也在這裡賣書，因為是下雨天，人特別少。你看見這部車後面還有一輛麵包車嗎？那是輛露營車，裡面有淋浴房和洗手間，現在有外國遊客住在那裡。昨天時間有的是，我和他在這裡一直聊到傍晚。

吉井：好瀟灑！今天已經開始有人了，待會兒應該有相當的人潮。您的這部車滿可愛的，是進口車嗎？

三田：不。之前的車是美國進口的，八〇年代雪佛蘭的CHEVY VAN。但它壞掉了，現任是第二代，五十鈴的ELF UT，在日本市場上不是特別成功，聽說沒幾年就停產了。

吉井：今天的活動年輕人來得很多，還有年紀稍微大一點的夫妻或外國人，應該是住這附近的吧。車子上的書有考慮到這些人的口味嗎？

三田：是有一定的考慮。車子外面最醒目的地方擺放和活動有關的書，比如，今天的活動主辦方MEDIA SURF出刊的兩種書，一是雜誌《Norah》，還有波特蘭指南書《Ture Portland》。另外，車裡準備了不少手工方面的圖書，因為今天占最大面積的活動叫「BASE」，是網路商店的線下活動，由網站上最受歡迎的手工藝品、雜貨系店鋪的店主們擺攤、展示商品。我準備的是關於手工、雜貨相關的舊雜誌和二手書，所謂的生活系，像《ku:nel》或《生活手帖》，向大家呼籲細心生活的那種。今天的繪本只有兩個箱子的分量，比平時少一些。如果在公園開店，很多家長會帶小孩過來，我會準備更多的繪本。

吉井：您提到的《生活手帖》，我認識的幾位中國編輯都很喜歡。雜誌前任主編松浦彌太郎的書在中國挺受歡迎的。我覺得他很能抓住年輕人的興趣，他最近不是在《BRUTUS》上介紹各種早餐？其實，現在中國年輕人中早餐和早午餐也非常流行，會拍攝自己的早餐來曬圖。

三田：（點頭）大家都在說早餐。記得《BRUTUS》第一次做早餐專題是三、四年前吧，後來各種媒體都開始做早餐專題。我在澀谷的SPBS開始上班是二〇〇八年，也就是書店剛開業那時候，當時SPBS的營業時間到凌晨兩點。它的附近有NHK電視台以及NHK相關的工作坊，常客中有不少跟藝術有關的人。他們一般晚上才有時間溜達，不只是他們，當時的時尚主流是「夜型」。後來，大概二〇一〇年的時候吧，我們發現周圍的氛圍慢慢變成「朝型」了，SPBS舉辦的活動也多是關於早晨的，比如利用早上時間學習的那種。剛好那個時候還流行了pancake，大家早上出來排隊吃pancake。

吉井：記得我還在大學的時候，確實晚上出去在酒吧喝東西、跟朋友聊到凌晨，這些當時屬於滿酷的活動。而現在呢，早睡早起、生活有規律的健康生活才是時尚的，變化確實挺大的。

三田：我也和朋友討論過，為什麼早餐這麼流行。我認為，主要原因是經濟不景氣。你想想，晚上出去喝幾杯酒，跟早上去吃好一點的東西，那個比較划算？晚上的活動花錢多，早上出來活動可以省錢的。

我是一九八二年出生的，所以大概初中二年級，不，大概小學六年級的時候，日本的泡沫經濟崩潰了。經濟快速發展的時候流行的《ELLE DECO》風格，比如義大利名牌的家居呀，專業設計師細心做出來的、時裝方可搭配的風格，這些後來幾乎都被淘汰了。現在，人們喜歡的是更親近生活的氛圍。（拿起手邊的生活雜誌《Apartamento》）你看，這就是現在的時尚雜誌，看起來很輕鬆、舒服、不做作，這就是現在的風格。料理也是，過去的時尚意味著出去發現好餐廳，享受美味菜肴的同時必須穿得好看、有風格。現在大家開始在家自己做飯，買些好一點的調料，按照自己喜歡的方式慢慢做菜，這是現在的時尚。

吉井：中國媒體也很快就學到了這點，現在他們的雜誌、網媒中也都是這種生活化的文字和圖片。可能這種風格的內容給人感覺確實親近，馬上能應用到自己的生活裡。

三田：但我身邊的設計界的朋友說，這種風格最難模仿，因為幾乎沒有絕對的標準。比如，名牌那些東西，有幾種必備就好，媒體會告訴你手提包要買哪一種，家居要從哪裡買。但「不做作」的風格時尚呢，你自己生活和文化的累積就很重要。

沒有了絕對的標準後，我們依據什麼因素來選購才好？這就得靠自己的感覺。有時候，就是因為一些小東西，我們的生活變得很特別，那麼決定這個小東西的特別性是什麼呢？就是自己。我認為，這種風格的開頭，也就是在日本首次推出這個概念的品牌是在東京自由之丘的「TODAY'S SPECIAL」，我之前工作的家居精品店CIBONE同一家公司經營的品牌。TODAY'S SPECIAL的主旨是自然，享受自己的生活的同時關注周圍和社會環境。和它類似的品牌還有「D&DEPARTMENT」，發起「Long Life Design」的長岡賢明先生創辦的生活品牌。有意思的是，這些品牌的商品都離不開「吃」。雜誌《Wired》也經常做食物有關的專題，把「吃」當作人和人、人與環境溝通的起點。

有點離題了，總的來說，料理這種東西目前算是全世界性的流行，書店也難免受影響。對了，我是不是要說點這個mobile bookshop的事？

移動本屋能否維持生活？

吉井：您在車上賣的書都是二手書嗎？

三田：平時我的車上大約有五百冊的書，其中百分之九十九都是二手書。另外少部分，比如今天的活動主辦方出刊的雜誌什麼的，算是新刊。二手書都是靠自己進貨，去二手書店、二手書集市買回來，或是客人賣給我的書。我用這部車出來賣書一般都排在週末。少的話月均大概四、五次，多的時候每個週末和假日都會出去賣書，這是要看季節的，冬天相對來說比較少。還有在某個地方待三、四天，或一兩週連續出店的機會也有，但不多。

吉井：賣二手書的話，您是不是參與了二手書店協會那些組織？

三田：沒有呢。參加那些協會應該也有好處，但他們的做法太老派了。比如他們舉辦的二手書節什麼的，不管是圖書種類還是來光顧的客人，都是老派的。現在開二手書店，不參與那些組織，也是完全可以的。

吉井：週末開車出來賣書，這樣的節奏能養活自己嗎？我感覺工作天數好像有點少。

三田：是可以的。賣新刊的毛利徘徊在22%標準，賣二手書的利潤由店主自由安排，總比新刊高很多，能達到六、七成。像今天這樣出店，一天可望賺到十五萬日圓，週末兩天平均起來也有一天十萬左右的水準吧。扣除進貨成本、油費、停車費等必要開支，淨利還有幾萬日圓呢。這樣經營下去，維持一個人的生活是可以的，但不能過奢侈生活，我是覺得足夠的。

　不過，這塊收入不是特別穩定。比如，有一次我去御台場賣書，是主辦方邀請的，所以我不用付出場費。那天的活動主要是推廣STRIDER（兒童滑步車），很多小朋友來參加滑步車比賽。所以主辦方覺得若我來賣賣繪本什麼的也都很合適。可是，那天的銷量很糟糕，基本沒人買書。那天活動人是挺多，有很多小朋友，但他們都忙於比賽，沒心情看書。那父母呢，要為小朋友換衣服、拿車什麼的，手裡的東西也挺多，不想再購買書給自己增加負擔。還好那天快打烊的時候有位大媽一口氣買下了一萬多日圓的繪本。這樣扣去交通費，我的時薪勉強達到五百日圓。

吉井：還好不用付出場費。

三田：是啊。不過，也有這樣的活動，就是上次幅允孝先生讓我參加的六本木的圖書節。我參加兩天，這兩天都有五、六萬日圓的銷售額，另外主辦方提供共五萬日圓的移動費什麼的。也是有這麼好賺的日子的。（笑）所以平均下來都挺好的，而且可以學到不少東西。

吉井：所以人多也不一定就能賣很多。

三田：嗯。活動主題太明確的話，不管現場人數多還是少，來我這邊買書的人都不會多。最理想的是集市（Market）形式的活動，來的人的心態已經為購物準備好，來看了若覺得好玩就容易掏腰包。

吉井：不過，這個收入的不穩定，您開店之前就能想到，所以心裡也有所準備吧？

三田：是的。我是二〇一二年二月從SPBS離職，三月分就開始辦移動本屋。我和周圍的同行朋友們說起BOOK TRUCK的開店計畫，幅允孝先生也好，內沼晉太郎先生也好，他們津津有味地聽著，並熱情地支持我，但還是覺得我瘋了，都覺得這個想法有點脫節，因為這個生意方式明顯不能賺大錢。

朋友們都很擔心，給我介紹一份工作，在索尼公司的電子書店「Reader Store」運行小組。每週發布好幾百種作品，同時做一些專題、宣傳活動。其實這份工作的內容和書店店員差不多。雖然是一週三天的臨時工，但豐厚的報酬，到月底能拿到和白領差不多、甚至更多的收入。平時幫索尼公司選書，週末出來賣書，現在想起，那段生活是在我人生中收入最高的時代。索尼那份工作我做了兩年就離開，說實話現在有一點後悔呢。（笑）

吉井：舊的不去，新的不來。您現在手頭的事也多著呢，有移動本屋，前幾天還開了實體本屋。

三田：不過說真的，有時候覺得自己是個大笨蛋。我說的是開這樣的移動本屋。東京有這麼多人，為什麼沒人開移動本屋，當然是有原因的，就是太辛苦。譬如我之前用的是美國舊車，一次車檢[1]就要五十萬日圓，耗油還驚人，每次出來擺攤的停車費也不少。而且這個進口車，因為是七、八〇年代的舊車，零件都很貴。一旦有問題，二十萬日圓又飛走了。

體力方面也挺費力，開店前我得一個人搬書架和大量的書，這個體力活實在讓人沮喪。首次開車出店是在有樂町的無印良品旁邊，第一天還沒開始做買賣，我就覺得自己搞錯人生方向了。每次賣書都這麼費力，搞不好找個地方開個固定店鋪會輕鬆許多。收入方面呀、體力勞動強度等等，還是要看人合不合適。

但是，有時候看到很多小朋友爬到我的車上看看書、爬下去又爬上來，我就覺得值得。孩子那樣開心的樣子，對我來說也就是一種鼓勵。我想，開書店的是人，不是由機器控制，

1 日本的機動車檢驗制度，一般新購機動車免檢三年，之後每兩年進行檢查。

難免不講效率、產生浪費，也許這正是我的本屋的魅力，也更接近我的理想。所以，若有人要開移動本屋，我還是會支持的。

吉井：您的車，讓我想起小時候來我家附近的移動圖書館。每次看到它在公園，我就特別興奮開心。

三田：我小時候也很喜歡移動圖書館。其實裡面放的書和固定圖書館差不多，但不得不說那樣的「移動」形式本身有種力量，能夠激發人們的期待和好奇心。

吉井：上次我採訪了一家在西荻窪的獨立書店，店主跟我說過，現在開一家新刊書店的成本極高，年輕人從零開始是幾乎不可能，但開二手書店的成本相對來說比較低。您的開店資金大概有多少？

三田：那位店主說得沒錯。現在開的新刊書店，基本屬於連鎖書店，個人開家新刊書店是不太可能的。新刊書店還有一個難題，就是找到合適的「取次」合作。和「取次」的合作要保障金的，對方還要審查你的月均收入，沒有達到一定的水準，對方是不願意合作的。要有一定水準的收入、理想的地段條件、店面規模和人潮等等，門檻太高了。這幾年，在東京新開的獨立新刊書店有海鷗Books[2]、B&B，還有SPBS，就這些吧。

2 位於東京神樂坂的書店，由校對公司鷗來堂於二〇一四年開辦。

二手書店沒有這方面的擔憂。我認為，若從零開始，有五百萬日圓就夠了。這五百萬日圓是用來租店面、付押金、首批進貨以及兩三個月的經營資金。我開店的時候沒有那麼多資金，所以買的是一部二手車，書架也是自己做的。貨源來自自己的藏書。這樣整個成本控制在一百萬日圓的水準。

「移動」帶來的自由

吉井：和固定的實體本屋相比，移動本屋的特點是什麼呢？

三田：實體本屋難免被地段條件約束。周圍的客人也沒有太大的變化，所以店裡的選書標準也必須要對付這些比較固定的顧客口味，店員必須考慮常客和周圍的環境來安排書架上的圖書。這是開本屋的每個人都會遇到的問題，就是「自己想賣的書」和「周圍的人的需求」不一樣。若你開了一家實體本屋，你的位置已經是固定的。所以為了保持一定的銷售量，你店裡的商品，也就是圖書，一定要符合讀者的需求。

書是很有意思的東西，它沒有絕對的價值。怎麼介紹它、給誰看、陳列的樣子怎麼樣，書的價值依這些因素有所變動。若你繼續賣「自己想賣的書」，不是你選出一個特別適合你口味的地點，就是硬著頭皮只賣自己喜歡的書，不管書好不好賣。前者那樣的地方很難找，後者又不是我的風格。然後我想到，如果我自己去找客人呢？我認為，書店是一種人和書偶遇的場所，我的書店出現的地方越多、越有變化，通過這個場所能夠遇到自己的一本書的人就會更多。

移動本屋還有另外一個好處，能夠吸引平時不怎麼去本屋的人。移動本屋的概念的起點就在這裡。移動本屋的固定性不強，店本身可以移動，車上的書可以換，每到不同的地方客流和人群也不同。這樣我的自由空間大了不少，說極端一點，甚至可以完全按照自己的喜好擺書，並開車到會有人買這些書的地方。

另外，移動本屋擺攤的地方通常是像今天這樣的集市、祭典等熱鬧的地方，客流本來就比一般本屋多。對客人來說，車上賣書的形式比較特別，有非日常性，這樣環境下大家容易注意到平時不會去看的書，比如藝術類、建築類的書。

吉井：聽您這麼一說，感覺移動本屋的好處也不少呢。出店地點是怎麼決定的呢？

三田：我到現在一次都沒做過移動本屋的推廣，只是在臉書上更新動態。大家通過臉書或其他方式聯繫到我，我每次只是應邀到各個地方而已。在東京一帶做移動本屋的人並不多，所以大家都很容易找到我的。

但我剛跟你說過，其他人都不做，也是有原因的。移動本屋並不是我發明的，我希望更多人一起來辦類似的本屋，也鼓勵大家這麼做。不過說實話，我是滿想開新刊書店的，認真賣書的那種，小時候去買書的那種普通的小書店。不要搞特別時尚，也不要有所謂的風格。

吉井：之前採訪一些書店，給我的感覺是，您說的普通小書店的經營模式最辛苦。不過，所謂時尚獨立書店也夠辛苦的，但他們不是賣咖啡豆，就是辦活動，會有一些額外收入。普通書店就靠賣書掙錢，更不容易。您對這方面的瞭解應該比我深吧，卻還是嚮往普通小書店，為什麼呢？

三田：能夠讓人興奮不已的活力。新刊像個新細胞，為書店帶來特別的活力和臨場感。當然，用二手書也可以擺出有意思的書架，但感覺和新刊書店有點差別。

書店是否要「特別」？

吉井：您二〇一五年七月在橫濱開張了「三田商店」，恭喜您！為什麼這家店叫「商店」，而不叫「本屋」？

三田：店鋪的分類就是屬於本屋。有一些新刊，是從「取次」進貨的，但不多。大部分的圖書還是二手書。另外有賣咖啡豆、餅乾等西式點心。在不久的將來，我想賣不同的雜貨，比如高品質的牙刷、肥皂、毛巾等等。我把店名設定為「商店」，是因為這樣給人的感覺更樸素一些。我不想把自己搞得太時尚或高檔，就想開一家普通的、專注賣東西本身的店。

吉井：店鋪外景滿有昭和時代、讓人有點懷舊的感覺。之前是怎樣的店鋪呢？

三田：是一家開了四十多年的理髮店。後來店主的年齡太大，關掉了。面積約八坪，建築本身是超過五十年的木造房子，地板是歪著的，我花了不少力氣改裝到現在這個樣子。開這家店之前，我在橫濱大倉山（Ōkurayama）有一家獨立本屋「BOOK APART」（二〇一三—二〇一五年），後來關掉了。我把BOOK APART的木材拆掉，運到橫濱的新店用來裝修。

吉井：您已經有了固定店鋪BOOK APART，把它關掉，又另外開新的店鋪。這是為什麼呢？

三田：一個是對於「書店論」的一種厭煩。不知道從什麼時候開始，大家開始討論書店，討論書店的各種可能性。後來很多人把書店當作一種時髦、時尚的地方。有些人就是為了這個感覺而去書店，為的是消費書店的時尚感。這種書店的存在方式，我確實有點厭煩，自己也想了太多，累了。所以我希望三田商店裡除掉那種時尚的因素，做法簡單一點，不需要高尚的概念，擺一些商品，平淡地經營下去。

吉井：也就是說，您覺得大倉山的實體本屋BOOK APART過於時尚化？

三田：是的。那邊更像是一個concept shop（概念店），讓人有一點累。我總覺得店鋪結構也不適合，那地方是住宅建築，本就不是做生意用的。我把本屋開在一樓，倉庫在上面二、三層，每次去找書或準備移動什麼，都很費力。店鋪周圍的路也太小，我的麵包車開不進去，只好停在比較遠的地方，要搬書得用推車。所以，我聽到那家理髮店的店面要租出去，我就覺得是個機會，可以重新整理自己的事業並回到原點，把實體本屋做小一點，移動本屋再花點精力，好好賣書。

新開的三田商店的周圍環境比較庶民化，很有生活感。我是在橫濱長大的，外地人也許覺得橫濱這個地方很時髦，但所謂發達的地區只有靠海的兩個，一個是橫濱站附近，還有港未來（Minatomirai）地區。三田商店所在的西區處在這兩個地區的中間，靠內地。交通倒是挺方便的，但這裡的人，說實話沒那麼時尚，挺自然的。新開店鋪，我覺得這裡的氛圍最合適。時間也剛好是時候了，移動本屋用的第一代麵包車壞了，修理廠告訴我維修需要兩百萬日圓，對我來說有一點貴。

可惜BOOK TRUCK這個移動本屋的營運還挺忙的，週末到處賣書，週一到週五裡有兩三天都得為週末的移動本屋做準備，還有為其他商店做選書、擺書。這樣算下來，三田商店這個實體本屋，每個月只能開三、四天，變成了移動本屋用的倉庫。（笑）

抵抗效率主義

吉井：我看您的經歷挺豐富的，做過大型書店的店員，有時候幫咖啡館選書，在獨立書店SPBS也工作過。您是否很早就有開書店的夢想？大學的專業是什麼呢？

三田：大學專攻會計。我呢，在大學的時候一個朋友都沒有，也沒有參加任何社團，真正的一個人。其實我在高中的時候決定要當會計師，因為我覺得這種職業賺錢最快，最有效率。我們高中二年級的時候不是要選擇理科或文科嘛，會計算是文科，所以我選了文科。當時我問同學將來要找什麼樣的工作。結果發現，朋友當中沒有一個認真考慮未來職業的，每天嘻嘻哈哈的，不知道想什麼。升入大學後也差不多，我是挺認真上課的，但周圍的同學天天蹺課，把所有心血投入到社團活動裡去。只有考試期間，往大學的電車裡人才會突然多起來，校內的影印機前排起長龍。

大學四年，前一半時間我非常用功。學到一定程度的時候，我心中湧起一種疑惑：確實，這是有效率地賺錢的路子，但這很重要嗎？賺錢那麼需要有效率嗎？有效率地賺錢又怎樣？……就這樣，我想到開書店。我小時候不怎麼喜歡看書，但上了大學後開始喜歡看一些小說，首先喜歡上高杉良[3]的經濟小說，然後開始讀村上春樹、重松清、三島由紀夫、谷崎潤一郎、夏目漱石、川端康成等作家的書。

當時我就想，大學畢業後賺不賺錢沒關係，只要自己活得有意義就可以，之後想到的是書店。其實這個思路轉變是挺大的，當時的熱情我還記得。我剛才把移動本屋的經營情況說得輕鬆了一點，但實際上難免有各種小問題，也有時候為收益問題煩惱著。遇到這些問題，我總想起那時候的自己：其實不必那麼講效率。

3 高杉良（Takasugi Ryō），日本著名經濟小說家。一九三九年生於東京，當過記者和編輯，七〇年代開始專事小說寫作。著有《金融腐蝕列島》、《欲望產業》、《懲戒解雇》等經濟小說，擅長以文學反映社會的政經結構與現實。

三田商店的店址原先是家理髮店，從外牆依稀還能看出些痕跡。（三田修平提供）

因為行動書店和選書事業事務較多，實體店只能不定期開業是三田先生最大的遺憾。他最近找來了一位實體店店員，已經恢復了正常的經營節奏。（三田修平提供）

日本的高速公路服務區正走向休閒娛樂化。三田先生2015年夏天受邀到靜岡縣清水市的高速公路服務區賣書，營業到零點。（三田修平提供）

吉井：我一直覺得您有種很安穩的氛圍。也許因為您有這樣的內核，讓您回到原點。

三田：確實。因有了這種想法，大學的後半時間，我沒有之前那麼認真學習，到大四也沒有參加就職活動。臨近畢業也一點都不焦急，畢業典禮前一個月玩五人制足球（futsal），還骨折了。骨折後大概兩個月要固定傷口，因為畢業了嘛，只能待在家裡，有一點心理壓力。

後來，我還是出去找工作，但又想辦一家「Book & Café」，所以邊找工作邊找機會創業。給你講一個笑話，當時我以為「Book & Café」是自己的創意。我在大學期間看了不少書，當時就覺得，身邊能安安靜靜地看書的地方並不多。當然，在大學買書在「生協」[4]就好，借書可以在圖書館借。但是，坐下來、喝杯咖啡看書的地方並不多。那時候漫畫咖啡開始普及，我從此獲得靈感：如果有家咖啡館，提供看書的環境、咖啡和輕食，應該會很受歡迎吧！後來我才發現，其實當時在東京已經有不少Book & Café，如下北澤的Cafe Ordinaire（現已搬遷至東京澀谷區初台），別人比我聰明多了。

三田先生的書店巡禮

三田：我找到的第一份工作是在蔦屋東京六本木書店，是蔦屋書店和星巴克合作的一家書店。當時我還挺在乎書店＋咖啡館的模式，想在這裡研究研究複合經營模式的可能性。但

4 大學生活協同組合，簡稱生協，經營學生食堂、銷售生活用品、圖書、零食等。

是，一旦開始上班，我很快就忘記了Book & Café的事，因為要學的東西太多了。

我以為自己在大學看了不少書，至少看過一些小說。但是，在書店工作，我的閱讀量算很少的，圖書相關的知識幾乎是零。尤其是藝術方面的圖書，我從來沒關注過，所以真的是從零開始的。那是很幸福的一段時間，拚命學習，吸收前輩的指導，這後來成為創辦書店的基礎。

吉井：您當時的工作，是正式的員工身分嗎？

三田：是臨時工，一直是臨時工。我工作了兩年後，二十四歲時提出辭職。因為我還是想自己辦個獨立書店，但又知道靠這份工作收入不夠，為了存一筆資金決定先當會計師。當時的書店有一位選書顧問，是BACH的幅允孝先生。我辭職前和幅先生商量辭職事宜。後來他跟我說，有家青山的家居精品店要增加一個圖書部門，需要一個懂書的，問我有沒有興趣。所以，我放棄了會計師計畫，而進入位於東京青山的CIBONE Aoyama，當圖書部門負責人。這份工作也不算是正式員工，還是臨時工。

過了一年，我二十五歲時，和上次一模一樣的事發生了：我說要離職，要當會計師。這是有原因的，我的父親去世比較早，一直在外面工作的母親要退休了，家裡需要一點錢。我跟幅先生商量這事，而他的回覆是：「你有兩個選擇，在CIBONE當正式員工，或在新開的書店SPBS當店長，你想做哪一個？」我明明是要當會計師，而他給我的選擇和會計師一點兒關係都沒有。（笑）後來，我在ＳＰＢＳ做了四年的店長。

吉井：看來幅先生滿信任您的選書眼光。

三田：不知道呢。但確實，他是一位很聰明的人，和別人很不一樣。他是很會講的，他把我介紹給ＳＰＢＳ創辦人福井盛太先生的時候，我目睹了他這種說服人的能力。ＳＰＢＳ面試那天，在一個房間裡有三個人，福井先生、幅先生，還有我。我沒講幾句，最多也就說了「是的」或「我會加油」之類的話，剩下大部分的時間基本都是幅先生在說。福井先生也夠有勇氣的，當時我只是一個經驗不多，也不懂書店經營的小夥子，而他願意讓我接一家新開書店店長的位子。

吉井：您當時決定接受SPBS的工作，最看重的是什麼因素呢？

三田：是一種期待吧。ＳＰＢＳ的理念是「當場製作、當場販賣」，也就是說，現場製作圖書、做出來的圖書只有自家銷售，以這種方式來控制成本。我之前在書店工作兩年，思考方式已經滿固定了，認為要增加書店的收益只能靠把書和收益高的雜貨等商品搭配起來賣。但是福井先生的想法很不一樣，他是以自己生產圖書的方式來降低成本。當時我覺得這種想法非常新鮮，值得嘗試。另外ＳＰＢＳ店面很大，又在澀谷，租金壓力挺大的。當時我做店長，每個月都首先要考慮租金問題，銷售目標也被它拉高了不少。

我在SPBS工作的時候，經常有人問我能否在外面參加活動賣書。但SPBS是新刊書店，從新刊中能收回的收益空間不大，所以若扣除參加活動所需的場地費等，就沒有多少利潤，參加的意義不大。所以我們幾乎都回絕了那些提議。那時候我就想，若要參加活動，二手書比較合適。

吉井：所以，您當時想創辦移動本屋，是因為這種約束？不喜歡新刊書店所帶來的不自由和壓力？

三田：也可以這麼說吧。還有，小時候在家附近經常會來移動圖書館，我特別喜歡。小時候我不怎麼喜歡看書，但看到移動圖書館我還是會很興奮。所以我想，若要開書店，要不試試移動的書店，這樣平時不看書的人也可能會來逛一逛。

移動本屋用的車，我在SPBS上班的時候已經開始找。考慮到擺書或客人走動所需的空間，我覺得日本國產的車不夠大，所以把目標鎖定在進口車。沒多久我通過網路找到一九八六年製造的雪佛蘭廂式貨車，但經銷商在九州熊本。我是坐飛機去看的，並現場量了尺寸，覺得空間是足夠的，外觀也很有魅力，於是就把它買下來。移動本屋的籌備大概花了半年的時間，準備得差不多就離開SPBS，開了BOOK TRUCK。

吉井：您現在最擅長的圖書領域是什麼呢？

三田：哦……我想，可以說沒有特別專業的領域，所有領域我都有一些知識。怎麼說呢，若要說我的專長，應該說是連接的能力，我是比較善於把不同的書籍連接起來為大家介紹，以跨領域的連接方式展開不同的世界，和普通書店店員的工作沒啥差別。

展示不同的人生路線

三田：你現在都採訪了什麼地方？

吉井：大概有十家，包括您提到的**SPBS**。也有松浦先生的**COW BOOKS**、**POPOTAME**、森岡書店、模索舍……

三田：這些店都算是老鋪了哈。

吉井：是的。因為這個採訪是大概六年前就開始了，到現在還存在的話，都算是老鋪吧。當中也採訪了新開的幾家，比如紀尾井町的**COOKCOOP BOOK**。但後來搬回本公司**Cafe Company**所在的澀谷去了，而且面積縮小了，不再賣書，變成一個小小的烹飪教室。小書店多，但撐得了五年十年的，並不多。

三田：環境的變化很大也是個原因吧。

吉井：對了，說到變化，我不得不提**COW BOOKS**。我上週拜訪了那裡，讓我很驚訝，他們書的銷量挺大的。我在他們的店裡待了一會兒，不少人經過的時候就指著這個書店說「喏，你看，**COW BOOKS**就在這裡」之類的。那麼小的店，客人往來頻繁，而且他們都會買書。

三田：那邊的書真貴耶。按我的二手書價格標準來看，那邊的書普遍算貴的。

吉井：我也覺得。但好像「貴」並沒有成為他們銷售的障礙，人家願意掏腰包。那天是店員一個人照顧收銀台、賣咖啡、整理書架，忙得很。說實話，六年前去採訪的時候，情況不如現在呢。

三田：那應該是「松浦先生效應」。松浦先生很會推廣的，而且做法相當細心。客人在那裡購買的不只是書，而是「這本書是我在COW BOOKS買的」，這種故事。

吉井：對了，我還約到幅允孝先生和**B&B**的內沼晉太郎先生。

三田：確實，你要向國外介紹日本的書店，我覺得不能不採訪他們。幅先生和內沼先生是圖書業的兩位大人物，幅先生是Book Director，內沼先生是Book Coordinator。

吉井：我還不是特別明白這兩者的差別，聽起來都一樣。

三田：我也說不太清楚。反正感覺他們兩個是把這兩種工作是分得清楚的。你到時候可以問問他們。對我來說，他們做人的方式很不一樣。簡單來說，幅先生很會說話，也很善於說服別人。另外，他很會推薦書。一般說來，他推薦的書都很好賣呢。

吉井：很會說話？Book Director還需要這種能力？

三田：要的。比如，他想到一個idea「如果把書放在那家店，肯定很好玩」。他把這個idea跟別人說的時候，會說得特別有意思，讓對方覺得這很值得一試。就這樣，別人很容易被他說服。這怎麼說呢，也是挺厲害的能力，就像池上彰[5]或茂木健一郎[6]般的聰明。那些人，他們其實是在他們的領域中算是非常專業的人，但他們把自己的專業講給普通人，不需要用專業詞，只用平易的語言來介紹專門的知識。這並不是所有人能做到的。

內沼桑呢，他的厲害在於戰略，想得很周全，也很細心。澀谷ＨＭＶ的書店就是他來安排圖書的。反正這兩個人是很厲害的。現在很多餐飲店、服裝店、雜貨店都把書放在自己店裡賣，就是從他們兩個人開始的，大概十年前吧。後來出了不少自稱Book Director的人，但

5 池上彰（Ikegami Akira），日本著名記者、新聞解說員。一九五〇年生於長野縣，二〇〇三年自ＮＨＫ退休後仍活躍於各大媒體，著述頗豐。

6 茂木健一郎（Mogi Kenichirō），日本著名腦科學家。一九六二年生於東京，擅長將複雜嚴肅的腦科學知識融入生活化的體驗。

沒一個能超越他們。

選書也好，擺書也好，我覺得都並不是靠technic（技術），而就是「人」，還是他們兩個最厲害。不過我站在這裡光說「sugoi，sugoi（厲害、厲害）」也沒用，我也得好好加油哈。

吉井：看您也挺活躍的。我在雜誌上有時候會看到您的專欄呢。

三田：還可以吧。通常週末是出來用移動本屋的方式賣書，橫濱那裡的實體店開得不多，就每個月兩三天吧。剩下的時間整理圖書、準備下一次出攤，也有時候做兼職，如在雜誌上介紹紙本書或寫書評，還有為崇光・西武百貨公司裡的時尚精品店「Honeycomb Mode」選書。他們的目標顧客是二十五歲到三十多歲的城市女性，時裝、生活、圖書、食物方面各有相關專業人士負責進貨，我負責圖書這塊。今年（二〇一五年）還有United Arrows[7]的店鋪裡開設店中店，就在他們的店裡銷售我選的二手書。算是我把自己的二手書銷售委託給他們，他們從二手書的銷售總額中扣除手續費。

吉井：我覺得您這種工作狀態挺理想的。所謂的「三萬日圓創業」[8]。

7 日本零售商，專營服裝、小雜貨等。

8 工學博士、發明家藤村靖之提倡的生活方式，一個人不依靠某種「正職」而是靠兼顧幾種「月收入三萬日圓」而維持生活的生存模式。

三田：說得也是。（笑）分散風險吧。不過我上次開實體本屋時的錯誤就是做太多事情，沒辦法集中精力賣書，所以我得好好控制自己的節奏。對了，澀谷的LOFT的三樓和四樓都要改裝，而改裝之後就要開始賣書，大概三千冊吧。那裡的書是由我選書、陳設。

吉井：我想問，對方是怎麼判斷你為他們工作的「結果」的？因為LOFT的主要商品還是雜貨和各種生活用品，書本身的銷售不可能特別好。你的工作成果，他們會如何評價？

三田：沒錯，書的利潤是有限的，所以對方也對圖書的銷售額沒有特別的期待。給我提供顧問費，扣去其他各種成本後沒有虧損就行，大概就這麼個想法。

吉井：有意思。看來圖書已經不只是在書店賣的東西。而且明明是利潤不高的東西，大家還是願意擺在店裡。

三田：這就是書和其他東西不同之處。我目前比較擔心的是對方沒有開過書店也沒有賣過書，所以不知道選書和擺書的工作量之大。他們希望定期、頻繁地更換這個店面的圖書，這個工作量還是挺大的。

《3萬日圓創業》

吉井：在LOFT賣的都是新刊，而不是二手書，是嗎？

三田：是呀，都是新刊。所以我得注意最近出了什麼樣的新刊，大家的喜好和其他地方的銷售情況等等。

吉井：實體店方面，除新開的三田商店，還有什麼別的新計畫嗎？

三田：我想在大學裡賣書，想把移動本屋開到校園，給學生看多種不同領域的書。大學有圖書館，也有賣書的地方，但我還是覺得選擇不多。我想讓年輕人認識更多的生活方式。

吉井：現在的主流是「安定的生活」，當個大企業的白領。尤其是在日本，要在一家企業裡找正式工作的位子，要趁畢業期間找到工作，因為再後來，能找到一份正式工作的機會少之又少，門檻也會高許多。但是，從另外的角度來看，世界上有很多有意思的工作，而且要工作不一定要在某個企業裡上班。我年輕的時候就不知道世上有這麼豐富的選擇，我當時不知道而已。

三田：就是啊！我說的就是這個意思。在大學裡，應該有不少找不到人生方向的年輕人，我想給他們介紹更多的書。畢竟，年輕的時候認識多一點不同的生活方式，對你日後的影響挺大的。但是，大學校園內開個移動本屋的難度特別高，對方都說，他們有圖書館也有「生協」，不需要再多的書店，沒想到在校園做買賣這麼難。

不過，我終於有了機會，我後天會去母校專修大學[9]開移動本屋！

這是滿偶然的，我在前一段時間裡接受了雜誌《Wired》的採訪，在專修大學教課的經濟學者三宅秀道老師看到這篇文章後跟我聯繫。三宅老師之前寫過一本書《如何創造新的市場》，並且正在大學裡開「中小企業論」這門課，我是以中小企業的一種例子去大學開店。只有一天，但總算美夢成真了吧。

吉井：挺好的，學生也會很喜歡的吧。

三田：除了移動本屋和固定實體本屋外，我還有一個打算。這我還沒告訴別的媒體呢。我想……開家電影院。我覺得看書和看電影很像，它們都有自己的世界，有力量讓讀者或觀眾體驗不同世界。我特別喜歡在書店買本書，找個咖啡館坐下來看書的那種感覺，也很喜歡看完電影和朋友談談感想。

吉井：我也很喜歡。可以說，是無上的幸福。

三田：是啊。現在很多書店開始提供和圖書有關的其他商品，那麼我想，電影院也可以做一樣的，擺一些電影有關的CD、原作小說等。大家看完電影，看看這些小東西，重新體驗電影相關的世界，也可以更深度地理解導演、演員或音樂製作人的世界。又或許在電影院某個

9 專修大學（Senshu University），日本私立大學，一八八〇年創校，校園位於東京都和神奈川縣。

角落裡喝點東西吃點心，和朋友聊聊感想。

吉井：挺好的，唯一的擔心就是……

三田：不太能賺錢。這都和書店差不多。（笑）現在小書店被大型連鎖書店擠壓得厲害，電影院也一樣，現在的主流就是大規模的電影院，上映的作品都差不多，而小的電影院正在消失。但我想，若有一家小電影院上映過去的作品，若你真的喜歡那部作品，哪怕你之前看過一次，有人還是願意去看的。一部作品在電影院裡看和在家裡的電視螢幕上看，是有差別的。比如，若現在有電影院上映《星際大戰IV：曙光乍現》，我哪怕花一點交通費，肯定會去看一看。核心粉絲還是會來的。

我說了這麼多計畫，但不知道以後會怎麼樣。移動本屋也是，如果膩了，也會關掉的。想做的事多著呢，但又有時候什麼都不想幹。隨緣，看情況吧。

三田先生善於和其他攤主溝通，不時地舉手打招呼、聊幾句。看起來是自由派的職業，但在密集的空間裡各自做生意，還是需要相當的交際能力。

12
夏葉社

島田潤一郎（Shimada Junichirō）

1976年生於四國地區高知縣，在東京長大。日本大學商業部會計學科畢業後，經歐洲、非洲之旅和多種工作經驗後，於2009年33歲時創辦一個人的出版社「夏葉社」。著有《明天就開一家出版社》（2014年，晶文社）。

株式會社夏葉社
東京都武藏野市吉祥寺北町1-5-10-106
natsuhasha.com

一個人開出版社，島田潤一郎在其中傾注了大量心血。

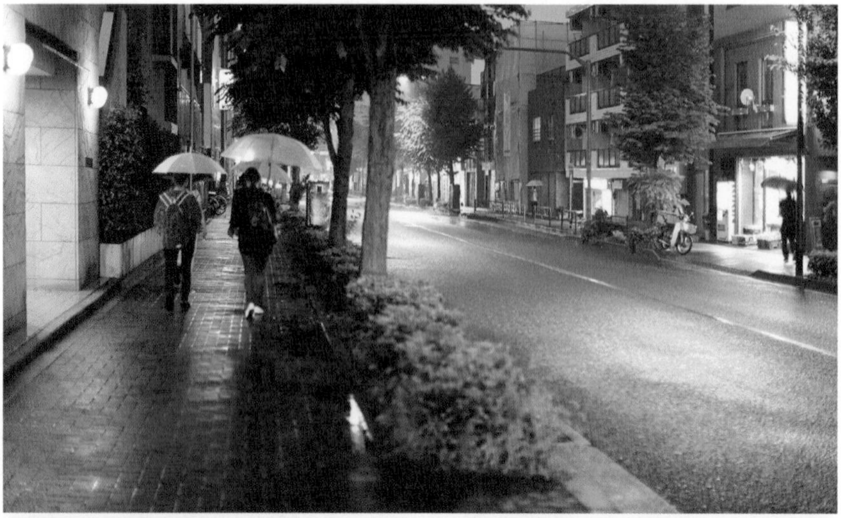

夏葉社附近的街景，便利店窗外貼著「7-11是您們的書店，免運費、免手續費」——便利店正快速取代小書店。

順道採訪

夏葉社

一個人的出版社

「出版業不景氣。」與中日兩國的出版人聊天，大家都會這麼說。為什麼不景氣？原因也是相同的：因為有了網路、因為網路書店太厲害、因為大家都不看書了。結果呢？也是一樣，中小書店正在消失。

我每次和朋友聊到這裡，都搖頭歎氣，結束這個話題。去年，我在日本聽說有個出版公司叫「夏葉社（Natsuhasha）」在舉辦關於本屋問題的討論會「我們城市需要本屋」。它以我們歎氣而放棄了的話題為起點，和日本出版人以及一般讀者（消費者）一起討論本屋的存在意義。該活動在日本全國各地共舉辦十七次，整個會議的紀錄和總結成書《本屋會議》於二〇一四年十二月由夏葉社出版。

本書的採訪也快接近尾聲，我們已經看到東京獨立書店的各種生存方式。我想以和島田先生討論獨立書店的未來，做為總結。在開始談話之前，先給大家介紹一下夏葉社吧。這是日本七〇後島田潤一郎先生於二〇〇九年九月創辦的出版公司，他身兼老闆、員工、會計，算是「一個人的出版社」。夏葉社至今出了十七本書，最近的一本書是暢銷小說《不要嘲笑我們的性》作者山崎納奧可樂的《可愛的丈夫》。其他出版的書有二手書店店主的回憶錄《昔日之客》、伯納德・馬拉默德短篇集《倫勃朗的帽子》復刻版、莊野潤三小說集《親子時間》等，精心策劃的選題和絕美的裝幀設計在出版界廣受好評，也開始吸引新的讀者注目。

島田先生出生於以鰹魚聞名的四國地區高知縣，在東京長大，大學期間專攻會計。學生時代參加文學研究社團改變了島田先生的命運，他被文學擁有的寬容性和總括性——剛好和被稱為「實學」的會計學呈現明顯的對比——吸引。在校期間獲得了校內文學獎的島田先生，決心以後邁向作家之路，畢業後也沒有去找正式的工作，待在月租不到兩萬日圓的房間裡，靠在便利店和速食店打工維持生活。但寫出一篇小說並不容易，同時他受了村上春樹《發條鳥年代記》、大岡昇平《野火》、梅崎春生《幻化》等書的影響對戰爭產生興趣，為了「直接的感受」乾脆搬到了沖繩。在沖繩生活的經濟來源也是打工，在TSUTAYA負責音像製品租賃服務的島田心情愉悅，因為這裡的工作環境極佳——他是十個員工中唯一的男性，其他都是當地的年輕女生。

世界還是公平的，島田先生對幾個女性產生好感卻一個都沒成功，傷了心的他一口氣提出辭職並飛到非洲待了幾個月，回國後在東京找到一份工作：教科書出版社的行銷。島田先生現在能夠獨立支撐出版社，有兩個主要因素，一是大學期間猛增的文學修養，二是出版社跑業務得來的經驗。進入公司不到一年，島田先生便衝到業績第一名，島田先生此刻深信自己的能力，索性把這份工作辭掉，開始尋找另外一個可能性。

「當時的人生，就在黑暗中。」島田先生回憶道。決定跳槽後過了八個月，三十一歲的冬天，他已經收到五十家企業發來的「謝絕信」。這段時間中，島田先生還經歷了另外重大打擊：和他關係最好的表哥突然去世了。

島田先生累了，想放棄所有一切。這時，他最想做的是為別人做事，尤其是失去了兒子的姑父和姑媽。自己能為他們做什麼呢？失去表哥後的漫長冬天裡，有一首英文詩成為他的精神依靠：「Death is nothing at all（死亡不算什麼）」。若把它做成一本書，能否安慰正在經歷失去親人之痛的他們？島田先生不是很確定，但當時的他，這是唯一有可能開拓未來的路。他向父親借了兩百萬日圓，加上自己的等額存款，開了出版社。

為了採訪島田先生，我來到東京西部的吉祥寺，也是東京最受年輕人歡迎的居住地。吉祥寺並沒有特別的觀光地點，但密密麻麻的街道隱藏著數不完的咖啡館、雜貨店、被歐吉桑占領的居酒屋以及美食家讚不絕口的中華料理店。JR吉祥寺站本身也帶有一種低調的活力，讓人想要更進一步探索。梅雨中的站前商店街還是人山人海，藥妝店在店外貼滿紅底白字的「免稅」紙條，試圖吸引更多的外國遊客。從車站往北，沿著吉祥寺通走上幾分鐘，遊客的身影就徹底消失了。下雨天的下午，路上除了背著錚亮皮革書包的小學生外，能見到的人並不多。夏葉社的辦公室就在一所小學附近，我在學校旁邊轉了好幾圈，不得其門而入。只好打電話給島田先生求救，他說：「很近了，我馬上出來！」

掛電話沒幾秒鐘，在我前方二十公尺出現島田先生。消瘦而堅固的身軀、像個栗子的短頭髮，還有彷彿在哪裡見到過的親切笑容。「從吉祥寺站走路過來？那挺遠的，辛苦了！」夏葉社剛搬到新地址，辦公室兼倉庫的事務所面積二十坪不到。進門右手邊擺著沙發和書架，書架上擺放著島田先生的藏書，下方還有靜待裝訂的書頁。我們就在這裡開始聊日本的書店。

島田潤一郎剛創辦夏葉社時寫的事業目的非常明晰：「為確保長期的收益，出版的每一本書要做成『定番（不會隨著時間而改變的基本或經典的款型）』，每一本都不要妥協。不重視首印數量，而爭取再版的機會。為了達到以上目標，要和日本全國100家書店保持關係，以這些書店為重點而展開業務。」

和田誠的對談集《我問的和問我的》。

最近島田先生的心態有了一些變化：「過去我對夏葉社的未來有些模糊，但兒子都出生了，今後至少20年我一定要把這個出版社支撐下去。」

書的裝幀、作序、畫插圖……工作內容不管是什麼樣的，面對第一次合作的對象，島田先生總會親自寫信給對方。「沒什麼特別的，用鋼筆和紙，向對方解釋為什麼想合作，表達自己的真心。」

書架上是夏葉社自己出版的圖書。

「比如一批年輕人到居酒屋，大家嘻嘻哈哈聊天、交換聯繫方式的時候，也難免有一個獨自默默喝酒的人。我喜歡的是那種人，他的魅力要仔細觀察或深度交流方可理解。書也是一樣。希望未來的社會，能夠接受更多低調而質樸的書。」

書架上的書，就如島田先生喜歡的書和人，樸實、不華麗。《國語便覽》是日本高中生的必讀書。據說為芥川獎作家又吉直樹開啟對近代文學興趣的就是這本書。

夏葉社倉庫裡等待出貨的《和小百合一起》。

採訪就是在辦公室裡進行的，我拿出了啟發這趟採訪旅程的《城市畫報》「荒島圖書館」特輯。

專訪夏葉社社長
島田潤一郎

採訪時間：二〇一五年七月

書店給人的心理上的面積，
比實際上的面積大很多。
每一本書擁有自己的世界，
書店則是所有這些世界的入口。

日本書店的盛衰

島田潤一郎（以下簡稱島田）：歡迎歡迎。這次的採訪是給華文讀者看的，是嗎？你盡管問我吧，該從哪裡開始說起呢？

吉井忍（以下簡稱吉井）：您過去在書店裡打過工，現在也在拜訪不少出版社，加上您出了兩本關於獨立書店的書：《本屋圖鑑》和《本屋會議》。想請教您書店和圖書的現狀、未來

的方向和可能性。

島田：沒問題。從日本書店的環境和歷史來開始說吧，這是我們討論日本書店的大前提。

　　從近年的統計資料來看，日本算是書店數量世界最多的國家之一。我們都覺得日本國內的書店數量比過去減少很多，但從世界總體的情況來看，我們身邊的書店數量還算是挺多的。這多半是依靠「取次」的運輸網，他們從明治時代開始建構相當完善的全國網路。當時運輸的主要貨物為雜誌，在戰爭期間他們的運輸網被政府所控制住，戰後又開放了。經歷過戰敗的日本人，當時渴求知識和文化，對所謂的民主主義也有相當的憧憬，這些因素引起了圖書銷量的猛增。「取次」利用自己的銷路，把雜誌和圖書一併運輸到全國各地的書店。這個趨勢經戰後以及經濟成長期持續了不短時間，到一九九六年迎來了高峰。當年的全國書店銷售總額是二兆六千六百五十三億日圓。

吉井：那是從家裡出去沒多久就有一兩家小書店的好時代。九〇年代的網路還沒有現在這麼普及，大家買書一般都得去書店。

島田：沒錯。一九九六年左右的變化中，最大的因素就是網路。我認為，書店環境的主要變化共有三種，人口、網路，還有「大店法」。

　　日本的人口結構，在二十世紀九〇年代左右開始有了明顯的變化，就是少子化。做為一個人的出版社，我經常到各地書店推銷自家的圖書。不管是大城市還是鄉下，都看不到小孩，這很明顯。我小時候，在下課時間後的書店裡一定會有站著看書的小孩和年輕人，現在他們都消失了。從數字上看，這是很明顯的。會喜歡買漫畫的五至十五歲的人口，一九九〇—二〇一四年間減少了五百萬。十五至六十五歲的「生產年齡人口」在這段時間裡也少了八百萬。這種情況下，書店的生意不受影響才怪。

而且過去雜誌提供的資訊，現在大家用手機即可獲取。結果，雜誌的銷量，等於是書店的一塊相對重要的收入，也跌得很厲害。面積大於三百坪的大書店，他們的總利潤中雜誌占大約24%，若是面積三十坪以下的小書店，雜誌占利潤總額的比例高達42%。

吉井：漫畫、時尚、語言……過去我自己每個月都會買幾本雜誌，現在少了很多。還在購買的也許是《生活手帖》吧，若它的內容對我有用，回國的時候偶爾買一本。

島田：這幾年我也不怎麼買雜誌，我喜歡足球，所以足球相關的雜誌還會買一些，但其他資訊通過網路搜索一下就夠了，而且網路資訊最快。加上大家要買雜誌也不一定會去書店，不少年輕人已經習慣在便利店買。現在再小的城市也總會有幾個便利店吧，對書店來說，被便利店吸收的雜誌銷售額，也是不少。

雜誌銷售還受了高齡化的影響。我經常聽書店店主說，長年訂閱雜誌的顧客，最近不買雜誌了。比如，文學雜誌《文藝春秋》的書店訂閱量，過去一家書店擁有五十多個訂戶是挺正常的，而現在這個數字跌到十個左右。顧客不是老花眼、看不清楚字了，就是過世了。你看，從我們身邊的變化也可以看出，現在雜誌不好賣。

三大變化中的第三個「大店法」的全名是「關於調整大型零售商店零售業務活動的法律」，在小泉政權時代在「構造改革」的名義下被撤銷。一九七四年開始實施的「大店法」，它最大目標是保護各地區的商店街，限制在城市裡開設面積三百坪以上的大店鋪。

吉井：就是說，「大店法」的保護之下，商店街的歐吉桑們有辦法阻止大型企業來附近開店，以免影響他們的生意，取消「大店法」之後就不太容易保護自己的地盤，是嗎？

島田：簡單來說，就是這樣。但我去年和廣島的書店店主聊天時，對方提出有意思的看法。近年小商店受了不少打擊，這是很明顯的。我們過去想要肉就去肉鋪、要蔬菜就去八百屋，而現在這些小店的生意都不如過去，都被集體化。集體到什麼地方去？一方面是大型商業中心，一進去就能買到幾乎所有的那種大超市。但還有另外一種集體的方向，這就是書店。書店裡的圖書和雜誌有各種各樣的內容，按道理說，若和這些圖書組合起來，書店可以銷售各種各樣的東西。

吉井：確實，現在有不少書店賣雜貨，包括餐具、咖啡、衣服等。原來這就是依據圖書的多樣性。

島田：其他專賣店要實現這樣的行業跨越有點困難。比如商店街裡的印章店倒閉了。那麼旁邊的肉鋪能賣印章嗎？不太可能。但若是書店，在店裡有一個角落賣印章，也是可以的。圖書的多樣性給書店帶來各種可能性，書店可以把圖書做為核心，按當地和顧客的需求擴大到其他零售領域。

獨立書店的變化

吉井：我之前取材的書店中，有不少店鋪設有畫廊空間，比如森岡書店在茅場町的舊店。店主最近在銀座開了「只賣一本書」的書店兼畫廊。

島田：我最近和森岡先生合作過，就在他的銀座店舉辦了黑田三郎的詩集《和小百合一起》[1]有關的展覽。我覺得附設畫廊是一個很好的方案。他把一本書當作一種媒體，通過一本書來介紹各種不同領域的東西。

從經濟效益來看，這也是挺好的方案。譬如一本書的定價一千八百日圓，一般書店的毛利是定價的22%－23%，那麼你把它賣出一百冊才有四萬日圓的收入。若你在店裡賣出一位藝術家的作品，畫廊的手續費大概是兩成吧，那麼賣出一個二十萬日圓的作品就能得到相當於一百本書的利潤。店裡開個畫廊的利潤，會是很有效率的經濟來源。我個人認為，書店的「畫廊化」已經相當明顯，而且這個趨勢還會保持一段時間。

1 原由昭森社於一九六〇年出版，描寫一個父親和三歲女兒的生活。二〇一五年五月夏葉社再版。

吉井：我在池袋採訪了**POPOTAME**，其實它也是附設畫廊，店主說近年在畫廊上付出的精力多一些。不過它賣的書是以二手書為主。

島田：那也有道理的，二手書店的利潤比新刊書店的高一些。而且二手書的進貨不需要通過「取次」，可以呈現出該店的獨特性。店主還可以準備只有他的店才有的珍稀圖書。

「稀有性」也是今後書店的關鍵字。現在不少獨立書店成為select shop，賣書的同時，按照個人喜好和顧客的需求從各地搜集工藝品、裝飾品或編織成品一併銷售，不過，select shop這種營業模式也越來越困難。網路的資訊傳達力實在太厲害，店主花了力氣搜集來的「稀有」商品也會快速擴散甚至被模仿。

吉井：不過，我個人認為這種書店的生存方式，和書店本身的意義離得太遠了。對我來說，書店的商品還是得以書籍為主，店主和店員最關注圖書，這才能叫「書店」。

島田：當然。不過，也得從另外角度來看圖書這個形式。過去，買一本書沒有現在那麼簡單。從它的價格、買本書要花的時間成本、編輯的投入度和裝訂的精細度等，從哪個角度來看書都不是大家可以隨便買的東西。現在的問題是，圖書變成可以隨便消費的東西。我在用日本亞馬遜的ＡＰＰ，實在太方便了。二十四小時、三百六十五天，我們隨時可以買書，庫存也都充裕。

吉井：還有電子書。我過去有點懷疑電子書這個東西，就覺得螢幕上看的文字有點記不住，認為螢幕上的文字很難讓人感動。但有一次有人給我推薦石黑一雄的作品，我用**Kindle**試一試。結果……讀書的感覺和紙本書差別不大，看他的作品我還是挺感動的。

島田：我也覺得Kindle挺厲害的。很輕，還有顯示讀到百分之幾那個數字。挺好的，很方便。

音樂界已經到了更進一步的階段。過去聽音樂要買ＣＤ或唱片，現在大家聽音樂的方式完全不一樣。而ＣＤ呢，成為固定的粉絲向的商品，也就是說，愛好者的嗜好品。我覺得這也會是圖書的一種未來。圖書的選題再精細一些，裝幀更細心一點，放在select shop或畫廊的角落，擺得好看一些，愛書人士還是會來買的。擺得好看一點，由外觀和店鋪的氛圍來吸引客流，還有可能吸引到新的讀者，這也是一種可能性，是未來的一個方向。從這個角度來看，圖書的地位會更像一種雜貨。所以我做書的時候，都會細心研究它的外觀和拿在手上的感覺。

我這家夏葉社出版書首印量不多，頂多三、四千，所以不少人不知道哪裡有賣，乾脆跟我直接聯繫買書或建議我在官網上直接賣書，但至今我都婉拒並建議他們到官網上列出的合作書店買書。一是因為我還是希望和實體書店共存共榮；二是我個人認為，自己辛苦買來的書，大家還是會有感情的。舉個簡單的例子，你到某個地方去旅遊，進去當地的書店買的書，還是捨不得扔吧？

吉井：（用力點頭）是的。在神保町買的一本一百日圓的文庫本、在中國四川買的童書、大學英文課裡的課題書，我知道自己再也不會看，但還是會留著的。因為只要在書架上看到它們的書脊，我會想起當時的自己。

島田：大學的課題書，我也留著。（笑）所以我經常建議大家，買書還是到偏僻的地方去買。這樣的書會附加情感價值。

吉井：對了，記得您的父親曾在香港開過書店。那家書店還在嗎？

島田：那是咖啡館附加書店的經營模式，書店主要賣日文雜誌和日文圖書，現在已經不做了，店也歇了。但我記得當時父親跟我說，《non-no》之類的日本時尚雜誌賣得相當不錯，顧客主要是當地女性。她們應該看不懂日文吧？價格也不便宜。但是，她們願意把日本的雜誌當作雜貨來欣賞，我覺得這和圖書的未來是相通的。二手書也是，以前二手書店這種地方，一般年輕女性絕不會去。現在呢，去二手書店成了一種時尚，大家把二手書當作古董，當作拿來欣賞的東西。

大家心中的小書店

吉井：您和幾位出版人舉辦的「我們城市需要本屋」會議很有意思。開始的時候有直接的起因嗎？

島田：有，就是我很喜歡的一家書店「海文堂書店」[2]的倒閉。二〇一三年九月三十日關閉時，它已經有九十九年歷史了。這幾年聽到不少書店關閉的信息，但海文堂的關閉對我的意義不一樣。因為，通過這個信息我不得不承認，我們進入了這麼好的書店都得倒閉的時代。

海文堂可說是一家完美的書店。很好的地段位置，擁有「好書」和愛書的店員們。不管是文藝、社會或藝術，他們的選書都能讓愛書的人滿意。書店很有特色，除了海事相關圖書外，還會悉心介紹關西一帶出版社的書。此外，它不會慢待當地一般讀者，店內有足夠的雜誌和菜譜等實用書。書店總面積是兩百二十坪，其中二十坪是兒童書專區。其他地方買不到的繪本，在這裡輕鬆能找到。

當時，我真的搞不清楚為什麼它要關。那時候我相信，只要書店不斷地努力，專業的店員精心選書，一定能吸引理想的客流。後來我和大家討論書店，才慢慢改變這個想法。讓我說一個結論吧，書店的未來中，同雜貨、畫廊的「複合化」是無法避免的。我不是說，在書店什麼都可以賣，還是需要一種品格和美感，但若想把書店經營下去，需要一定水準的宣傳和利潤。搞個活動、賣飲料、賣雜貨或辦展覽都是需要的。

不少店員也瞭解到這點。我跟一家書店店員聊天時，對方跟我說：賣「贈品雜誌」，是

2 於大正三年（一九一四年）創立的海事相關書籍專賣店，位於兵庫縣神戶市，二十世紀七〇年代擴大經營的圖書種類。

為了賣出自己真正喜歡的書。你也懂這個意思吧？就是贈品很誇張的那種雜誌。那位店員的意思是，不能太專注於自己認為的好書，還是要考慮到廣大讀者和消費群的需求，否則書店經營不下去，一無所得，雞飛蛋打。所謂的好書，給它一點時間方可賣出。

吉井：「我們城市需要本屋」會議後，您的感覺如何？

島田：說話比過去流利多了。（笑）總共辦了十七次，面對不同的人群說了不少話。結束這系列會議，我認識到每家書店都很辛苦，都不容易。媒體介紹的時尚書店，也一樣。當然，大家都有面子，看起來漂漂亮亮、很輕鬆的樣子，裡子大家都很拚的。

吉井：講到這裡，我個人感覺我們討論的獨立書店有兩種：一個是附設畫廊、專注雜貨或其他領域零售業的複合型書店，也可以說已經經過一種變化或所謂進化的select shop形式的書店。還有一種書店可以說是我們心中的小書店，我是和您同年出生的，您也應該能理解那種感覺，等不及下課跑到書店買新出爐的漫畫雜誌的幸福。當時小學生買雜誌或圖書的店，多半是家附近的普通小書店。

島田：小時候經常去的書店，和對那些小書店的熱愛，就是我舉辦「我們城市需要本屋」會議的原動力。也可以這麼說，如果沒有小時候的那種幸福回憶，也許我對書店甚至對圖書本身，不會有太大的興趣。小時候父母給我買繪本，到了小學買漫畫，中學的時候存著一點零用錢去買文庫本，是這樣的經驗讓我成為一個愛書人，換句話說，小書店本身創造出了未來的顧客。

吉井：想起自己的成長，其實和書店的關係滿深的。我是在東京八王子市長大的，小學的時候，要買漫畫、雜誌或文庫本，都可以在附近的小書店滿足自己的需求。但在小學畢業前後開始，我覺得它的規模不夠，有的書和參考書，在那家書店找不到，所以我坐公車到車站附近的「熊澤書店」，它對我來說是能想到的最大的書店。至少自己想要的書，在熊澤書店一般都能找到。其實當時那家店的面積也不是特別大，但對我來說，去那家書店已經等於是去另外一個世界。

島田：書店給人的心理上的面積，比實際上的面積大很多。每一本書擁有自己的世界，書店則是所有這些世界的入口。隨著你的年齡增長，它會給你展開不同世界的入口，體現出世界擁有的神秘感，給你帶來滿足求知欲的快樂感。在人生某一段時間裡有過這些經驗的人，對書店，尤其是對身邊的小書店，會感到nostalgy，看來我們倆也都無法擺脫這種心態。

我是真心希望小書店能堅持下去。相信很多人有同樣的感覺，但每個人對書店的回憶和需求會不同。另外，個人的鄉愁和現代書店的存在意義，還是得分開討論。對了，中國的書店是什麼樣子的？

吉井：全國最普及的是新華書店，北京有家新華書店，面積特別大，也有小的新華書店。從選書來講比較有特色的是民營的小書店，但經營情況應該不是很容易。中國和日本有一個很大的差別，就是打折。在中國，圖書是可以打折的，所以國內幾個網路書店平臺，還有中國亞馬遜，他們賣的圖書基本都有折扣，折扣率一般比實體書店大很多。於是實體書店變成了一種樣本展覽空間，不少人在書店看看書，若遇到喜歡的，就在網上購買。我想，大家還是希望民營書店能堅持下來的。

島田：書可以打折的話，書店確實會很辛苦。你也知道，日本的圖書是不能打折的，多虧「再販制」，日本的書店至少沒有價格競爭方面的煩惱。但網路書店的存在，影響還是非常大的。

吉井：而且有些網路書店提供的「免運費」或積點服務，也算是隱形的打折方式。

島田：書的品質穩定，不管是什麼書店，都可以買到同樣品質的書。圖書種類繁多，這樣的東西最適合在網上銷售。在日本，每年有八萬種新刊，還有更多已出版的書，從這些條件來看，實體書店不是網路書店的對手。現在三、五百坪的書店也不少，而消費者一旦習慣網路書店的方便，再大的書店也會給人感覺「太小」或「種類不夠多」。這是沒辦法的。所以，實體書店需要為顧客提供網路書店無法提供的、更不一樣的經歷和體驗。

一人出版社的書店巡禮

吉井：聽說您經常去書店推銷自家圖書。若對方書店喜歡您的書，當場能獲得訂單嗎？普通店員，哪怕是打工的店員，都有自己決定進貨內容的權利嗎？

島田：他們一般都可以自己決定進貨內容的。所以我去拜訪書店，若和對方談得來，對方當場可以決定進貨。你知道這是為什麼嗎？是因為過了四個月可以退貨。賣不出去，安排退貨即可。而且現在的店員年輕人居多，過去還能遇到年紀大一點的店員，但現在我拜訪的書店店員，一般都三十歲不到。書店是要跟著時代的，所以由年輕人來安排圖書也是必要的。

吉井：您和書店店員交流，一般是怎樣的流程？

島田：到一家書店，先看他們的書架，看看他們的書架是不是「好的書架」。什麼是「好」？就是能看出店員心思的書架。若店裡的每個書架都被「取次」自動發貨的暢銷書塞滿，對我來說這家書店沒指望了。因為我做的書並不會暢銷的，從銷量和收益方面來看，對一家書店的貢獻不會很大。我認為我做的書，從內容、排版和裝幀各方面來看，都是能夠滿足愛書人的水準，但需要待在書店裡幾個月、甚至幾年的時間，方可賣出。如果過了幾個月馬上被退貨，我的書基本沒有機會被讀者發現的。

所以我需要店員能夠瞭解這點。比如說和田誠老師的對談集《我問的和問我的》，這本書出版已經過了一年半，也並不算是暢銷書。若現在某個書店的書架上有這本書，這意味著店裡有個店員喜歡和田老師的書，故意把它留下來或重新進了貨。若是這樣的書店，我會去找店員聊幾句，因為知道對方會喜歡我的書。

不過，我剛才說的是我個人的事。「好的書店」不止有一種，我也不認為只有專業店員花了心思的書架才是好的。書店並不是只為愛書人而存在，也不是專業店員的自我實現之地。有書好幾個月沒賣出，退貨就是很正確的選擇。我們討論書店危機的時候，經常聽到對普通書店的批評，如「只會賣暢銷書」或「和其他書店差不多」等等。時尚雜誌介紹的書店，也就是所謂「有特色」的書店。反觀連鎖書店在媒體上很少出現，因為他們的經營模式和店鋪的擺設方式「沒有特色」。當然，後者對媒體來說沒有意思，但是，書店是否符合媒體的需求，和書店本身的好壞是兩回事。想想自己的過去，小時候經常去的小書店，也是「沒有特色」的那種。

吉井：日本的出版業中最重要的兩則法規「再販制」和「委託制度」，它的最初主旨也就是平等：不管是在鄉下、離島或是大城市，圖書必須大家都買得起，而買到書的機會也要一樣。出版社、「取次」和書店這三者，花了幾十年的時間努力實現這個理想，並取得了相當不錯的成績。而現在，大家翻臉批評這個理想，抱怨哪裡買的書都一樣，書店沒有特色。

島田：書店屬於零售業，所以按照時代、環境和需求的變化，營業方式也需要有相應的變化。但我還是希望盡量避免直接批評「沒有特色」的書店。畢竟過去培養我的讀書習慣，主要就靠它們。

吉井：跑全國各地的書店，您會不會覺得成本太高？光是交通費，跑稍微遠一點的地方就會超過您從圖書銷售中獲得的利潤吧？

島田：還好，我拜訪的書店以東京為主，還有京都和大阪，這三個地方的書店占七、八成。這是因為這三個地方的居民一般用電車通勤。大家坐電車的時候經常會看書，說到底，圖書對很多人來說就是打發時間的工具。若你自己開車上班就沒辦法，得特意找個時間看書。

關於成本問題，我認為自己和書店的直接交流，會帶來無法數值化的結果。書架的空間有限，比如有一天店員拿著夏葉社的書和另外一本書，猶豫到底退貨哪一本。若我拜訪過他，花了時間到他那裡聊過一些，他會記住我，也很有可能把我的書留在書架上。我認為賣書就是這些點滴的累積。畢竟我做的書並不能暢銷，我要為這些書爭取能在書店待久一點的機會。

吉井：您還是挺辛苦的。不過，拜訪書店和您過去的經驗有點像吧？您過去賣教科書挺成功的。有什麼秘訣嗎？

島田：要認真！跑業務，秘訣就是要認真。我在教科書出版社跑業務的時候明白了，只要你認真，總有結果。

吉井：但很多人跑業務沒有您成功，難道大家不認真嗎？

島田：沒錯。（笑）跑外面的人，經常會偷懶。我當時看到過大家泡咖啡館、看電影……不過說起來，文學修養還是比較重要。對方是老師嘛，你看不看書，聊幾句就知道。教科書不只給學生看，還有老師用的，跟老師建議教書的要點、考題例子什麼的。我在大學期間看了一些書，所以和文科老師滿聊得來，說些作者或文學方面的八卦什麼的。要和對方建立一種信賴關係時，這種聊天是滿管用的。

吉井：最後，還是說些和中國有關的事吧。您有什麼作家或作品能推薦給華文讀者嗎？

島田：（沉吟少許）嗯……你讓我提個建議，我還是想說，多看自己國家的作品。一個國家的出版情況，還是要看他們的文學的活力。瞭解國內的作品，才能真正瞭解其他地區以及他們的文學。哦，不過，日本的圖書設計還是值得推薦的。這是從明治時代留下來的一種傳統。日本人還是比較「凝り性」，在設計行業裡這個特性滿明顯的。

哦，對了，日本的繪本業其實也挺活躍的。比如，日本有個出版社叫Child，他們的月刊保育繪本歷史悠久，每個月介紹新的繪本作品，挺厲害。[3]聽說中國朋友對育兒很有熱情，也許他們會喜歡看看日本的繪本。

3 株式會社Child本社為日本全國幼稚園提供月刊繪本，已有八十年歷史。通常以一年為單位，每月提供一本繪本給參加項目的孩子；是否簽約由父母決定，並非強制。提供同類服務的機構在日本國內還有幾家，如福音館、學研、光之國等。

笑容可掬的島田先生，希望下一次相見時還能看到他的笑容。

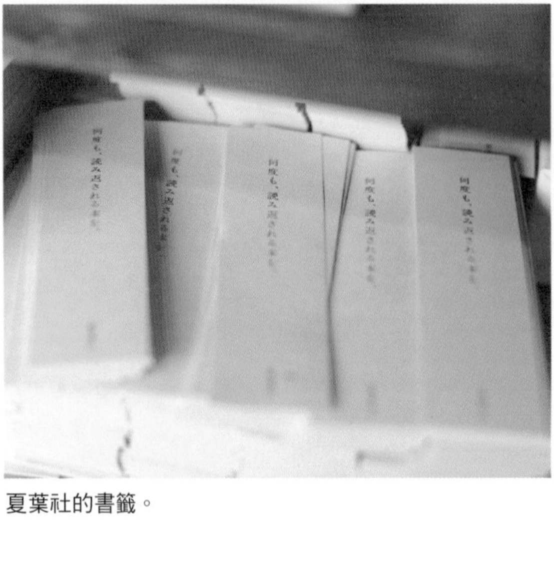

夏葉社的書籤。

夏葉社辦公室一角的書山，還有待島田先生努力推銷出去。

後記
「本屋桑」巡禮

日本人對書店有兩種稱呼，「書店（shoten）」和「本屋（honya）」，都指賣書的店；不過前者比較書面化，給人感覺規模更大，後者則比較口語，給人感覺店面小些，帶著一種親切感，我們通常會在「本屋」後面加上一個「桑」[1]。我上小學的時候，沒事就往離家不遠的一家小書店跑。母親聽到門口穿鞋的動靜，問我要去哪裡，我總會說「去本屋桑（honya-san）」，而不是硬邦邦地說「去書店（shoten）」。

本書介紹了十家東京「本屋桑」以及兩位書業人士，最初的採訪源自《城市畫報》的「荒島圖書館」特輯，那已經是二〇〇九年的事情了。初次採訪讓我發現了獨立書店店員們的獨特毅力。他們明知自己的硬體（面積、布局、庫存量）敵不過大型連鎖書店和網路書店，但還是抱定各自的理念堅持了下來。在那之後的六年間，我每次回國都會找大家再聊一聊，這背後的動力之一是「反省」。

因為年齡的增長，我慢慢遠離了家門口的「本屋桑」，喜歡去更大的書店買書，開始相信選擇要越多越好，書要越新越好。哪怕買同一本女性雜誌，也覺得用大書店的紙袋裝著

1 桑，日語「さん（san）」的中文擬音寫法，是對人的稱呼，同學、同事、親戚或鄰居之間均可使用，帶有比較放鬆的語感，更正規的禮節性稱謂則是「樣（sama）」。

顯得洋氣，站前小店的黑色塑膠袋（燙金印著Happy Day和幾顆星星）就很土。自己想看小說，又捨不得幾千日圓，就跑去圖書館一口氣借上十本……然而有一天，發現不起眼的小書店忽然消失時，我卻會一臉遺憾道：「可惜了，我還滿喜歡它的呢。」

在一次次的採訪中，我越發感覺到「本屋桑」們正絞盡腦汁做著各種嘗試努力。如果還是被淘汰了的話，那麼讓這些小書店關門大吉的，可能並非網路或連鎖書店，而是你我這樣的普通讀者。在此我帶著反省之心呼籲：小書店是要當地人來培養和支持的，否則書店消失時，你我連感慨的資格都沒有。

今野先生的那句話最實在誠懇：「沒有比銷售額更好的『強心劑』，只要書賣好了，就能解決很多問題。」所以，若你喜歡一家書店，光拍照發朋友圈是沒用的，而是要推開店門，選書，去收銀台，就這麼簡單。如今我回日本前會準備一份書單，先去幾家小書店邊逛邊找，實在找不到再上網訂。這樣做表面看起來效率有點低，但只要和「本屋桑」店員聊上一會兒，就會發現比書單上有趣得多的書和故事。所以只要有機會去新宿，我一定會跑去模索舍，先看看有沒有倒閉，開門必進，進門必買。

最後想提一下羽田機場Books Fuji的太田博隆先生。二〇一四年底我申請第二次採訪時，才得知老先生病逝的消息。還記得那年炎夏我從北京打電話約太田先生見面，一週後在機場咖啡館和他聊天的情景。面對從中國飛來的陌生人，他熱忱的表情中還包含著孩子般的好奇心，可以說是有一種「萌力」。採訪時的那家咖啡館，至今在機場激烈的競爭中生存。之後幾次拜訪Books Fuji，我都會提前半個小時出門，去這家咖啡館坐上一會兒，默默懷念那位健談而可親的老先生。

二〇一五年底，我聯繫到太田雅也先生，也就是接任Books Fuji的繼任者、太田博隆先生的兒子。一開始他表示沒什麼值得介紹的，拒絕了採訪。但真正聊起來後，我發現這位「二代目」很能聊。在咖啡館一角狹小的吸菸區裡，我們談了近兩個小時。除了介紹自己的店，太田先生也問起中國「本屋桑」情況。「中國的『本屋桑』多嗎？是什麼人在經營？客人多不多？大家喜歡看哪些書？」他瞇眼吸著菸聽我的回答，一邊輕輕點頭。

採訪完畢回到中國後，我發了郵件感謝太田雅也先生，他在回覆中的最後一句話是：「咱們都好好加油吧。」我看著螢幕想，也許這也是他在鼓勵中國的「本屋桑」同行們。若拙作能對兩國獨立書店的交流起到一些促進作用，筆者將深感欣慰。

感謝在百忙之中接受採訪的諸位圖書業前輩。感謝《城市畫報》的編輯諸君。感謝張賢真小姐。

感謝簡體字版的編輯沈宇先生，以及繁體字版的編輯陳逸華先生。

二〇一六年四月

參考書目

《模索舍裁判以及關於自主出版和流通的筆記》，出自新日本文學會編《新日本文學》（1974年，第三書館）66-67頁
佐野真一著《到底誰要殺「書」》（2001年，President社）
松浦彌太郎著《最糟也最棒的書店》（2009年，集英社）
栗原哲也著《來自神保町的窗戶》（2012年，影書房）
井上理津子著《拜訪名物「本屋」》（2013年，寶島社）
內沼晋太郎著《書的逆襲》（2013年，朝日出版社）
伊達雅彥著《滿身創傷的店長》（2013年，新潮社）
本屋圖鑑編輯部編《本屋會議》（2014年，夏葉社）
島田潤一郎著《明天就開一家出版社》（2014年，晶文社）
幅允孝著《雖然書並不一定要讀，但……》（2014年，晶文社）
森岡督行著《荒野的古本屋》（2014年，晶文社）
田口久美子著《書店不屈宣言》（2014年，筑摩書房）
出版年鑑編輯部編《出版年鑑2015》（2015年，NEWS公司）
日販營業推進室編《出版物銷售額的實態2015》（2015年，日販）
《日販通信：2015-2016出版業界總括和展望》（2016年，日販）

聯經文庫

東京本屋紀事

2017年2月初版
2017年4月初版第二刷
有著作權・翻印必究
Printed in Taiwan.

定價：新臺幣600元

著　　者　吉井忍
總 編 輯　胡金倫
總 經 理　羅國俊
發 行 人　林載爵

出版者　聯經出版事業股份有限公司
地址　台北市基隆路一段180號4樓
編輯部地址　台北市基隆路一段180號4樓
叢書主編電話　(02)87876242轉224
台北聯經書房　台北市新生南路三段94號
電話　(02)23620308
台中分公司　台中市北區崇德路一段198號
暨門市電話　(04)22312023
郵政劃撥帳戶第0100559-3號
郵撥電話　(02)23620308
印刷者　文聯彩色製版印刷有限公司
總經銷　聯合發行股份有限公司
發行所　新北市新店區寶橋路235巷6弄6號2F
電話　(02)29178022

叢書主編　陳逸華
封面設計　兒日
內文排版　朱智穎
校　　對　施亞蒨
　　　　　朱瑞翔

行政院新聞局出版事業登記證局版臺業字第0130號

本書如有缺頁，破損，倒裝請寄回台北聯經書房更換。　ISBN 978-957-08-4870-0 (平裝)
聯經網址 http://www.linkingbooks.com.tw
電子信箱 e-mail:linking@udngroup.com

國家圖書館出版品預行編目資料

東京本屋紀事／吉井忍著．初版．臺北市．
聯經．2017.02．432面；17×23公分．(聯經文庫)
ISBN 978-957-08-4870-0（平裝）
[2017年4月初版第二刷]

1.書業　2.文集　3.日本東京都

487.631　　105025262